面向新工科专业建设计算机系列教材

区块链安全

翁 健 ◎主编

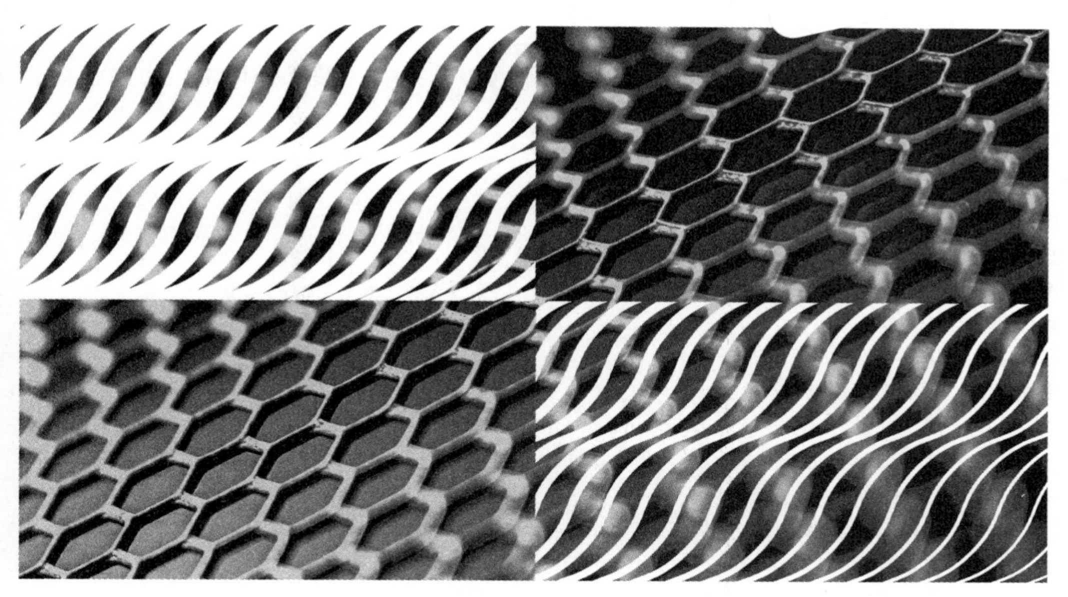

清華大學出版社
北京

内 容 简 介

本书在全面介绍区块链的共识机制、网络结构、架构模型、密码学原理等知识的基础上，着重介绍了区块链技术在应用层、智能合约层、共识层、网络层、数据层中所存在的安全问题，对不同层次中的常见攻击进行列举和说明，更深层地阐述其实现原理，使抽象变为具体。除了列举攻击外，本书更详细地描述了相应的安全措施，以及如何抵御这些攻击的方法和措施。

全书共11章：第1～4章是区块链技术的基础知识，可以让读者迅速了解区块链的基础原理；从第5章开始是本书的重点内容，介绍区块链中的数据安全与隐私相关的问题以及技术，其中第5章是第6～10章的总体概况介绍，第11章可以作为学生扩展阅读的内容，各章节之间有前后呼应的联系。全书提供了大量区块链代码实例和应用案例，每章后均附有练习题。

本书适合作为高等院校计算机科学与技术、网络空间安全专业高年级本科生、研究生的教材，同时也可供对区块链技术有一定基础的区块链开发和研究人员参考。

图书在版编目(CIP)数据

区块链安全/翁健主编．—北京：清华大学出版社，2020.12
面向新工科专业建设计算机系列教材
ISBN 978-7-302-57234-3

Ⅰ．①区…　Ⅱ．①翁…　Ⅲ．①区块链技术—安全技术—高等学校—教材　Ⅳ．①TP311.135.9

中国版本图书馆CIP数据核字(2020)第260577号

责任编辑：白立军　杨　帆
封面设计：刘　乾
责任校对：李建庄
责任印制：丛怀宇

出版发行：清华大学出版社
网　　址：http://www.tup.com.cn，http://www.wqbook.com
地　　址：北京清华大学学研大厦A座　　**邮　　编**：100084
社 总 机：010-62770175　　**邮　　购**：010-83470235
投稿与读者服务：010-62776969，c-service@tup.tsinghua.edu.cn
质量反馈：010-62772015，zhiliang@tup.tsinghua.edu.cn
课件下载：http://www.tup.com.cn，010-83470236
印 装 者：北京嘉实印刷有限公司
经　　销：全国新华书店
开　　本：185mm×260mm　　**印　　张**：14.75　　**字　　数**：312千字
版　　次：2020年12月第1版　　**印　　次**：2020年12月第1次印刷
定　　价：49.00元

产品编号：085489-01

出版说明

一、系列教材背景

人类已经进入智能时代，云计算、大数据、物联网、人工智能、机器人、量子计算等是这个时代最重要的技术热点。为了适应和满足时代发展对人才培养的需要，2017年2月以来，教育部积极推进新工科建设，先后形成了“复旦共识”“天大行动”“北京指南”，并发布了《教育部高等教育司关于开展新工科研究与实践的通知》《教育部办公厅关于推荐新工科研究与实践项目的通知》，全力探索形成领跑全球工程教育的中国模式、中国经验，助力高等教育强国建设。新工科有两个内涵：一是新的工科专业；二是传统工科专业的新需求。新工科建设将促进一批新专业的发展，这批新专业有的是依托于现有计算机类专业派生、扩展而成的，有的是多个专业有机整合而成的。由计算机类专业派生、扩展形成的新工科专业有计算机科学与技术、软件工程、网络工程、物联网工程、信息管理与信息系统、数据科学与大数据技术等。由计算机类学科交叉融合形成的新工科专业有网络空间安全、人工智能、机器人工程、数字媒体技术、智能科学与技术等。

在新工科建设的“九个一批”中，明确提出“建设一批体现产业和技术最新发展的新课程”“建设一批产业急需的新兴工科专业”。新课程和新专业的持续建设，都需要以适应新工科教育的教材作为支撑。由于各个专业之间的课程相互交叉，但是又不能相互包含，所以在选题方向上，既考虑由计算机类专业派生、扩展形成的新工科专业的选题，又考虑由计算机类专业交叉融合形成的新工科专业的选题，特别是网络空间安全专业、智能科学与技术专业的选题。基于此，清华大学出版社计划出版“面向新工科专业建设计算机系列教材”。

二、教材定位

教材使用对象为“211工程”高校或同等水平及以上高校计算机类专业及相关专业学生。

三、教材编写原则

(1) 借鉴 *Computer Science Curricula* 2013(以下简称 CS2013)。CS2013 的核心知识领域包括算法与复杂度、体系结构与组织、计算科学、离散结构、图形学与可视化、人机交互、信息保障与安全、信息管理、智能系统、网络与通信、操作系统、基于平台的开发、并行与分布式计算、程序设计语言、软件开发基础、软件工程、系统基础、社会问题与专业实践等内容。

(2) 处理好理论与技能培养的关系,注重理论与实践相结合,加强对学生思维方式的训练和计算思维的培养。计算机专业学生能力的培养特别强调理论学习、计算思维培养和实践训练。本系列教材以"重视理论,加强计算思维培养,突出案例和实践应用"为主要目标。

(3) 为便于教学,在纸质教材的基础上,融合多种形式的教学辅助材料。每本教材可以有主教材、教师用书、习题解答、实验指导等。特别是在数字资源建设方面,可以结合当前出版融合的趋势,做好立体化教材建设,可考虑加上微课、微视频、二维码、MOOC 等扩展资源。

四、教材特点

1. 满足新工科专业建设的需要

系列教材涵盖计算机科学与技术、软件工程、物联网工程、数据科学与大数据技术、网络空间安全、人工智能等专业的课程。

2. 案例体现传统工科专业的新需求

编写时,以案例驱动,任务引导,特别是有一些新应用场景的案例。

3. 循序渐进,内容全面

讲解基础知识和实用案例时,由简单到复杂,循序渐进,系统讲解。

4. 资源丰富,立体化建设

除了教学课件外,还可以提供教学大纲、教学计划、微视频等扩展资源,以方便教学。

五、优先出版

1. 精品课程配套教材

主要包括国家级或省级的精品课程和精品资源共享课的配套教材。

2. 传统优秀改版教材

对于已经出版、得到市场认可的优秀教材,由于新技术的发展,计划给图书配上新的教学形式、教学资源的改版教材。

3. 前沿技术与热点教材

反映计算机前沿和当前热点的相关教材,例如云计算、大数据、人工智能、物联网、网络空间安全等方面的教材。

六、联系方式

联系人:白立军

联系电话:010-83470179

联系和投稿邮箱:bailj@tup.tsinghua.edu.cn

"面向新工科专业建设计算机系列教材"编委会

2019年6月

系列教材编委会

网络空间安全专业核心教材体系建设——建议使用时间

学期						
四年级上		量子密码	电子商务安全 工业控制安全	云与边缘计算安全	信息关联与情报分析	存储安全及数据备份与恢复
三年级下		安全多方计算	信任与认证 数据安全与隐私保护	入侵检测与网络防护技术	舆情分析与社交网络安全	电子取证
三年级上	逆向工程	区块链安全与数字货币原理	人工智能安全	无线与物联网安全	多媒体安全	系统安全
二年级下	博弈论			网络安全原理与实践		硬件安全基础
二年级上	安全法律法规与伦理			面向安全的信号原理		软件安全
一年级下		密码学				
一年级上	网络空间安全导论					

FOREWORD

前言

近几年来，区块链技术发展迅猛且应用广泛，金融、供应链、医疗等多个领域都陆续推出了基于区块链技术的产品。然而，区块链技术本身还在不断完善和发展，在实际应用中面临诸多安全问题，例如，如何保障区块链上数据的安全性和隐私性就是关乎区块链技术能否有效落地的一个重要问题。解决这些安全问题的前提是对区块链技术及其安全问题具有系统的认识和理解，但是，目前鲜见系统地介绍和剖析区块链安全问题的书籍。本书旨在让具备一定计算机专业背景知识和编程能力的高等院校计算机应用技术专业学生系统地认识和理解区块链，深入地学习区块链各个技术构件的基本原理，并从系统开发的角度理解每个构件对区块链安全与隐私的作用及影响。因此，本书在介绍区块链理论知识的同时也注重指导区块链技术的实践开发，例如，第7章涉及以太坊和智能合约的安全开发，以此引导学生以理论结合实践的思维来学习和掌握区块链技术。本书也可以为区块链技术开发者提供广阔的思路去设计和开发安全的区块链应用，基于这个考虑，本书详细剖析了区块链系统主要的安全问题，描述了区块链技术在诸如人工智能、供应链金融、物联网和大数据共享等前沿领域的最新安全应用案例。

本书以区块链安全技术作为切入点，讨论区块链技术本身及其应用的安全性。作为一门基于密码学原理、数学等综合知识的复杂学科，本书主要目的是充实和完善在数据安全、分布式数据处理方面的信息处理理论。本书适用于有一定计算机专业背景知识和编程能力的高校计算机应用技术专业学生，以及广大区块链技术、安全技术爱好者，既可作为高等院校网络空间安全专业的进阶教材，也可作为相关的培训或自学教材。本书作为一本区块链安全技术的进阶性教材，力求全面、新颖，紧贴区块链、数字货币等去中心化应用最新的发展与技术，在理论指导的基础上，尤其注重实践。教材中涉及的区块链安全与隐私保护技术都是本领域最新的，可以为学生走上相关领域的研究、从事相关领域的工作夯实基础。密码学是区块链的底层技术，我多年一直从事“密码学理论”课程教学，也让我看到密码学典型应用给现有的数字社会带来的巨大价值。在课程教学过程中，教师可以根据自己的需求来讲授“区块链安全”这门课程。编写本书的动机也是最大可能地为每位教师提供这种灵活性。

本书主要包括以下5个主题：首先介绍区块链的发展背景、基本结构和基础技术；其次深入地分析区块链的共识协议和算法；再次用两部分介绍区块链所面临的安全和隐私威胁，以及面对不同的数据层次下的安全威胁可采用的相关防御措施；最后一部分介绍区块链的相关应用。

第1章介绍区块链的产生背景、定义和基础特性；第2章详细介绍区块链的结构特征，包括区块、交易、密钥和地址等构成区块链的关键组成；第3章介绍区块链涉及的密码学知识，包括基本的数学概念、难解的困难问题、对称和非对称密码体制、哈希函数、默克尔树以及数字签名等；第4章介绍区块链共识协议，包括CAP原理、Paxos算法、Raft算法、拜占庭问题与算法以及当前主流的区块链共识算法；第5章介绍区块链的安全目标，包括数据安全、共识安全、智能合约安全等，以及区块链按层级分类的安全问题，包括应用层安全、智能合约层安全、共识层安全、网络层安全等；第6章关注区块链应用层的攻击案例和安全问题；第7章介绍区块链智能合约层的安全问题及相关的编程漏洞；第8章描述针对区块链主流共识协议的安全问题和常见的攻击；第9章介绍区块链网络层的安全威胁和隐私保护技术；第10章介绍区块链数据层安全的实际攻击案例以及相应的隐私保护技术；第11章详细介绍区块链安全应用及其发展方向，主要描述区块链与机器学习、数据交换及物联网相结合的安全应用。

感谢暨南大学数据安全与隐私保护实验室的罗伟其老师、吴永东老师和赖俊祚老师对本书的支持和付出，他们对区块链技术的不同组成构件有着独到的见解，为本书的框架设计、撰写思路提供了非常多的方案，并帮助我完成了早期的准备过程，最终使本书得以出版。也要感谢我在新加坡工作的同事杨艳江老师，他的帮助使我加深了对区块链安全的理解，并且他还帮助我修订了与区块链共识相关的内容。还要感谢中山大学的郑子彬老师和北京航空航天大学的伍前红老师，他们都为本书提供了许多宝贵的建议。另外，要感谢李明、翁嘉思、李宇娴、杨雅希、董彩芹、姚莉莎、成玉丹等博士研究生提供的有益反馈，他们发现了本书许多的细节错误并予以纠正，使这本书变得更好。

本书在编写过程中参考了大量书籍以及网上相关资料，汲取了多方的宝贵经验，在此向原著作者深表感谢。由于作者水平有限，文中不当之处也在所难免，真诚希望广大同行和读者不吝赐教，书中的任何不足我们都会及时完善。

翁　健

2020年11月

CONTENTS

目录

第1章

绪　论

1983年,著名密码学家David Chaum首次提出了"不可追踪支付"密码货币的概念,并随后推出了第一款数字货币eCash。然而,早期的电子货币需要依赖中心化的第三方来实现账户管理。2008年,署名为Satoshi Nakamoto的作者发表了一篇名为《比特币:一种点对点电子现金系统》的论文,首次提出了区块链(Blockchain)的概念[①],并构造了一种完全去中心化的数字货币系统——比特币(Bitcoin)。比特币作为区块链在金融领域的第一个典型应用,在被推广应用之后,受到了来自学术界和工业界的极大关注。由于区块链技术存在的潜在价值,它不仅可以被应用在数字货币领域,在供应链、证券交易、数字产权管理等领域同样也备受关注,被视为继蒸汽机、电力、信息和互联网之后,最有可能触发第五次革命浪潮的核心技术。为了更好地理解区块链技术所带来的深层意义,本章将从了解比特币的基础知识开始,逐步过渡到区块链底层的原理及其应用。

1.1　区块链产生背景

数字货币是一种以数字资产形式呈现的电子货币,与纸币和硬币等实体货币呈现形式不同,但同样承担着类似于实体货币的职能,支持即时交易和无地域限制的资产所有权转移。为了将数字货币带入现实世界中,David Chaum在1990年创立Digicash公司,并推出了两款数字货币系统eCash和Cyberbucks,但是受限于当时的互联网和经济环境,Digicash最终失败并宣告破产。然而,针对数字货币的研究和尝试却从未终止。1996年,Douglas Jackson发起创立数字货币——E-gold,以真正的黄金作为价值支撑,然而由于平台持续遭遇黑客攻击且吸引了大量非法洗钱交易,使得该公司陷入了困境;2005年,尼克·萨博(Nick Szabo)提出了一种激励困难问题解决的数字货币——Bitgold,旨在鼓励用户通过竞争来解决数学难题,成功解出难题的用户将答案通过密码学算法进行公布来获取货币奖励。

---

① 原文中为chain of blocks,后被最早的《比特币白皮书》中文翻译为区块链。

如图 1.1 所示，在传统的金融体系中，通常需要一个类似银行的可信中心化机构进行集中化的交易确认和验证，来保障交易过程的安全性，从而构建来自多个不信任用户之间的信任。然而，在现实生活中中心化机构会受到来自内部潜在安全威胁或外部恶意攻击，因此构建完全可信任的中心化机构是比较困难的。相比来说，比特币作为一种点对点分布式的电子现金系统，能够支持用户在线支付，直接由发起方支付给接收方，中间无须通过任何中心化机构。比特币的发行与流通是公开、透明、可验证的，这保证了比特币是至今安全系数最高的数字货币系统。

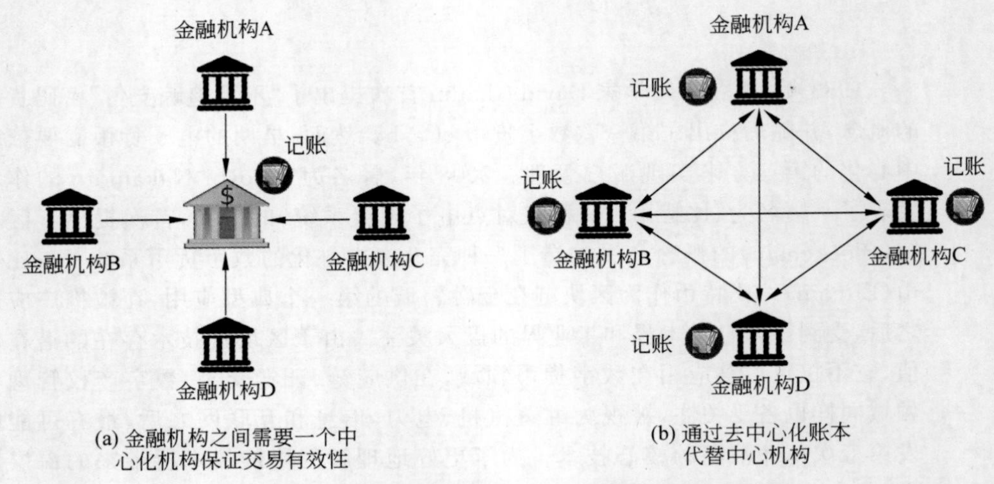

图 1.1　传统金融体系中心化架构与比特币去中心化架构

Satoshi Nakamoto 在提出比特币概念的一年之后才将其实现。在 2009 年 1 月 4 日，Satoshi Nakamoto 创建了比特币网络的第一个区块——创世区块(Genesis Block)，并获得了首矿的 50 个比特币奖励。创世区块中不包含任何交易信息，里面只包含了一个 Coinbase 数据，它是由 Satoshi Nakamoto 直接生成的。创世区块中包含了这样一句话：

The Times 03/Jan/2009 Chancellor on brink of second bailout for bank.

这句话是当天《泰晤士报》头版文章的标题，指当时的国家财政大臣正处于被迫实施第二轮银行紧急援助的边缘。Satoshi Nakamoto 引用这句话一方面是侧面暗示在当时世界金融危机的压力之下，现有的中心化金融机构具有一定的脆弱性；另一方面也是对比特币网络创世区块产生时间的说明。

比特币系统上线之后的第一笔交易发生在 2009 年 1 月 12 日，Satoshi Nakamoto 通过钱包发送了 10 个比特币给密码学家 Hal Finney。实际上，比特币在创建之初，并没有受到很多人的关注，很长一段时间内比特币只是在技术工程师之间以娱乐为目的进行着非正式流通。2010 年 5 月 22 日，一件数字货币史上极具历史意义的事情发生了。美国佛罗里达程序员 Laszlo Hanyecz 在论坛上发帖想出售 10 000 个比特币，总计售价 50 美元。但是在刊登 4 天之后，才有人愿意用价值 25 美元的比萨优惠券与其交换这 10 000 个比特币，这在后来被广泛认为是使用比特币作为数字货币流通的第一笔交易。该程序员用 10 000 个比特币买了两个比萨，因此 2010 年 5 月 22 日还被立为著名的“比特币比萨日”(Bitcoin Pizza Day)。

2011 年 6 月 14 日,维基解密创始人阿桑奇接受比特币的匿名捐赠,也为比特币的迅速推广奠定了基础。从此之后,比特币作为一种有价值的数字资产与实物之间的交换慢慢开始,比特币被越来越多的人知晓,其价格也水涨船高,最高时一个比特币价格达到 18 986.99 美元(2017 年 12 月 11 日)。同时,在这种背景下,越来越多的人或机构开始加入比特币网络进行挖矿,目的在于获得不菲的挖矿收入,比特币生态圈开始形成。与此同时,比特币的蓬勃发展也带动了各种衍生的数字货币的发展,例如以太币(Ehter)、莱特币(Litecoin)等。虽然衍生数字货币的种类令人眼花缭乱,但相同的是,这些数字货币都是基于区块链技术来实现去中心化的可信任数字货币。此外,基于区块链技术的各种应用也开始遍地开花。实际上,区块链作为比特币系统的核心底层技术,在最开始并未受到许多关注与重视,经过了一个相对漫长的发展过程之后,其真正价值才被挖掘出来并被广泛使用。

区块链本质上作为一种分布式的公共记账本(Distributed Ledger),由于密码学、点对点等技术的引入,相比传统的数据库在数据验证和数据存储方面有着不同的机制。在数据验证方面,区块链中的每个区块都包含了生成时所带的时间戳,系统中的很多节点会对该时间戳以及记录的时间进行验证和记录。在得到大多数节点承认的前提下,其上的数据记录是不可以被更改的,正是由于此特性,使得区块链技术可以被广泛应用于金融、公证、审计等场景。以金融市场为例,传统的金融证券交易由于需要涉及不同机构之间的确认和协调,会存在处理流程复杂、周期长等问题,区块链技术通过引入智能合约、多方共识机制,让相互之间并不信任的个体能够准确地按照智能合约所约定的流程自动完成某项具体操作,建立一种自组织、无中心化信用机构的金融生态体系,这不仅与金融场景中缺乏个体之间信任的需求密切契合,也是对传统的金融商业模式的巨大变革。通过引入区块链技术,极大地提升工作效率,节约成本,避免各机构之间烦琐的清算和交易过程,进而实现方便快捷的金融产品交易。此外,对于其他数字资产的交易管理而言,区块链技术基于准确的时间戳服务器,为数字资产的版权登记提供有力保障,同时区块链上不可篡改的数字记录可以作为数字资产的唯一标识,从而实现完全分布式的数字资产登记、交易授权和溯源等功能。

在数据存储方面,区块链是一种多备份、高冗余的数据存储机制,网络中的每个节点都存储了完整的数据记录,相当于每个节点都可以作为服务端对客户端提供区块链交易服务,这种完全去中心化的安全特性,使其适合对数据保护要求非常高的场景,避免了由于单点故障或操作员权限使用不当而导致的数据丢失或泄露问题。此外,区块链中可以支持灵活的数据访问策略,通过结合密码学中的多重签名技术、基于身份的加密技术,通过指定人数的密钥授权或特定身份的人才能够获取对应数据的访问权限,从而实现对数据的安全访问控制。目前,一些研究学者通过采用区块链技术来管理和存储个人医疗数据,通过可编程的智能合约来实现对个人健康数据的安全访问控制,促进医疗数据的安全共享,基于大数据来完善病情的分析与诊断。

1.2 区块链定义及发展

被誉为“区块链之父”的 W. Scott Stornetta 与密码学专家 Stuart Haber 在共同撰写的论文中首次提到了区块链技术，对于数字加密货币而言是一个起点。Stornetta 经历了计算机技术迅速发展的初级阶段，设计区块链技术的初衷就是想到人们所生活的世界是一个充满数字化的电子文件世界，书面纸质形式的文件注定会被淘汰，那么首当其冲的就是解决电子文件准确性的问题，如何确定这些电子文件是否为原版本在当时而言是一件非常困难的事情，需要保证电子文件记录的真实性以及所有更新记录的完整性。为此，Stornetta 与 Haber 通过设计一种数字分级系统架构，利用“数字时间戳”进行商业订购交易，解决为电子文件加盖时间戳的问题。传统中心化管理方式决定了信息中心具有操作数据的超级权限，数据的真实性可能被质疑。人们一直在思考，是否有一种技术可以使得任何参与者都没有凌驾于别人之上的权利，谁也不能任意地控制数据，由大家按照事先约定的规则共同维护数据。

直到区块链技术的出现，人们才从中发现其所隐含的巨大价值。区块链本质是一个共享、可信的公共记账本，任何人都有权利对它进行检查、校验，所有人在区块链上的权利都是平等的。数据一旦发布，谁也无法篡改区块链上的数据，所有参与者共同维护区块链的更新。区块链技术的出现能够使许多行业减少对中心化单点机构的依赖，节省交易成本和监管费用。如银行间的清算等级系统、跨国汇总结算系统等，这些都需要中心化机构来保障交易清算的完成，但其会带来高昂的验证审计费用和较长的人工核算交易时间。区块链技术可以让不完全互相信任的交易主体在无可信的第三方机构的情况下提供一个直接进行交易的平台，后续的审计安全性也能得到保障，极大简化了业务流程并节省了交易成本。区块链在多种场景的应用中将替代多种传统服务业。区块链技术最重要的意义在于可以实现在没有中心化机构参与背书与协调的情况下，解决多方之间的信任问题，并且极大提升多方之间达成互信的效率。人类从诞生以来一直都在解决信任的问题，区块链技术将信任问题的解决提升到了一个新的高度，因此区块链被称为是有望推动下一轮工业革命的创新技术。近十年以来，区块链逐渐成为全球各国极为重视的新一代信息技术，频频出现在包括 IEEE S&P、CRYPTO、USENIX Security/NSDI、ACM CCS/SIGCOMM 等顶级国际会议中，多个国家政府组织、企业和学术机构也给予区块链相当高的关注，包括中国、美国、俄罗斯、欧盟成员国、日本、新加坡等在内的多个国家相继出台了多项与区块链相关的政策，鼓励区块链与人工智能、大数据、物联网等新兴信息技术的融合，加速推进区块链技术创新及应用落地。例如，美国国防部高级研究计划局（DARPA）大力支持区块链研发项目，旨在安全存储国防部内部高度敏感的核心数据。欧盟委员会在 2018 年 2 月启动了欧盟区块链观察站和论坛，促进区块链技术的发展，陆续发布了《欧洲区块链创新》《区块链和 GDPR》《政府和公共服务区块链》政府工作报告。国内对区块链技术的发展和应用尤为重视，政府积极鼓励和探索区块链在各领域的健康发展，尤其是联盟区块链在行业中的应用。2019 年 10 月 24 日，中共中央政治局就区块链技术发展现状和趋势进行了第十八次集体学习，中共中央总书记习近平强调把区块链作为核心技术自主创新的重要突破口，明确主攻方向，加大投入力度，着力攻克一批关键核心的技术，加快推动区块链技术和产业创新发展。

区块链概念渐渐地开始受到普遍接受和关注。从狭义角度来讲，区块链技术是一种基于时间顺序的分布式账本，它将数据区块通过首尾相连的方式组合而成一种链式数据结构，以密码学为基础来保障数据的不可篡改、不可伪造等特性。从广义角度来讲，区块链技术是基于密码学、时间戳等技术来传输和验证数据，通过链式数据结构来存储数据，利用共识机制来生成和更新数据，并通过设计可编程智能合约来实现的一种全新去中心基础架构与分布式计算范式。

如图 1.2 所示，区块链每个区块中包含了相同的数据结构，主要为区块头（Block Header）和交易（Transaction）两部分。其中，每个区块头都对应唯一的哈希值（SHA-256），区块头中包含了相邻前一区块头的哈希值，通过哈希值序列就能建立一个从后往前一直追溯到第一个区块的链条，这种链式的数据结构保证了区块链的不可篡改性和可追溯性。具体地说，如果前一区块的内容发生变化，那么其后的区块头的哈希值也要发生变化，并且会一直影响到往后的每个区块。因此一旦某个信息被记录到区块链中之后，除非重新计算该区块之后的所有区块，否则包含该信息的区块记录是无法被篡改的。此外，由于比特币网络中的每个区块生成都伴随着全球总挖矿矿工的计算力，篡改一个区块需要耗费庞大的代价。这样一种从前往后顺序区块链条就保证了区块链数据的不可篡改，这也是区块链系统安全性得到保障的重要原因。另一方面，区块链基于时间顺序记录的数据可以保证所写入信息的可追溯性。最为重要的是，任何用户都可以成为比特币网络的维护者和参与者，只要具备一定的算力就有机会获得挖矿奖励。从其本质分析来看，区块链就是一种无须中心化机构维护，可以在互不信任或弱信任的参与者之间维护的一套数据准确的分布式账本技术。

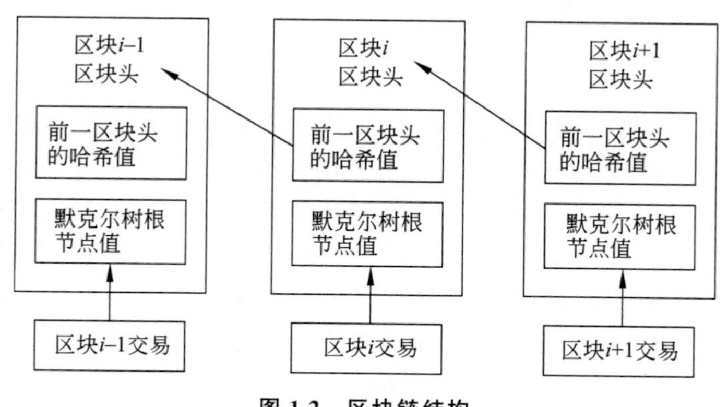

图 1.2　区块链结构

区块链技术的巨大潜能逐渐被除了数字货币和金融之外更多的行业看到，并由此衍生出了许多非数字货币的区块链项目，例如由 IBM 公司推出的联盟区块链平台 Hyperledger、密码学家 Silvio Micali 设计的 ALGORAND、腾讯公司开发的开源区块链平台 FISCO BCOS 等。如图 1.3 所示，区块链技术的发展大致可分为 4 个阶段：区块链 1.0、区块链 2.0、区块链 3.0 和区块链 4.0。前两个阶段是处于金融及相关领域的发展阶段,后两个阶段则进阶到信息系统基础设施的发展阶段。

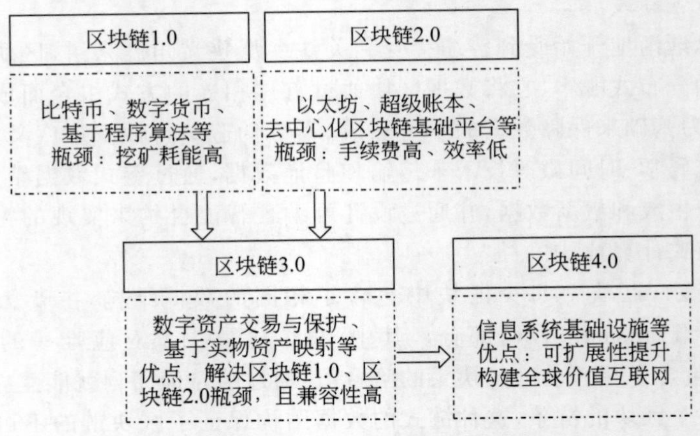

图 1.3 区块链 1.0 至区块链 4.0 演进过程

1. 区块链 1.0

区块链 1.0 主要指包括比特币、莱特币等在内的数字加密货币项目,其可编程的数字货币应用涵盖了支付、流通等货币职能。区块链 1.0 时代首次通过区块链技术,基于时间戳、数字签名、哈希算法等密码学技术解决电子现金中点对点支付的安全和信任问题,实现了数字货币公开透明和不可篡改的特性。值得注意的是,在这种点对点分布式架构支撑的数字货币场景下,无须可信的第三方机构来管理货币的发行、流通等步骤,实现多方的安全转账交易。区块链 1.0 中的数字加密货币仅能够支持非图灵完备的脚本语言,这也是其应用受限的最主要原因之一。

2. 区块链 2.0

区块链 2.0 在数字加密货币基础之上引入了智能合约,其典型代表为以太坊(Ethereum),它是一种开源的支持图灵完备智能合约的公有区块链平台,支持用户在分布式平台上搭建去中心化应用(Decentralized Application, DApp),它是由 Vitalik Buterin 在 2014 年设计发布的①。以太坊设计最初是为了解决比特币在可扩展性方面存在的不足,用户可以利用图灵完备的智能合约去开发满足各类应用场景的 DApp。实际而言,以太坊是在区块链 1.0 金融领域基础之上,对区块链技术的更为深刻的优化和改进。因此,在区块链 2.0 时代,区块链技术的应用不再单纯地指数字货币,而是扩展到去中心化、满足复杂应用场景的区块链平台。然而,区块链 2.0 支持的公有区块链虽然相比区块链 1.0 有所改进,但是在交易过程中吞吐量仍然比较低,只能达到每秒千次量级,而且交易确认的延时非常高,无法支持更大规模的实时交易场景。

---

① Vitalik Buterin 发表《以太坊:下一代加密货币和去中心化应用平台》白皮书,标志着以太坊平台的正式诞生。

3. 区块链 3.0

区块链 3.0 是指除数字加密货币、金融证券之外的其他领域应用，包括政务、智慧医疗、数字知识产权等。随着区块链技术给数字货币、金融等领域带来的巨大优势，其他领域认识到了区块链技术的潜在价值，因此对区块链技术能在所处领域被应用有着迫切的需求。区块链技术成为一种能够为多个行业提供去信任、分布式共识和透明化的解决方案。也可以说，区块链 3.0 是针对数字资产保护技术的集合，它的目标是实现各种数字资产权益在"真实世界"与"数字世界"两个平行时空之间映射和转移，从而推动全球数字经济的进一步发展。另一方面，从性能上来看，区块链 3.0 技术的目标是实现高并发、低能耗的并行分布式数据账本，使交易确认效率大幅度提升且无需挖矿操作，从而减少能源浪费，同时兼容物联网、人工智能、云计算、大数据等信息技术，实现标准化、智能、安全、可大规模实施的商业化应用。

4. 区块链 4.0

区块链 4.0 是以提供全球价值互联网信息基础设施为目标，形成基于区块链技术的可信任生态体系，把区块链应用到各个行业以及人们日常生活的基础设施之中，如物联网、社会管理、通信设施、文化娱乐等多方面，广泛地变革人们的生活方式。区块链 4.0 除了吸纳现有区块链 1.0 到区块链 3.0 项目的优势特性之外，主要聚焦在区块链基础设施和平台层核心技术的完善，包括支持新型抗量子计算攻击的密码学算法。与此同时，随着越来越多的区块链诞生，区块链之间的互联互通成为必然的发展趋势。因此，区块链 4.0 除了在可扩展性、安全性等方面的改进之外，在功能扩展上还致力于打破链与链之间的信息孤岛，实现跨链通信和多链融合。

总体而言，区块链 1.0 到区块链 4.0 是从底层技术不断完善、效率不断提升、安全性不断增强和应用场景不断丰富的过程，随之而来的是其本身的技术和协议在应用过程中被不断地完善和提升。

1.3　区块链的基础特性

基于区块链的链式数据结构、分布式网络以及底层的密码学原理，使区块链具有去中心化性（Decentralization）、公开透明性（Transparency）、集体维护性（Collective Maintenance）、一致性（Consistency）、不可篡改性（Tamper-Resistance）和匿名性（Anonymity）的安全特点。

1. 去中心化性

去中心化性是区块链技术的最基本特征。区块链是一个点对点（Peer-to-Peer）的分布式网络架构，又称对等式网络，是无中心服务器、依靠对等用户之间进行信息交互的互联网体系。区块链不依赖于中心化节点的管理，实现了数据的分布式记录和存储。在传统的中心化网络中，对单个节点（或备份节点）实行攻击即可破坏整个系统，但是在区块链系统中,只要大多数节点能正常运行,少数节点被攻击或者失效都不会影响整个系统的运作。

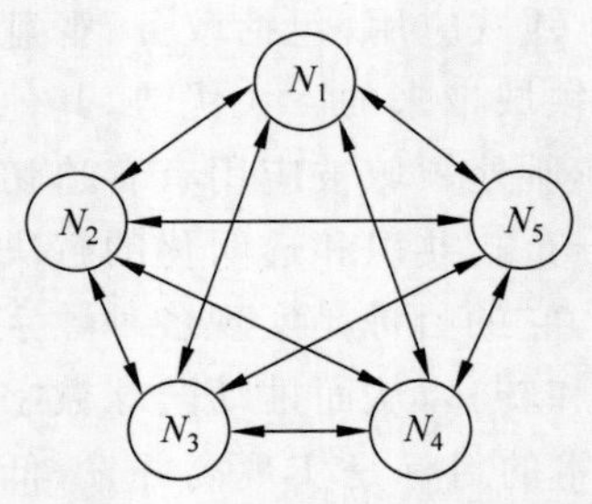

图 1.4 分布式点对点网络模型

如图 1.4 所示为区块链所采用的分布式点对点网络模型,节点之间采取相互连接、协同工作的方式,每个节点既作为服务端提供服务,也作为客户端使用服务。在网络层面上来看,每个节点之间的角色都是平等的,不存在特殊的中心节点,全网节点都具有均等的权利和义务。

2. 公开透明性

早期设计区块链系统是开放式的,也就意味着其上的数据对任何人都是公开透明的,任何用户都可以通过公开接口查看链上的数据信息。同样地,数据的更新操作对全网用户也是透明的,因此用户可以自行地验证数据的真实性,这是区块链系统被信任的基础。

3. 集体维护性

区块链系统中参与共识并存储所有最长链数据的节点称为全节点,区块链数据的安全性实际上是由这些全节点来维护的,其他具备计算和存储资源的节点也都可以参与进来,这样通过全节点来共同维护区块链账本的可靠性。

4. 一致性

区块链中新产生的区块会被节点广播到网络中,实现全网数据同步。在等待一定周期之后,所有全节点都会存储包含该区块在内的最长链信息,即全网诚实节点具有关于记录数据的一致性视图。

5. 不可篡改性

区块链中的每个区块交易记录是在上一个区块生成之后,在该区块被生成之前所产生的记录,按照时间顺序逐步地写入账本中,这也保证了数据写入的有序性。同时,区块链中每个区块头中都记录着前一区块的哈希值,一旦某一区块的内容被更改,那么其后所有区块的记录都需要跟着变更,这将耗费巨大算力。因此,区块链数据库中不包含对被记录数据在已产生区块的更新、删除操作,只能创建新的交易并将其加入新的区块,即系统一旦经过验证并添加至区块链后,其中的数据信息就会得到永久的存储、无法更改。另一方面,区块链系统中的全节点都保存了一份区块链的完整账本,因此分布式账本使得少数用户持有了被更改过信息的假账本也不会对区块链整个系统的安全性有任何影响。在大部分节点保持诚实可信的前提下,整个系统以数量最多的账本作为最终的账本。该特点保证了基于区块链数据的有效性,即无法被篡改。

6. 匿名性

区块链系统中用户使用的是与真实身份信息无关的一串数字作为转账地址,虽然任何用户都可以从链中查到与该地址相关的交易信息，但是很难追溯到该地址所对应的实际操作人，这也就保证了区块链的匿名性。在比特币网络中，由于交易可以被链接，因此其匿名被称为伪匿名(Pseudo-anonymity)。在其后发展的区块链技术中，如 Zcash、门罗币，利用零知识证明的技术可以实现完全匿名的数字货币。

需要注意的是，虽然节点与节点之间无须公开身份，但区块链基于一套共识协议和签名、哈希算法实现了节点间的互信问题。这使得区块链节点间无须公开身份，利用一个与身份无关的交易地址在保证一定匿名情况下完成数据交换或交易操作。

区块链技术凭借公开透明、不可篡改及可追溯等特性，解决了数据共享开放与交易过程中存在的安全问题，为实现去中心化场景下的数据流通和价值交换提供了一套解决方案。

1.4　区块链引发的深刻变革

随着比特币的概念为越来越多的普通人所了解，对于其关注的点也逐渐深入其底层技术——区块链。这对很多没有相关专业背景的人是一种进步。实际上，区块链给信息或价值处理的方式带来了真正的变革。区块链技术定义了一种全新的最低成本信任方式——基于代码的机器信任模式，它对立于传统的中心化信任，亦不存在管理上的问题，只需要依赖区块链上的代码被正确执行，就能在互不信任的用户群体之间建立起信任与协作的关系网。

互联网的出现，使传统的信息传播方式得到了飞跃发展，实现了高效流动。但是，针对价值数据的传播还存在一定的不足。价值传播需要关注和保证数据本身的有效性、真实性，而信息传播的侧重点在于将信息流通起来。例如，传统数字货币的有效性是由中心化机构来保障的，但是由于中心化机构可能遭受的不可控因素，其有效性存在相当的不确定性，即在互联网上传播的货币未必是有价值的。

对于不同国家之间的价值传输网络而言，区块链预示着一种截然不同、不曾为大众所关注过的全新的可能性，它使得形式多样的价值，如资金、数字资产等均可以通过互联网便捷、低成本地进行传递与交换。在过去的数字经济中，人们常常会担心对方的信用造假，或者票据的真伪性，这一直是价值交易过程中令人头疼的问题；在创作生产过程中，知识产权被侵犯或滥用时有发生，却很难制止；在社会管理过程中，结果的公平性时常遭受质疑，即使拥有一些可信机构的背书，仍然存在不可测的外界或内部因素导致信任问题的发生。随着区块链技术的到来，这些困扰人们的问题会随之变化。首先，区块链应用可以看作为传统的经济模式附加了可编程接口，通过把交易的执行过程写入自动执行的程序代码中，并以一种不可篡改的方式记录下来，所有人共同维护、经过大多数人核实并认可的信息才会打包记录在区块链上并且永久记录下来。区块链技术在遏制数据造假、简化复杂交易流程、加速数字价值流通等方面有着巨大应用前景。总而言之，对于价值传播领域而言，价值流动得越快，社会活动的发展就会更加富有生机与活力。

1. 金融领域

区块链的初始实现方式是比特币，数字货币也因此成了其最早且最有影响力的应用场景之一,其后有以太币、莱特币等各具特色的数字货币。比特币目前已经被广泛接受,人们针对不同场景下的实践所带来的特殊需求,设计了相应的形式多样的数字支付系统,如果要问区块链的第一个使用层级是什么,这个答案一定不会引起过多的争议——数字密码货币。这同样也是各国发行数字密码货币的主要模式。对一般的数字货币而言,每种数字货币通常有自己独立的区块链网络。例如,莱特币的货币是基于莱特币协议运行的。比特币和众多数字货币为互联网上的贸易和商业运行开辟了一个全新的模式。在所召开的数字货币研讨会中,央行表示,中国的数字货币研发亦要抢占先机,争取尽早与公众见面。2014 年以来,多家国际顶尖银行巨头都陆续加入了由金融技术公司 R3 牵头的组织,共同为区块链技术在银行业中的推行确立行业规范和准则。

金融领域与区块链恰似一对孪生兄弟,有着诸多耦合性。传统金融机构由于相互竞争或对安全性的考虑,往往是封闭的生态系统。各种新兴科学技术与金融行业相结合诞生的各种新兴技术和金融服务对金融传统业务模式产生巨大冲击。另外,许多金融机构在监管方面存在着或多或少的问题,如何全面、客观地收集信息,并进行安全分享是有效进行金融监管的重要前提。目前国内外面临着监管信息不公开透明的问题,这使得金融监管工作效率不高,还可能受到质疑。把区块链新技术应用到金融领域能够降低传统金融体系面临的系统风险,有助于提升交易透明度、减少洗钱和逃漏税、创新监管与审计工作、提升交易效率、降低市场交易成本等。

在金融领域,除去数字货币,区块链也逐渐受到泛金融领域的广泛关注,国际汇兑、供应链金融、股权登记、数字票据、资产证券化、银行征信等领域都先后开始尝试在传统的商业模式中,引入区块链的架构与属性。传统的金融企业陆续布局了区块链技术。例如,2015 年纳斯达克针对股票的记录交易与发行中存在的弊端,推出了基于区块链的数字分类账技术 Linq。同年,首张比特币借记卡由国际金融服务公司 Visa 与 Coinbase 联合推出,同时和电子签名初创公司 DocuSign 合作推出利用区块链技术打造的汽车交易和租赁平台,将汽车买卖和租赁平台的流程简化,在区块链上,顾客以一种更加安全可靠的方式完成记录和更新车辆和保险、合约签署和支付等相关信息的过程。这样的一种模式使得所有的交易信息是完全透明化的,可以为一般公众获取及验证。把原来由中介机构完成的复杂交易逻辑进行完全数字化的重构后,客户只需要在手机、平板计算机等移动设备端动动手指,就能完成原有的复杂业务流程,这有效地降低了原有的业务成本。

2. 数据管理

在大数据时代,数据流动和交易是大势所趋,如果能让有价值的数据有效流通起来,对社会和个人都将产生更大价值。区块链以其独有的特性在大数据时代带来了重要的意义。区块链作为集体维护的一个可靠数据库,其去中心化与去信任的协作方式,注定了区块链与大数据有着密切联系,可以在完善数据的安全管理方面发挥重要的作用。

目前基于区块链的存储系统在文件系统中采用点对点的分布式架构,在激励层中采用了基于共识协议的区块链技术,用户能像使用传统的云盘一样进行文件的存储。不同于传统的分布式数据库,共识协议成为这一机制的核心,全网所有节点通过共识来达成数据的一致性视图。其次,它使用的分块技术和密码学等技术保证了数据的安全性和不可篡改等特性。例如,星际文件系统(InterPlanetary File System,IPFS)是基于区块链技术以及网络基础设施构建的一种网络传输协议,它希望借助分布式的模式实现持久存储、共享文件的愿景。Storj是另一种开源的分布式文件存储系统,它基于区块链的哈希表、文件加密以及分片技术在分布式网络中实现文件的安全存储。

此外,区块链也可以被用来解决数据交换领域中存在的问题。在此之前,互联网数据往往是由大型机构存储管理的,这些机构通常情况都是诚实可信的,但仍然会存在内部人员的误操作或恶意操作的潜在风险,以及外部恶意组织的攻击威胁,因此个人数据的安全性并未得到充分的保证,用户针对自己数据的管理也没有话语权。例如,人们每天使用的社交软件,汇聚了大量的数据,但个人并无法掌控这些数据的流向和使用情况。同时,出于对数据隐私安全的考虑,不同个体和机构之间经常进行数据隔离,不愿意将数据共享出来。然而,在经济全球化、数据全球化时代,如果大数据仅仅掌握在企业内部,它们只能形成自己数据价值的封闭转化,无法充分地将大数据的真正价值利用起来。

区块链以其公开性、安全性和唯一性,给大数据有效共享带来了真正的可能。当前互联网时代虽然是数据爆炸时代,但仍然存在许多研究是缺乏数据的,如医疗研究,以其特殊的性质,数据共享更是难上加难。另外,在数据共享中,传统的数据共享由人工操作、决策,控制数据流通,事实上,这种方式不具备很高的效率,且存在一定的主观性,使数据无法得到充分利用,在信息管理的过程中,大数据存在着丢失、被窃取的可能,从而导致大数据价值贬损。主要的问题包括以下3方面。

(1) 数据的中心化和垄断式管理,大量存储在数据库里的数据很少被使用。这些数据都被浪费了。但受制于可复制性和易传播性,数据一经分享无法追踪使用状况,这严重制约了数据资产的协同共享,大量孤立化数据处于碎片化的状态。

(2) 数据易被复制,进行数据交易方担心数据被第三方复制、留存、非法转卖等。

(3) 第三方中心化交易平台可能面临着网络攻击的风险,容易导致数据丢失、泄露等问题。

而区块链的出现正好能冲破这些问题的阻碍。如果能够有效地利用区块链,其将会极大促进大数据应用。首先,区块链为数据的安全性提供了更高程度的保障。数据安全性是影响数据共享、造成数据孤岛化的重要原因之一,这使得数据拥有者倾向中心化和垄断式管理自己的数据。区块链技术的特点能够存储数据而无须担心数据丢失,存储于区块链之中的数据将始终存在,并且无法以任何方式进行编辑或篡改。即使某些节点损坏也不会导致数据的丢失,因为区块链数据在所有节点都得到了完整的备份,这样避免了原来中心化服务器可能遭受的单点故障问题。

其次,区块链提供了可追溯的过程记录,所有人都能验证数据的来源是否可靠。区块链技术依赖于网络中多个节点的共同计算,验证信息的真伪以达成全网共识,区块链上的数据一旦"上链"成为一种共识,则无法被篡改,这赋予了数据以分布式存储和全历史追溯的新特质。可追溯的数据资产对数据资产共享的重大价值就在于使其源头明晰、所有权明确、交易路径可查。

如果是使用区块链进行数据交易,可以以数据使用权交易的概念来重新定义大数据交易,数据以加密的方式在区块链上产生并固定,买方对于数据的购买将被作为特定数据计算的触发条件，而这个计算的过程将以代币为“燃料”，而计算的结果将以买方提供的公钥进行加密，并最终交给买方。区块链通过明确数据交易历史，记录各方的贡献度，促进数据价值的评估。数据计算过程当中的每一个环节，输入与输出都被区块链以不可篡改的方式记录在链，未来如果各方对数据的源头产生了质疑，或是追责买方的私自复制行为，区块链所提供的可追溯路径都会成为解决纠纷的利器。区块链甚至可以提供快速、便捷的即付即用式的数据使用与流通。基于智能合约，区块链可以实现如条目交易、后付款的信用交易、充值交易、授权场景交易、数据交换交易等更小粒度、更定制化与智能化的数据交易模式，这将重塑当前大数据交易的商业模式，为大数据产业的蓬勃发展提供更加稳健的根基。

3. 物联网应用

当前，物联网技术正在蓬勃发展，以智能音箱为代表的智能家居开始进入寻常百姓家，然而，这些与人们日常生活紧密相关的领域，其安全问题一直是研发者关心的热点。将区块链技术应用到物联网中，将可能为相关的困难带来一个突破口，从而引领整个现代社会进入智能物联网的新纪元。同时，基于区块链技术来塑造更加完备的互联网最底层协议，更能形成一个可编程的价值互联社会。例如，针对设备消耗品的自动购买，如洗衣机、洗衣粉的购买等场景，IBM公司和三星公司合作开发了物联网基础设施的区块链项目Adept(Autonomous Decentralized Peer-to-Peer Telemetry)。这种设计使智能设备成为自我维护、自我调节的独立个体，能够按照事先制定的规则，安全、自动地执行相应的动作，还可以完成与其他设备的信息交换。

4. 产品防伪

假冒伪劣问题自从交易行为诞生之日起，就是困扰消费者的持久性问题，在某些行业，产品的质量问题层出不穷，用户的维权意愿也日益增强，这使得用户对产品溯源的需求日益提高。基于区块链的产品溯源是指利用区块链技术，通过其独特的不可篡改、可追溯的分布式账本记录特性，对商品实现从源头的信息采集登记、原料来源追溯、生产过程、加工环节、仓储信息、检验批次、物流周转到第三方质检、海关出入境、防伪鉴证的完整可追溯。例如，Linfinity是一个分布式供应链平台，它集区块链、物联网和大数据于一体，旨在为用户提供包括供应链追溯、防伪、电子签约、物联网监控、设备管理以及预测性维护等在内的一整套供应链场景解决方案，无论是商品的物料采购、生产、制作，或是物流、销售等各类环节，Linfinity都做到了及时可靠的防伪追溯。通过区块链技术，与产品生命周期相关的上下游企业都可以建立起关联性，实现一种共同维护、可信式的产品管理。

5. 知识产权

近年来，随着数字知识经济的规模日益壮大，知识产权已成为企业的竞争优势的新代名词。传统的文字、美术、摄影、音响等艺术作品，都可以转换成用二进制数字编码表达的形式，在互联网上进行交易和传播，而且移动互联网的飞速发展，电子书、音乐等数字内容产品越来越丰富、多样化，传统的作品出版进行数字化不可避免。然而，在利益驱动之下，文化产业也成了侵权盗版的重灾区。传统的数字版权保护方法都是集中登记式的，本质上是一种权威管理机构授权的中心化的版权管理机制，存在版权交易方式过程复杂、交易成本高、交易效率低，且无法满足对大量小视频、图片、网络文章等提供版权保护的问题。区块链技术的可溯源机制在数字知识产权保护领域有着广阔的应用前景。2018 年，百度公司创立百度图腾，旨在通过区块链技术将图片版权信息永久写入区块链，基于区块链不可篡改性形成的权威与公信力，结合其人工智能识图技术，让数字作品的传播实现可溯源、可转载、可监控，革新了传统的数字版权保护模式，将数字版权管理过程中需要的登记确权、维权线索、交易信息等与区块链交易、自动执行的智能合约相结合，实现一种新的数字版权保护模式。

6. 智能合约

1995 年，Nick Szabo 提出了一个全新的概念——智能合约，“一套以数字形式定义的承诺，包括合约参与者可以在上面执行这些承诺的协议。”他首先是以数字形式来描述的，通过类似于计算机程序语言的形式运行在一个可信的执行环境中，智能合约将根据预先设定的约定，在特定条件成立的情况下，自动地执行相应的合约内容。

智能合约主要展现了以下三大特点。

(1) 承诺(Commitment)：承诺在这里指的是合约参与者协商后同意的各自的权利和义务，承诺的各项内容共同定义了某个特定的合约的本质与目的。

(2) 数字形式(Digitally)：数字形式是指合约必须以机器语言而非自然语言来进行具体的实现，由计算机程序自动执行，且一般合约以代码形式执行后就不可更改。

(3) 计算机协议(Computer Protocol)：协议是技术实现，在选择的协议基础之上，合约承诺被最终实现，并且其执行的全过程被记录下来。

智能合约可用于实现传统商业场景之下的两方/多方之间的包含转账交易等行为在内的任意数据交换行为，智能合约的各类行为及其触发条件都将以代码的形式实现并作为智能合约的有机组成部分，一旦智能合约及相关数据被传输到不同的设备上，用户就可以自行执行合约上的指定内容，并根据该结果达成协议。本质上，基于区块链平台的智能合约与一般的计算机程序并无区别，它同样可以设定某些指定的特殊条件，并在满足条件的前提下执行指定的程序内容。简单地描述，区块链就像是支持程序运行的一个数据库，智能合约则是业务层，它能够使区块链技术应用到现实中。然而当智能合约与区块链这一底层数据相结合后，基于区块链不可篡改的属性，智能合约也成为不可更改的内容。以太坊是一个公有区块链平台，它利用其去中心化的虚拟机来处理点对点合约，首次将智能合约搭建于区块链之上。虚拟机指的是，在某种隔离环境下，依赖软件模拟的、具备完整硬件系统功能的完整计算机系统，如虚拟化物理机 VMware、Java 虚拟机等。

以太坊相关代码正是运行在以太坊虚拟机(Ethereum Virtual Machine，EVM)之上的，它能够支持图灵完备智能合约运行，是当今的主流区块链平台。用户可以基于智能合约开发满足多种场景的 DApp。据统计，在 2019 年第一季度，智能合约数量达到 220 万份左右，相较于 2018 年第一季度的创建总量，增加了约 40 万份，合约的数量和涉及的金额都有大幅度的提升。

1.5 区块链主要分类

如图1.5所示，根据差异化的现实场景设计及用户需求，可以将区块链分为三大类：公有区块链（Public Blockchain）、私有区块链（Private Blockchain）及联盟区块链（Consortium Blockchain）。这三大区块链模式最主要的区别在节点的准入机制，是自由加入还是受控加入，这也决定了链上数据的公开程度。

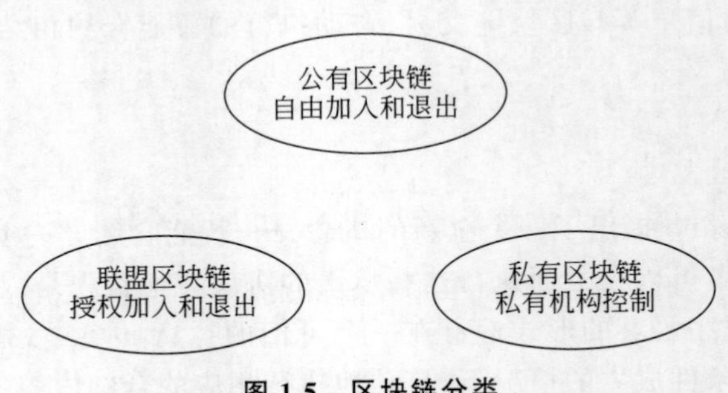

图1.5 区块链分类

1.5.1 公有区块链

公有区块链简称公有链，在这种区块链架构下，用户或节点可以自由加入和退出。比特币作为公有链的典型实例，具备着最高的去中心化程度。此外，以太坊、莱特币等也都建立在公有链架构基础之上。公有链作为分布式账本技术的具体实现方案，完全不受中心机构控制，任何用户都可以自由索取链上的所有数据记录以及交易详情等信息，并且能够自由竞争新区块的记账权，以获取记账奖励等。换言之，公有链上的行为是公开的，不受任何人约束，也不归任何人所有，这样的区块链无须特殊授权即可自由出入，因此又被称为非许可链（Permissionless Blockchain），即用户在参与所有网络活动前无须做任何的身份验证。即使是公有链程序的开发者也无法干涉链上用户的行为，参与者完全依照自身的意愿进行各种相关操作。目前几种著名的公有链项目包括莱特币、EOS、量子链等，如表1.1所示。

表1.1 公有链示例

类　别	详细说明
比特币（Bitcoin）	首个基于区块链技术的去中心化数字货币，实现了去中心化、不可篡改等安全特性
以太坊（Ethereum）	支持图灵完备智能合约的区块链技术平台，支撑了上万个去中心化DApp
莱特币（Litecoin）	莱特币是比特币在某种意义上的改良，与比特币相比，莱特币具有3种显著特征：①莱特币块生成周期大约为2.5分钟，相比比特币的交易确认时间有大幅的改进；②莱特币网络共发行8400万个莱特币；③莱特币基于改进的工作量证明算法，使得其相比于比特币具有更快的挖矿效率

续表

类　别	详细说明
EOS(Enterprise Operation System)	一种基于区块链的智能合约平台,旨在提供一套底层的区块链服务平台,它类似于操作系统,是一种区块链架构,其能够支撑分布式应用程序的开发与运行。依赖该架构所设计的应用程序,能够提供账户、身份认证等功能,满足数据库、异步通信的需求,甚至可在数以万计的 CPU/GPU 群集上进行程序调度和并行运算。EOS 的交易执行速度达到了约每秒百万级,而且普通用户无须支付使用费用,即可执行智能合约
量子链(Qtum)	通过账户抽象层(Account Abstraction Layer,AAL)这一创新设计,将比特币和以太坊进行有机连接,从而作为一种智能合约平台,能够同时兼容比特币 UTXO 模型和 EVM。量子链旨在促进区块链技术在各行各业的产品化与易用性,搭建区块链对接具体应用场景的技术桥梁,从而推动各类区块链方案的落地实施

公有链交易的安全性和不可篡改性本质上来源于底层的密码学算法(数字签名、哈希算法、加密算法等)的保证,这使得其在公开的互联网环境中,建立了一套互信和共识机制。

工作量证明(Proof-of-Work,PoW)、权益证明(Proof-of-Stake,PoS)是在已有的公有链中最为常见的两种共识机制。公开与透明是公有链的最主要特性,任何个人都可以加入记账。也正因为如此,随着参与共识的人越来越多,验证和完整交易需要较长的时间,效率变低,资源消耗巨大。例如,在 2018 年,比特币挖矿算力所消耗的电量堪比瑞士一个国家的总耗电量,这相当于当年全球供电量的 0.21%。

1.5.2　私有区块链

随着区块链渗透到不同领域、不同行业,随之产生了对区块链技术的具体应用化需求,如一些企业或跨机构之间希望数据只能被特定用户或节点看到,这样就产生了私有区块链的模式。私有区块链简称私有链,具有与公有链完全相反的诸多性质,强调的是数据私密性,即仅限在某些特定的个体、组织以及机构内的用户访问和交易。只有特定组织或者机构才拥有对私有链进行写入的相关权限,节点的准入资格受到严格的控制与验证。用户的读权限则与整个组织的相关规定有关,私有链成员可以通过设置一定的开放和访问策略,使得用户根据身份的不同具有不同程度的访问限制。简单来说,私有链就是一个弱中心化或多中心化的系统。

形象地描述,如果将公有链比作今天无处不在的互联网,那么私有链可以称为一个完全封闭的局域网。例如一些金融、审计机构,正在尝试基于区块链技术,以一种分布式账本的模式来存储相关的交易数据,只有具备特殊权限的用户才能访问及更新数据。因为这种特性,有的私有链也就省略了"挖矿"共识这一过程,只是采用链式结构来构建区块链平台,从而大大提升了执行效率。

私有链和传统数据库的主要区别体现在信任的建立方式上。举个例子来说明,假设散布在不同国家的部门、供货商和中间商构成了一个大型跨国机构，基于利益、文化等的差异，各个用户之间都存在着不信任关系，在这种情况下想要建立一个安全的分布式数据库或者系统，私有链就提供了一种安全的分布式账本技术。总而言之，如果在多个参与方之间缺乏信任，也缺乏一个共同信任的第三方的情况下，而且有节点准入的限制条件，就可以考虑用私有链来解决问题。

与公有链相比，私有链参与节点受到了严格的限制，并且其行为权限上也受到了严格的控制，这使得各节点达成共识的时间比公有链要短得多，从而交易的形成速度也就更快，业务运行效率也就更高，成本相对较低，不容易被恶意攻击，并且契合了金融行业对于身份认证的特殊需求。相比中心化数据库，运用私有链存储数据的优势在于，企业内部故意隐瞒或者篡改数据的行为将得到有效的监督与遏制，而且即使发生错误操作或信息，也能够迅速发现，及时追踪错误来源，进行有效的问责。基于以上特点，目前大多数的大型金融机构在进行区块链方案选择上更倾向使用私有链技术。私有链更适合建立于特定组织的内部，对内部数据提供更加安全可靠的存储方式，如 Linux 基金会、R3CEVCorda 平台以及 Gem Health 网络的超级账本项目。

1.5.3 联盟区块链

联盟区块链简称联盟链，它是介于公有链以及私有链之间的一种区块链模式，它的去中心化程度不及公有链，但效果又比私有链更加分散，可实现部分去中心化。联盟链上的各个节点往往指向了人们在现实中会遇到的某些实体机构或组织，每个机构可以根据需要运行一个或多个不同的区块链节点。参与者需要事先经过授权获得相应的权限，并在经过身份验证后加入网络，不同的参与者共同构成了一个利益相关的联盟，通过事先指定的共识或规则共同维护一套区块链的运行。联盟链为参与成员提供了管理、认证、授权、监控、审计等安全管理功能，而联盟链的参与成员共同维护着联盟链的运作。相比于公有链，只有经过授权的机构或节点才能对联盟链的系统数据进行读写和交易发送，联盟链依赖这些机构或节点共同来记录交易数据，从这点上来说，联盟链与私有链有着相似的理念和特征，但是它们私有化的程度是有差异的，以适应不同的场景需求。因此，联盟链同样相比公有链有着更低的实施成本，并且具有更高的处理效率，从而被广泛应用于不同实体之间的交易、结算等过程的处理。

例如，设计一个基于联盟链的结算、清算系统以兼容现有的银行相关业务，各银行作为联盟成员加入该系统，并获得相应的授权，成为联盟链中验证合法的节点，这样，不同银行之间的结算、清算交易就可以以一种更加及时且可靠的方式实时进行。与现有的中心化系统相比，这样一种去中心化的系统不仅大大提升了结算、清算效率，大大节省了人工成本，还提供了更好的系统稳健性，以及数据的安全性。为了降低维护成本，一般的联盟链通常不采用类似于比特币那样的基于工作量证明的共识机制，这与其所处的特殊场景有密切关系，而是采用基于 PoS 或实用拜占庭容错（Practical Byzantine Fault Tolerance，PBFT）等共识机制，来保证各节点的协作及数据存储的一致性。

如表 1.2 所示，通过对公有链、联盟链与私有链三者之间的对比可以发现，不同模型的链之间为了满足相应的场景而进行了不同的方案设计，总体在安全性、可扩展性、去中心化特性之间平衡。

表 1.2　公有链、私有链与联盟链特性对比

特　　性	公　有　链	私　有　链	联　盟　链
参与者	任意节点自由进出	个体或企业内部成员	联盟协议成员
共识机制	PoW/PoS/DPoS 等	分布式一致性算法等	分布式一致性算法等
记账者	所有参与者均可参与	自定义设置	联盟成员协商确定
激励机制	需要	不需要	可选
中心化程度	去中心化	(多)中心化	多中心化
突出特点	参与节点完全自治	节点内部透明和可追溯	效率和成本优化
承载能力	3～20 万笔/秒	1000～10 万笔/秒	1000～1 万笔/秒
典型场景	虚拟货币	审计、发行	支付、结算

1.6　区块链技术演进

近几年，新技术日新月异，突飞猛进，区块链在安全性、可扩展性、延时等方面的性能有了较大幅度的提升，本节将简要介绍 4 项区块链演进技术：侧链技术、闪电网络、zk-SNARK、有向无环图。

1.6.1　侧链技术

2012 年，侧链的概念首次出现在比特币聊天室中，它是为了解决如何改进比特币协议、增加新的功能模式。2014 年以来，已经出现了很多具有新功能的区块链，许多与比特币竞争的数字货币，如莱特币、狗狗币等竞相迅猛发展。比特币的开发团队为了减少这些竞争币给比特币带来的影响，开始计划升级比特币的功能。他们考虑到直接在比特币链上进行功能添加有一定的风险，因为一旦新功能在实践中发生软件故障，已运行的比特币网络将会面临不可预测的潜在安全问题。此外，由于比特币本身的特性，如果要对其进行较大规模的改动，需要获得多数比特币矿工的支持。但是，在全球范围内获得多数比特币矿工的同意显然十分困难，出于对这些现实因素的考虑，比特币核心开发者便提出了侧链技术。

一方面，侧链技术最重要的作用就是支持用户去访问和使用新的服务。基于侧链技术，比特币可以作为一种存储货币，在侧链上开发和设计新的功能，以此来提升比特币的竞争力。例如，用户可以通过比特币从本区块链网络转移到另外的区块链网络进行使用，利用其他区块链网络的隐私特性、智能合约以及高效的交易处理功能来弥补比特币网络的不足。另一方面，新功能的添加通过侧链技术完成以后，即使由于安全升级导致侧链异常，主链也不会受到任何的影响，仍然可以正常运行，这也是侧链技术所带来的突出优势。

从本质上来看，侧链技术是一种跨区块链网络的解决方案，能够实现将数字资产从第

一个区块链网络转移到第二个区块链网络,之后又可以在某个时间节点将该数字资产从第二个区块链网络安全地转移回第一个区块链网络,如图 1.6 所示。通常来说,第一个区块链被称为主区块链或者主链,第二个区块链就被称为侧链。这种数字资产在不同区块链之间进行安全转移的技术为区块链应用提供了新的发展空间。

为了实现侧链技术,几位比特币的核心开发者,Adam Back、Matt Corallo 等人共同发起创立了 Blockstream 公司,明确了侧链技术的协议实现及方案细节。最初开发设计的侧链技术,一般主链专指比特币区块链网络,随着技术的更新发展,主链同样也可以是任何正式上线运行的区块链网络。

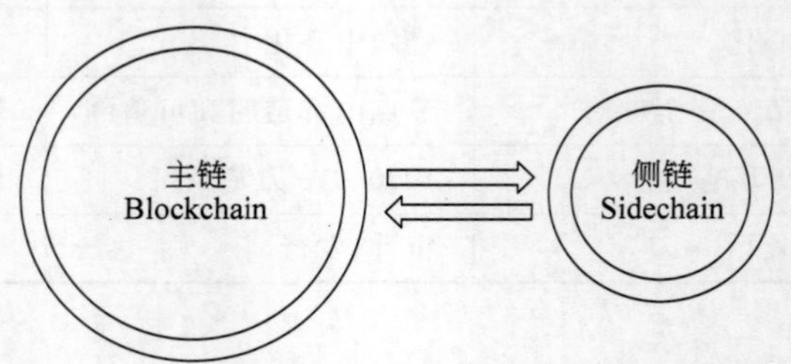

图 1.6 主链和侧链

严格来说,侧链并非区块链的一种类型,它只是在区块链的现实应用过程中,开发者对区块链的一种功能扩展,因此也不能特指某一个区块链,而是所有遵守侧链技术的区块链网络的通称。侧链可以被理解成一个独立的区块链网络,侧链上的数据及运行程序也是与主链相互独立的。因此,它在运行过程中并不会增加主链的负担,在解决数据过度膨胀的问题上,不失为一种有效的手段。

侧链的实现主要基于双向锚定(Two-Way Peg,2WP)方式。基于 2WP 技术,数字资产在主链中将被锁定起来,同时等价的数字资产将会在侧链中得到释放。相应地,当需要对侧链中的数字资产进行锁定的时候,主链中等价的数字资产也会被释放出来。2WP 实现过程中的主要挑战在于如何兼容主链,保证侧链协议的运行不会对主链的正常运行流程产生影响。

1.6.2 闪电网络

比特币作为最大的数字货币体系,每秒处理交易的数量为 7 笔,每笔交易最终确认需要等待至少 6 个块的时间,这样的处理效率显然无法满足现实应用的需求,与金融系统的交易速率更无法相比。为了解决比特币中存在的交易处理慢问题,闪电网络应运而生,它实际上也属于侧链技术的一种,通过在不同交易方之间建立一条链下可扩展的微支付通道,多方之间在链下完成频繁的双向交易操作,无须链上交易全网确认,显然会提升比特币交易处理的效率。

闪电网络模型如图 1.7 所示,假设 Alice 和 Bob 两人之间需要频繁地进行交易,显然,这将会产生高昂的交易费用,并且,其交易效率也难以满足一般的商业场景的要求。基于以上困难,两人通过闪电网络开启一条微支付通道。在开启支付通道中,Alice 和 Bob 各自将 10 个比特币转给一个由双方共同控制的地址账户,该地址账户的共同管理可以通过多重签名技术来实现。开启支付通道的过程是一笔普通的交易上传到比特币网络当中，一旦交易最终确认，则双方可以在链下的支付通道里进行频繁的交易操作。直至双方确认不会再发生交易，想通过类似提现的方式来获取最后的金额，则可共同约定关闭该通道。

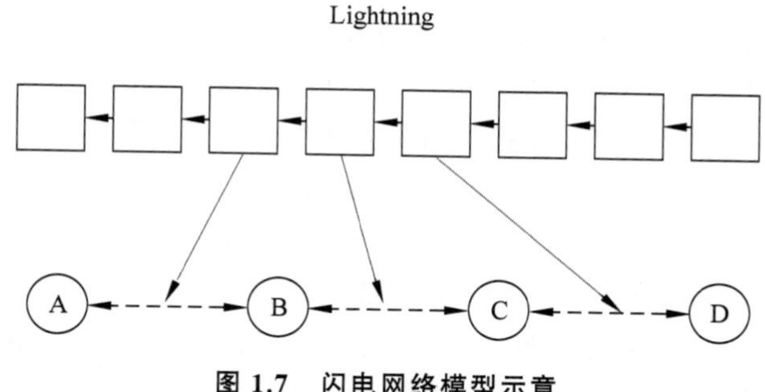

图1.7　闪电网络模型示意

在闪电网络中，主要通过RSMC（Recoverable Sequence Maturity Contract）和HTLC（Hashed TimeLock Contract）两种方法来解决链下交易中面临的一些安全问题。RSMC称为可撤销的顺序成熟度合同，支持了双向的支付通道，开始时两方都向共同地址中发送一笔资金进行锁定。通过设定惩罚机制，假定某一方中途退出，则需要等待一段确认时间。而另一方确认对方有非法操作，可无须等待立即拿走所有的资金，以此来保证交易的双方不出现抵赖或者反悔行为。在微支付通道中的每一步交易操作都由密码学技术来保证执行的有效性。

RSMC实现了两方之间的双向支付通道（Alice和Bob），但存在的一个问题是，如果任意的两人之间进行交易都需要相互协商来建立一条支付通道，显然不是很高效的。为了支持不同用户在无须建立支付通道的前提下实现链下的安全交易，就产生了HTLC。HTLC称为哈希时间锁合约，它是为了支持在不同节点之间在微支付通道交易而产生的。假设Alice和Bob之间存在一条支付通道，Bob和Carl之间也存在这样一条支付通道。当Alice和Carl之间需要进行交易时，可以无须再建立一条新的通道，基于HTLC就可以实现Alice和Carl之间的交易操作：Alice通过HTLC锁定一定金额的资金y，同时选取一个秘密参数值x，通过设定一定的时间期限T，如果Bob能够在T时间内向Alice出示$H(x)$，Bob就能获得这笔资金；如果在约定T时间内无法提供$H(x)$，则这笔金额将被自动解锁并返还给Alice。同理，Bob和Carl之间的交易操作也可以按照此过程执行，这样Alice和Carl两方之间完成链下的HTLC交易操作，如图1.8所示。

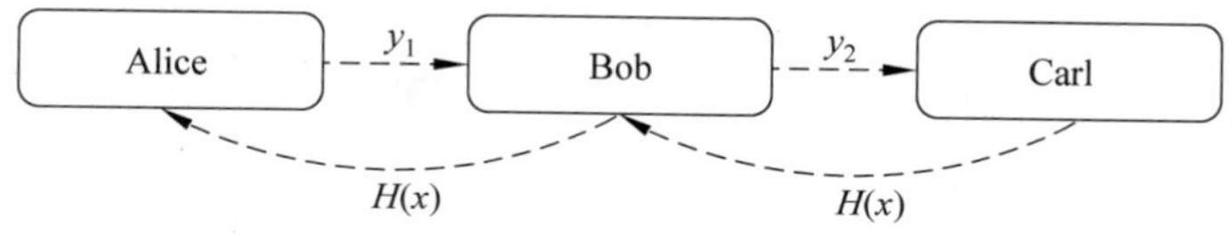

图1.8　HTLC交易操作示意

1.6.3 zk-SNARK

区块链技术实现了一套无须依赖可信机构的去中心化应用，所有的交易信息都需要通过广播、验证和确认的方式最终被写入区块链，且生成的交易信息无法抵赖，也无法否定。然而，这些交易详情是在众目睽睽之下完成验证和确认的，这也意味着，交易的发起者、接收者、接收时间、金额数量等信息都是公开的。然而，在很多的应用场景里，这些交易信息属于敏感信息，用户不愿对外公布，包括对区块链平台的维护者。那么，如何在既保证数据是真实、准确的情况下，又能同时保证对数据进行可验证呢？基于零知识证明(Zero-Knowledge Proof)技术就可以被用来解决此问题。

20 世纪 80 年代初，S. Goldwasser、S. Micali 及 C. Rackoff 等人提出了零知识证明的概念，他们设想在一些特殊场景之下，证明者需要让验证者相信某个论断是正确的，但是出于隐私性的考虑，却又无法将证明的对象直接呈现给验证者，而零知识证明旨在使得证明者在不向验证者提供任何隐私信息的情况下，达到证明者的目的。在零知识证明协议过程中，可能涉及两方或更多方完成一项任务所需采取的一系列步骤。证明过程中证明者在不向验证者泄露任何关于被证明消息的信息的情况下，向验证者证明并使其相信自己知道或拥有被证明消息。交互式零知识证明是指在证明过程中，证明者和验证者之间必须经过交互才能完成的零知识证明，与此相反，在定理证明过程中证明者和验证者不需要交互的零知识证明被称为非交互零知识证明。零知识证明是密码学为我们提供的强大利器之一。如果将零知识证明用于安全验证，许多场景下的数据安全问题可以得到有效解决。

零知识证明一般需要具备以下 3 个特性。

(1) 完备性(Completeness)：如果证明方和验证方都是诚实的，并且它们都遵循证明过程的每一步来进行正确的计算，那么这个证明一定会是成功的，验证方一定会接受证明方。

(2) 合理性(Soundness)：任何其他人都无法假冒证明方身份使得一个伪造的证明成功被验证方接受。

(3) 零知识性(Zero-Knowledge)：证明过程执行完之后，验证方只获得了“证明方拥有这个知识”的信息，而没有获得关于这个知识本身的任何信息。

在零知识证明过程中，存在两方角色：证明者(Prover)、验证者(Verifier)。下面以一个例子来说明零知识证明技术。图 1.9 所示的是一个山洞示意图，在山洞深处有一扇门，

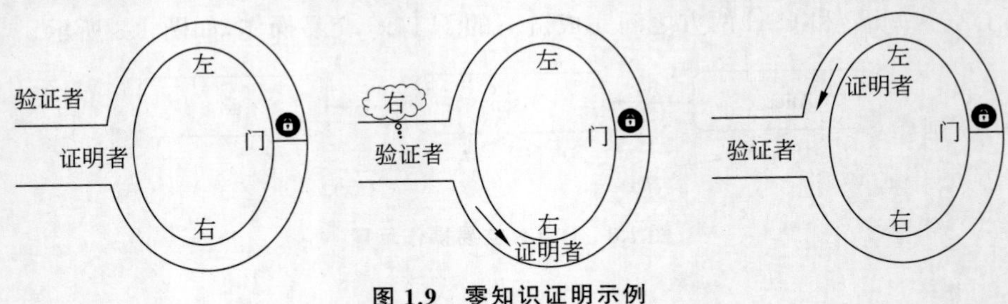

图 1.9 零知识证明示例

只有知道咒语的人才能将其打开。证明者想向验证者证明，他知道打开这扇门的咒语，但是不想当着验证者的面将门打开，否则咒语就会被验证者知道。那证明者如何实现这个过程呢？证明者进入山洞里面，验证者随机地喊出从右边进入，证明者随即从右边进入，从左边出来。无论验证者选择让证明者从左还是从右，只要证明者能从相对应的门走出来，则说明证明者确实知道打开门的咒语。而在这个过程中，证明者没有向验证者透露任何关于咒语的信息，在确保咒语隐私的情况下，向验证者证明了“我知道咒语”这个事实。

另一个例子，有一个盲人手中拿了两个颜色不一样的圆球，一个正常人如何向这个盲人证明这两个圆球的颜色不一样？并且这个正常人不能够向盲人透露球的颜色，也不能够找第三个人来参与。证明者(即正常人)要向验证者(即盲人)证明他知道球的颜色不一样，但盲人不能够知道其他任何信息包括球的颜色，以及不能够加入第三个人来帮助证明者证明球的颜色。那应该如何完成呢？首先盲人每只手拿一个球，给正常人看过之后让他闭上眼睛，盲人可以选择交换两只手中的球或者不交换，然后让正常人睁开眼睛并说出盲人手中的圆球是否交换。经过多轮测试之后，如果盲人手中的球颜色不一样，那么正常人每轮都可以回答正确，这样就完成了零知识证明的过程。

这两个是零知识证明中的典型例子。在区块链中将零知识证明引入，可以实现在不需要泄露交易敏感信息的前提下实现对交易的有效性验证，这就是 zk-SNARK。zk-SNARK 的全称是 Zero-Knowledge Succinct Non-interactive Argument of Knowledge，即零知识-简洁的非交互式知识证明。系统要求证明者在不透露自己敏感信息的前提下，向验证者(Verifier)证明其确实知道某个信息，而且是真实的。zk-SNARK 是一种简洁且非交互式的零知识证明，首先 zk-SNARK 的构造必须简洁，简洁的零知识证明只需要几毫秒就可以完成验证，证据(Proof)长度只有几百字节。在传统的交互式零知识证明构造中，证明者和验证者需要来回发送几轮消息才能完成验证，而非交互式零知识证明只需要证明者向验证者发送一次证据即可让验证者相信证明人的论断(Statement)是可信的。

1.6.4 有向无环图

为了解决区块链交易确认速率慢、资源消耗大的问题，有向无环图(Directed Acyclic Graph，DAG)技术被提出来。DAG 本质上是一种数据结构，同样属于分布式账本技术。与原有由区块组成的单链区块链不同，DAG 是由交易所组成的网络。DAG 中的交易在角色上类似于区块链的区块，这些交易被当作网络节点，共同组成了复杂的网络拓扑结构，如图 1.10 所示。

DAG 是异步共识的，基于图的方式以交易本身作为基础单元进行数据存储，有效提升了区块链在存储和效率方面的性能，包括 DagCoin、IOTA、ByteBall 等在内的系统采用的是基于 DAG 结构的区块链技术。

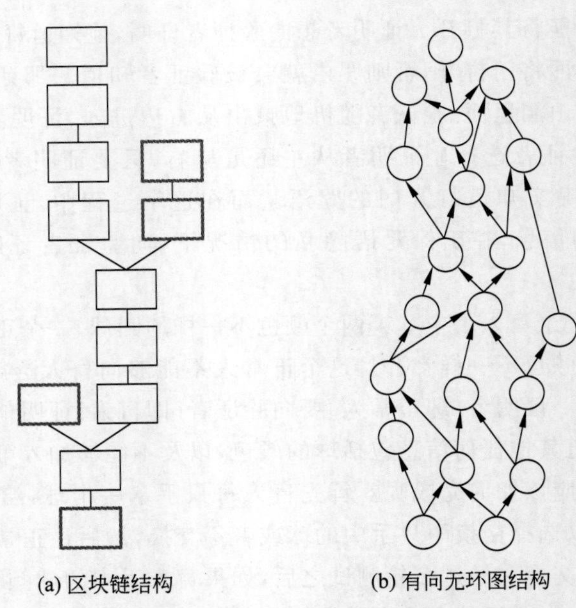

(a) 区块链结构　　(b) 有向无环图结构

图 1.10　区块链结构与有向无环图结构对比

1.7 本章小结

本章主要介绍了区块链技术产生的背景，以及区块链的定义和发展。通过了解区块链技术的简单原理之后，读者可以深入理解区块链的出现为何给不同的应用场景带来了新的特性。此外，本章还详细介绍了区块链的基础特性：去中心化性、公开透明性、集体维护性、一致性、不可篡改性以及匿名性等。根据不同的应用场景以及用户需求和设计体系，区块链可大致分为公有链、私有链以及联盟链，不同类型的区块链有着各自特殊的应用场景。

截至本书出版时，区块链仍然是一个新兴的概念，其本身还有很多的价值等待被挖掘，同时也存在诸多的挑战需要去解决。在第 2 章中，将详细介绍区块链构造及其基本原理。

1.8 练习

1. 简述区块链的定义及主要的特征。
2. 简述区块链发展史上的几个重大转折，并阐述标志性的事件。
3. 增强区块链的可扩展性主要包括哪几种技术？
4. 区块链有哪些潜在应用价值？但是目前区块链在广泛应用过程中又面临哪些挑战？
5. 简述区块链技术的基础特性。
6. 区块链可以分为公有链、私有链、联盟链，对比这几种类型的区别与联系。

第2章

区块链构造

区块链是一种通过链式的方式组织区块的链式数据结构。区块链由许许多多的有序区块组成，每个区块涵盖了摘要信息和交易详情，这种数据结构使得区块链本身具有一定的特性。本章将详细介绍区块链的构造，包括区块、交易、地址、脚本、区块链网络和区块链节点。本章的主要目的不仅仅在于让读者对区块链技术有一个概括性的理解，更在于让读者知道区块链技术存在独特优势的根本原因。

2.1 区块链结构概述

第1章介绍了关于区块链的基本特性及原理，区块链被定义为一种去中心化的链式数据结构，它由一系列有序的区块链接而成。其中，区块的产生与区块链上去中心化的参与节点(指全节点，见2.7节)通过各自的算力资源相互竞争计算一个与区块相关联的密码学难题有关，生成的区块包含了多笔交易、验证交易有效性的数据结构和时间戳。每一个区块都包含前一个区块的哈希值，在该区块被确认有效后，会通过前一个区块的哈希索引值链接到链上，随着区块数量的增加，可能出现区块链分叉的情况，但区块链上所有的参与节点最终只共同承认最长的那条链为主链。

区块链新区块的产生方式取决于区块链的底层共识协议。如图2.1所示，在比特币区块链中，所有的参与节点遵循工作量证明(Proof-of-Work，PoW)共识协议来产生新区块，它们以一个可调节难度的密码学难题为计算目标，通过耗费计算资源来获取该密码学难题的答案，该难题的特点是计算出符合要求的解很难，但验证计算结果是否正确的过程是非常高效的。网络中最先解出难题的节点生成的区块被当成最新的有效区块，并广播给其他参与节点进行验证和确认。按照比特币区块链创始人中本聪的设置，比特币区块链产生新区块的间隔大约为10分钟。每一个新产生的区块内包含产生该区块的节点的签名信息，这些信息将被比特币区块链中的其他节点验证，从而确认该新区块的有效性，经确认有效的新区块将加入链中，详情见2.2节。

值得注意的是，由于区块在网络传输的过程中存在延迟，区块链参与节点可能在同一时间点生成两个或多个有效的区块。同样地，其他节点也会在相同

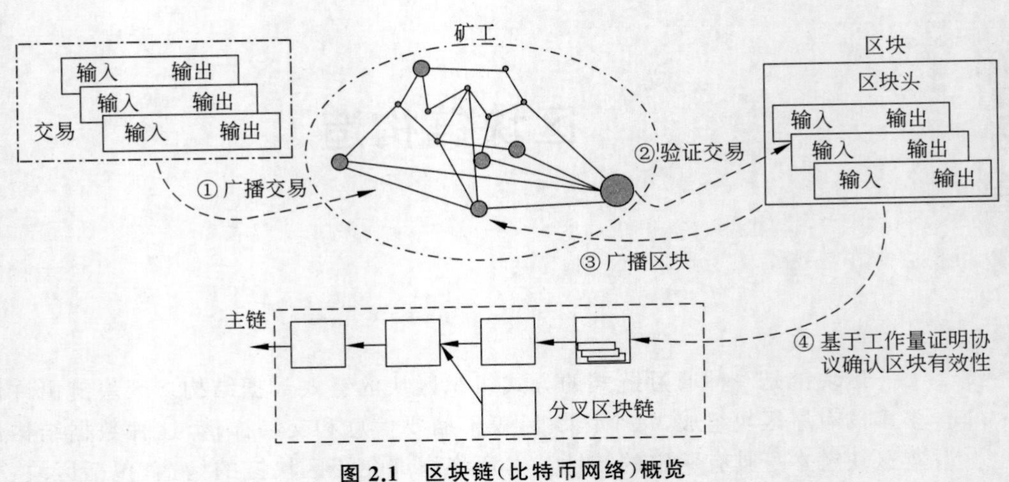

图 2.1 区块链(比特币网络)概览

的时间点承认两个或多个有效的区块,以上情况会造成区块链的分叉,形成了主链和侧链,如图 2.2 所示。实际上,分叉问题在分布式的区块链网络中是经常存在的,但大部分的分叉情况只是暂时的,最终只会有一个区块被长久存留在主链上。其中主要的原因在于当分叉出现时,区块链中所有的参与节点只承认最长区块链上的区块是有效的,而没有处于最长链上的区块最终会被放弃,这些被放弃的区块称为独立区块,它们的存在并不会对区块链本身的安全造成影响。

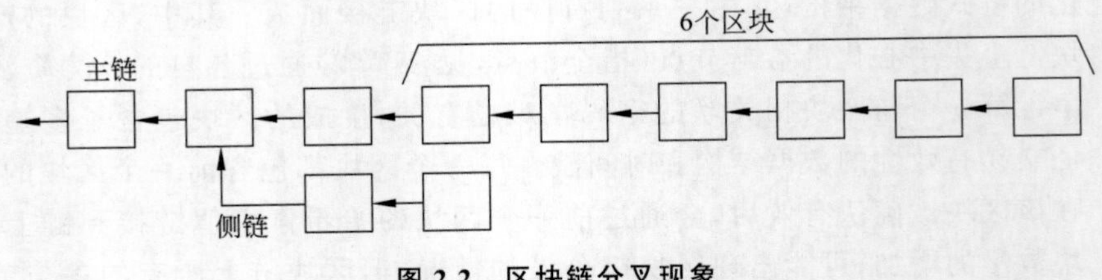

图 2.2 区块链分叉现象

一般来说,每个区块等待被所有节点确认会造成较大的延迟,比特币链上的区块需要等到其后被追加至少 6 个区块才能被认为最终有效,也即大约 1 小时。除了比特币之外,其他许多变种币或区块链系统设计了不同的基于工作量证明和非基于工作量证明的区块生产方式,这些不同的方法在区块计算量、分叉问题、区块有效性和性能等方面都展现了不同的特性,本书将在第 4 章详细介绍区块链的共识协议。

由于基于链式数据结构的区块链解决分叉问题时并未很好地考虑保护有效区块的计算资源,因此后续的演进出现了基于树状和有向无环图数据结构的区块链,这类区块链承认独立区块的有效性,将这些独立区块纳入主链从而增加主链的分支权重,所有参与节点共同承认权重最大的链为主链。它们使得参与节点耗费的计算资源更有效地投入主链上,同时也缩小区块生成的时间间隔,所以,它们相比链式数据结构的区块链提高了交易的吞吐量,从而具有更好的延展性。2.2 节将主要以比特币为例来说明区块链的构造及其基本结构。

2.2　区块

记录在区块链上的数据将被永久记录下来，这些数据由区块链的参与节点打包成区块(Block)。通常来说，区块是容纳多笔交易信息的数据单元，每个区块都包含两种关键的数据结构：区块头(Block Header)和区块体(Block Body)。在不同的区块链系统中，区块头和区块体在数据结构定义上稍有差异。以比特币网络为例，一个区块的具体结构如表 2.1 所示。

表 2.1　区块的具体结构说明

字　　段	描　　述	大　　小
区块头(Block Header)	记录本区块的摘要信息，包含前一区块的哈希值	80 字节
区块大小(Block Size)	记录本区块的具体大小，以字节表示	4 字节
交易计数(Transactions Number)	记录本区块所包含的交易总数	1～9 可变整数
交易(Transactions)	记录每笔交易的详细信息	可变大小

如图 2.3 所示，区块的区块头主要包括以下 7 个数据结构。

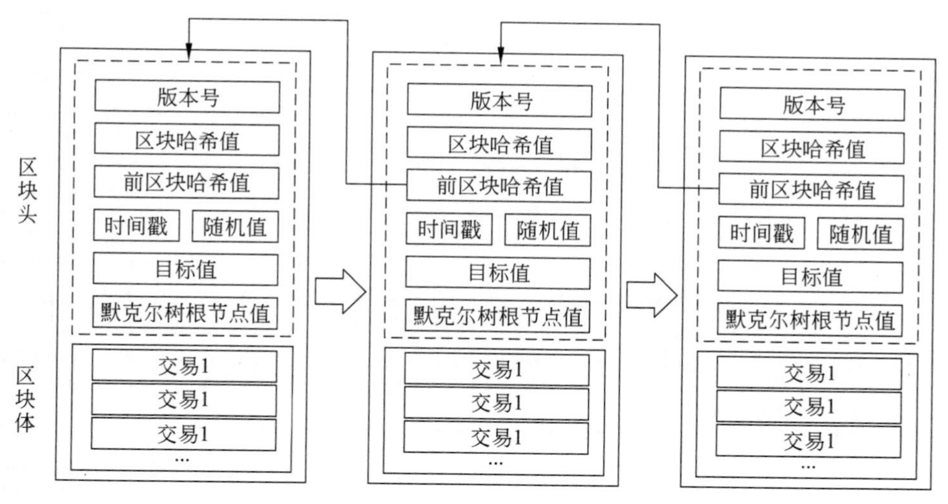

图 2.3　区块的具体结构

(1) 版本号(Version)：标明了区块遵循哪一种确认规则，每一个新生成的区块需要被其他节点按照版本号进行验证，确认有效后才会添加到主链上。

(2) 区块哈希值(Block Hash)：指当前区块的 SHA-256 哈希值，用于唯一标识一个区块。实际上，区块哈希值并不包含在区块里，图 2.3 中标识出来是为了突出区块链的链接关系。

(3) 前区块哈希值(Previous Block Hash)：一个指向前一个区块的 SHA-256 哈希值，哈希值指针的方向代表了当前区块与前一个区块产生的前后关系。

(4) 时间戳(Timestamp):自 1970-01-01T00:00:00 UTC 算起当前区块的产生时间,单位为秒。

(5) 随机值(Nonce):计算难题时使用的随机值,大小为 4 字节,矿工可以从零开始增加随机值来穷举,直至获得满足区块目标值的哈希值。

(6) 目标值(Target Value):计算难题的难度值,该值可以随着整个区块链的哈希算力的变化自动地进行调整。

(7) 默克尔树根节点值(Merkle Tree Root):以该块内的所有交易哈希值作为叶节点而生成的 Merkle 树根哈希值,该值主要用来快速验证交易的有效性。

区块体主要包括两部分:交易列表和交易计数器。其中,交易列表存有块内所有交易的信息,交易计数器记录了块内交易的总数量。一般而言,每个区块所能存放的交易数量是有限制的,这与周期内的交易验证和区块传播有关。区块链的链接开始于一个称为创世区块(Genesis Block)的特殊区块,该创世区块由一个唯一的 ID(区块哈希值)所标识。不同于创世区块,该区块之后的区块都含有两个标识 ID,分别为本区块的标识 ID 和前一区块的标识 ID。在比特币网络中,比特币用户可以在比特币核心客户端查看该创世区块的内容,其中的信息如表 2.2 所示。

表 2.2 比特币创世区块数据

字 段	值
区块哈希值(Hash)	000000000019d6689c085ae165831e934ff763ae46a2a6c172b3f1b60a8ce26f
确认数(Confirmations)	308 321
大小(Size)	285
高度(Height)	0
版本(Version)	1
默克尔树根节点值(Merkle Tree Root)	4a5e1e4baab89f3a32518a88c31bc87f618f76673e2cc77ab2127b7afdeda33b
交易(Tx)	["4a5e1e4baab89f3a32518a88c31bc87f618f76673e2cc77ab2127b7afdeda33b"]
时间戳(Time)	1231006505
随机值(Nonce)	2083236893
字节数(Bits)	1d00ffff
难度值(Difficulty)	1.00000000
下一区块哈希值(Next Block Hash)	00000000839a8e6886ab5951d76f411475428afc90947ee320161bbf18eb6048

后续区块随着参与节点解开密码学难题而产生,见式(2.1),参与共识计算的节点在打包多笔交易和必要的区块数据结构时创建一个区块,并竞争计算满足当前目标值(Target Value)的 SHA-256 哈希值,计算该哈希值的过程被称为挖矿(Mining),而参与挖矿网络的节点被称为矿工(Miner)。

$$\text{SHA256(version} \mid\mid \text{previous block hash} \mid\mid \text{Merkle root} \mid\mid \text{target value} \mid\mid \text{nonce)} < \text{target value} \tag{2.1}$$

矿工每挖到一个新的区块(解决一个计算难题),一旦被确认有效,都可以获得一笔奖励,这份奖励包含了区块链系统设置的块奖励和块内交易所包含的交易费。交易费是交易的发布者为了激励矿工将自己的交易信息更快地写入区块链而付出的额外交易费用。其中,块奖励的生成也是比特币发行新币的方式。在比特币区块链初始创建时,产生一个新区块的块奖励为 50 个比特币(BTC),之后每产生 210 000 个块,块奖励将会减半,据估计,大约每 4 年块奖励减半一次。截至 2020 年 10 月,比特币区块链的块奖励减少为 6.25 个比特币。预计在 2140 年,比特币的块奖励将为零,也就是说,届时比特币的激励将只由交易费构成。

在安全性方面,由于 SHA-256 哈希函数的单向性和抗碰撞性,矿工无法刻意地选择随机数而轻易地计算出满足目标值的哈希值,只能通过穷举得到目标哈希值(参见 3.5 节)。除比特币之外,一些变种币采用了 SHA-256 算法之外的其他哈希算法,如 SCRYPT 算法、SCRYPT-N 算法等。

区块的大小规定了一个区块可以容纳的最大交易数量。为了提高每个区块所能容纳的交易量,后续比特币分叉衍生出了比特币现金(Bitcoin Cash,BCH)区块。在部署隔离见证之后,比特币区块为 1Mb 的交易区块加上 3Mb 的见证区块,总区块上限为 4Mb。针对 BCH 的区块大小限制是 32Mb。这两套区块链系统在 478 599 区块之前账本是完全一致的,由于后续区块在参数及版本上不一致,无法承认对方新产生的区块,因此各自独立运行。

由于区块链可以根据参与节点的总算力情况,自动地调整哈希值计算难度,从而维持大约 10 分钟/块的产生速率,即大约每间隔 10 分钟会产生一个新区块。如式(2.2),每 2016 个区块被生成后,目标值会被重新计算。目标值越小,满足目标值的解的个数就越少,哈希值的计算就越难。

$$\text{新目标值} = \frac{\text{旧目标值} \times \text{前 2016 个块生成所用实际时长}}{2016 \times 10\ \text{分钟}} \tag{2.2}$$

如图 2.4 所示,目标值规定了一个以 48 位 0 值为起始位的哈希值,矿工平均需要计算 2^{48} 次哈希来得到一个满足目标值的解;如果目标调小变为以 50 位 0 值为起始位的哈希值,矿工就需要耗费 2^{50} 的计算力得到满足解。

0000…0000××××…××××
48位

0000…000000××…××××
50位

图 2.4　哈希目标值示例

为了保证每笔交易的正确性,大多数的区块链网络通过默克尔(Merkle)树结构来实现快速的交易验证。一个区块内的所有交易以默克尔树的形式被打包(见图 2.5),默克尔树根节点值会被保存在区块头中。默克尔树是一种将交易的哈希值作为其叶节点值的二

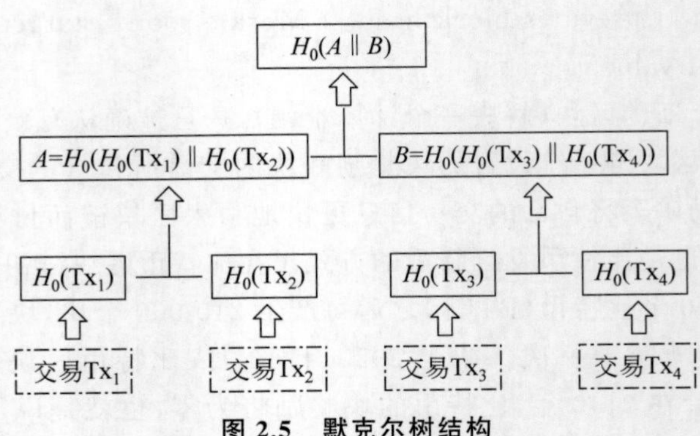

图 2.5　默克尔树结构

叉树,它保证了高效的交易数据完整性验证。在 3.6 节中,将对默克尔树的具体构造进行说明。

2.3　交易

交易(Transaction)是区块链中的重要组成部分,也是构成区块体的最基本单元。如图 2.6 所示,交易主要包含了如下 5 个数据域。

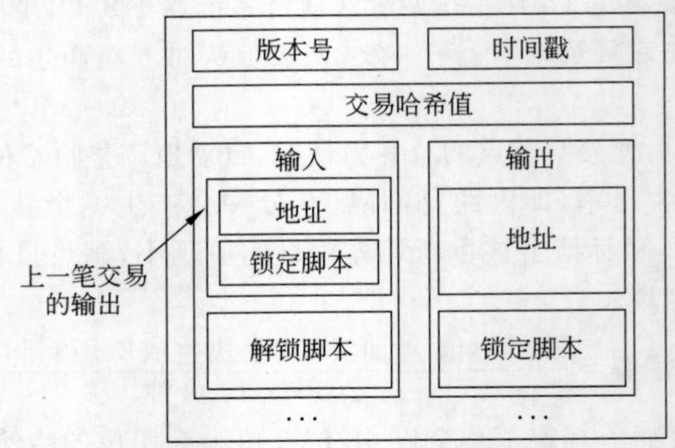

图 2.6　交易数据结构(地址和脚本的概念见 2.4 节和 2.5 节)

(1) 版本号(Version):标识该笔交易所遵循的交易验证原则。

(2) 时间戳(Timestamp):指该笔交易生成的 UNIX 时间,标识交易有效生成的时间。

(3) 交易哈希值(Transaction Hash Value):指该笔交易所有内容的哈希值,唯一标识该笔交易,也是存储在默克尔树叶节点的哈希值。

(4) 输入(Input):表示上一笔交易未被花费的输出,记为 UTXO(Unspent Transaction Output),它可以看作是现实世界中标识一定面额的纸币。

(5) 输出(Output):标识一笔转到新地址的 UTXO。一笔交易可以包含多个输入和多个输出,交易的所有输入必须是前面区块里未被花费的上一笔交易的输出。因此,类比于区块,所有交易根据 UTXO 链接成了有序可追踪的交易历史。

一个地址的 UTXO 数值不能被分割花费，除非通过交易由该 UTXO 生成多个新地址的 UTXO。因此，在交易过程中，一个 UTXO 将被完全花费。当用户所需花费的数值大于他所拥有的一个 UTXO 所表示的数值时，需要花费另一个(或多个)地址的 UTXO，使得多个 UTXO 的数值总和大于所需花费的数值。简而言之，一笔交易的所有输出 UTXO 数值总和必须等于所有输入 UTXO 数值的总和。例如，如图 2.7 所示，Alice 使用比特币向 Bob 购买价值 3.0BTC 的商品，她发起交易(交易 3)转给 Bob 一个数值为 3.0BTC 的 UTXO。由于 Alice 没有一个金额为 3.0BTC 的 UTXO，只有两笔各为 2.5BTC 的 UTXO(来自交易 1 和交易 2)。因此，Alice 只能将两个数值为 2.5BTC 的 UTXO 作为输入与 Bob 进行交易。交易除了生成数值为 3.0BTC 的输出外还生成了 2.0BTC 的输出(找零)，这个输出会转到 Alice 的另一个地址(为了方便描述，该例子中没有涉及交易费)。

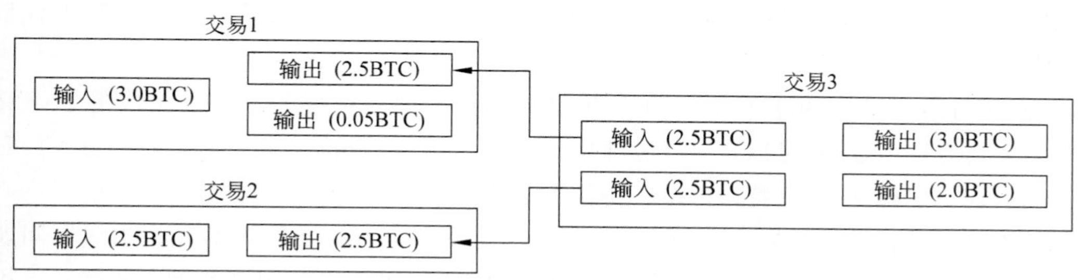

图 2.7　交易过程(不考虑交易费)

每个区块中都包含一笔特殊的交易，该笔交易被称为创世交易(或称为 Coinbase 交易)，这笔交易用于把块奖励发放给对挖矿做出贡献的矿工，这也就说明了为什么区块的奖励都会转入矿工自己的账户。和其他普通的交易不同，创世交易没有输入，不需要消耗 UTXO，只有一个称为 Coinbase 的值作为输入。

每笔交易还可以有另一个输出，用于支付交易费(Transaction Fee)。某笔交易的交易费可作为矿工确认该笔交易的挖矿奖励，它用于激励矿工验证该笔交易并将其放置在区块中，交易的交易费越高，越容易被确认处理。这是因为矿工为争取获得更多的收益，会去选择交易费高的交易放进区块中，进而使得该笔交易越快被矿工验证确认。一般地，交易费的数值通常被设置为 0.1mBTC/KB，表示为每千字节的交易大小需要花费 0.1×10^{-3}BTC。

在比特币中，矿工只把验证有效的交易放入新的区块，同时，其他矿工在验证区块有效性时，也会验证交易的有效性，若该交易不是有效的，则该区块不会被接受。参与节点在验证交易过程中，除了需要验证交易数据结构的正确性外，还需要验证交易输入的所有权(见 2.4 节)，以及检查输入的 UTXO 是否已经被花费过。之所以检查 UTXO 是否被花费是为了防止双重支付攻击。在现实世界中，1 元钱一旦花出去，不可能被重复花费，然而数字形式的货币花费出去之后，很有可能再次被用来与其他人进行交易。区块链技术可以抵御双重支付攻击，这是由于区块链的每个全节点存有一个 UTXO 数据库，可以通过该数据库来检查交易输入是否为未被花费的 UTXO。此外，区块链还提供了简单支付验证机制(Simple Payment Verification，SPV)，其他参与节点(如轻量级节点)也可以借助该机制对交易进行快速验证。具体方法是计算交易的哈希值和默克尔树根节点值，并在必要时向全区块链参与节点请求构造默克尔树的中间节点的哈希值，即可验证该笔交易是否存在于历史区块中。

2.4 密钥和地址

一般地，用户通过控制一个不共享的数据来控制数字货币的所有权，该不共享的数据被称为密钥，它包含一对公钥和私钥。密钥并非公开存储在网络中，而是存储在一个称为钱包(Wallet)的数据库中。区块链中每个用户都拥有一个钱包，钱包中存储的公钥可以是公开的，私钥由用户自己管理。基于私钥，用户实现了数字货币的所有权管理。

在比特币网络中，用户的公钥和私钥是基于椭圆曲线数字签名算法生成的(见 3.6 节)。在公有链中，用户可以自己任意地生成一对公钥和私钥，并用在不同的交易中。正因如此，在一定程度上，比特币网络具备伪匿名性。私钥由底层的随机数生成器随机产生一个 256 位的熵，它的值为 $1\sim1.158\times10^{77}$ 的任意常数，因此，比特币的私钥生成空间非常大，可见宇宙大约也只有 10^{80} 个原子，因此其他恶意用户无法通过穷举的方式来获得用户的私钥。以下为以十六进制表示的一个私钥例子：

```
1E99423A4ED27608A15A2616A2B0E9E52CED330AC530EDCC32C8FFC6A526AEDD
```

比特币地址的生成是通过对公钥进行双重哈希，它可以被公开用来接收 UTXO。与公钥相对应的私钥则由用户秘密保存，它是有权花费对应地址 UTXO 的证明。目前，比特币地址的格式被分为两种：发送到公钥地址的格式(Pay-to-Pubic-Key-Hash，P2PKH)和发送到脚本地址的格式(Pay-to-Script-Hash，P2SH)。下面主要介绍 P2PKH 的生成方式，后一种格式与其类似。

比特币地址采取了基于 Base58 编码的方式来生成地址，主要是为了消除一些易混淆的字符。实现过程相比于其他的 Base64 编码，在字符的选择上有一些细微的差别，它不包含字符'0'、'O'、'I'和'l'，以及'+'和'/'。如图 2.8 所示，首先，使用 RIPEMD-160 哈希算法和 SHA-256 哈希算法计算版本号加上公钥的双重哈希结果。版本号指明了格式的类别，使用 0x00 表示前一种格式，0x05 表示后一种格式，P2PKH 的版本号为 3。然后，将 20 字节的双重哈希结果加上版本号通过两次 SHA-256 哈希计算得到 36 字节的校验码，用来检验地址的正确性。最后，只取校验码的前 4 字节加上 1 字节的版本号和 20 字节的双重哈希结果通过 Base58 编码得到 26 ～ 35 个字符不等的地址。可以看出，经过如图 2.8 所示的计算步骤之后，生成的地址相比于公钥长度要短。

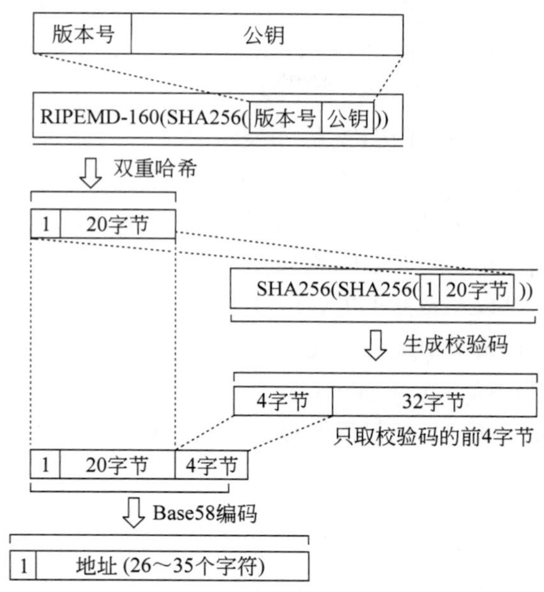

图 2.8 比特币网络的地址产生过程

2.5 脚本

2.3 节介绍了交易的基本概念，交易的输入和输出也都包含相应的交易数据和脚本。其中，脚本是指在验证交易数据有效性过程中的逻辑指令，它实际上是基于堆栈操作编程语言的执行脚本，线性地执行所设计的指令。另外，比特币不支持图灵完备程序语言的交易脚本，例如，不支持跳转循环等复杂指令，该特性也使得节点在验证交易过程中避免遭受拒绝服务(Deny-of-Service，DoS)攻击。执行时间是指针执行到脚本最后一个指令所用的时间。为了保证简洁的脚本运行，减少执行时间，比特币只定义了几种比较通用的脚本执行规则：P2PKH、P2SH 和多签名交易类型。最常见的执行脚本是 P2PKH 类型的脚本，它允许多个输入 UTXO 转给多个输出的 UTXO，以下将重点介绍这种类型的执行规则。

P2PKH 类型的执行脚本包含了解锁脚本(ScriptSig)和锁定脚本(ScriptPubKey)。具体来说，解锁脚本包含在输入中，它包含一个公钥和签名，是作为交易发起者有权花费相应 UTXO 的证明。相应地，锁定脚本包含在输出中，它指定了一些与解锁脚本做运算的堆栈指令和基于公钥生成的双重哈希值。

为了便于理解，本节以 2.3 节中的图 2.7 为例，进一步解释如何验证交易 3 输入的有效性，即 Alice 如何证明其具有花费交易 3 输入的所有权。具体地说，Alice 通过上一笔交易得到发送到其公钥的 Base58 地址的 UTXO，并利用私有的解锁脚本发起交易 3，其中解锁脚本包括了 Alice 的公钥以及使用相应私钥生成的签名。交易 3 的输入要被验证有效需要执行 P2PKH 类型的脚本规则，Alice 的解锁脚本和上一笔交易输出的锁定脚本一起执行一系列堆栈操作。堆栈操作指令是在上一笔交易输出锁定脚本中定义的，它指定了关于 Alice 公钥的双重哈希值，即<pubKeyHash>和与解锁脚本进行运算的堆栈指令，其中，OP_DUP 操作表示复制栈顶元素，OP_HASH160 操作表示对栈顶元素执行双重哈希运算，OP_EQUALVERIFY 操作表示验证<pubKeyHash>和栈顶元素是否相等，OP_CHECKSIG 操作表示用公钥验证签名是否有效。如图 2.9 所示，如果 OP_EQUALVERIFY 操作的结果为 TRUE，则 OP_CHECKSIG 指令被执行；如果 OP_CHECKSIG 指令执行后结果为 TRUE，则表明交易 3 的输入是有效的，也就是说，Alice 是此 UTXO 的所有者，可以花费此 UTXO。上述过程中只提到交易 3 的一个输入，它的另一个输入验证也是同样按类似的过程完成。对于交易 3 的输出，Alice 发起交易时，将输入 UTXO 中的锁定脚本的<pubKeyHash>替换为 Bob 公钥的双重哈希值，当 Bob 想花费这笔交易的输出 UTXO 时，他只需要提供公钥和对应私钥生成的签名即可。

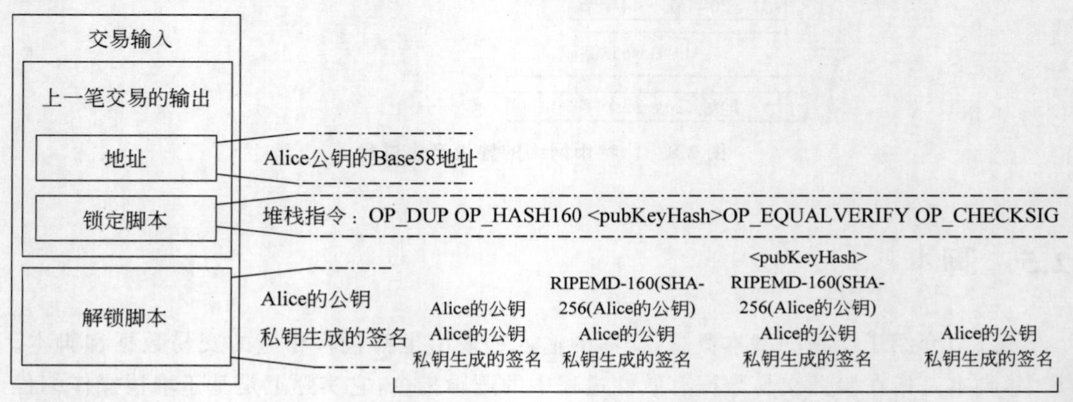

图 2.9 P2PKH 脚本执行过程(公钥和私钥成对出现)

为了保证安全性，比特币脚本只支持有限个数的指令操作(最多 201 种指令)和有限长度的脚本(最多 10 000 字节)，不支持跳转、循环等复杂指令，被认为不是图灵完备的，这也使得比特币区块链无法完成除验证数字交易之外更复杂的逻辑操作。针对比特币这方面的不足，以太坊平台开发了具备图灵完备性的复杂脚本智能合约(Smart Contract)，支持跳转和循环调用等操作。以太坊智能合约是一种基于虚拟机执行环境下的汇编语言，支持用户开发各种各样去中心化的区块链应用。为了限定脚本执行的时间，抵抗 DoS 攻击，以太坊规定脚本在执行前需预估脚本执行的计算开销(称为 Gas，也是脚本被执行需要支付的费用)。然而，Gas 的规定可能对以太坊的用户带来损失，因为当预估的 Gas 不足以支持脚本实际执行所消耗的开销时，以太坊虚拟机将完全回滚脚本的执行状态，而 Gas 已经支付给以太坊的矿工。没有实际执行脚本并不能知道执行的准确开销，这通常被称为不能支持代码静态分析。基于此，区块链研究者们又提出了既具有图灵完备性又能支持代码静态分析的抗 DoS 攻击的区块链脚本语言，如 Simplicity、Spedn。

2.6　区块链网络

区块链网络的拓扑、协议和数据传播等机制极大程度上决定了一个区块链系统的性能，因此本节主要从网络拓扑、网络协议和数据传播 3 方面介绍区块链网络。

与比特币网络类似，大多数公有链采用了基于点对点（Peer-to-Peer，P2P）非结构化的网络拓扑结构来构建区块链网络。在该拓扑结构中，网络的各个参与节点被认为是资源对等的，共同提供网络服务。这种网络结构能够使一个区块链系统快速、随机化地组织网络，支持网络参与节点的频繁接入和断开，具有较高的容错性。对于联盟链和私有链，它们的区块链网络的规模通常比公有链网络小，所以倾向采用全连接的网络拓扑结构。总体而言，根据通信目的的不同，区块链节点之间的通信可以分为以下两种方式。

(1) 为了维持节点与区块链网络之间连接的通信。通信内容包括索取其他节点的地址信息和广播自己的地址信息。当有新的节点加入区块链网络时，该新节点首先会读取种子节点的地址信息，然后向这些种子节点请求其相邻节点的地址信息，当新节点连接上这些相邻节点后，它继续向这些相邻节点请求更多的相邻节点地址信息并与其建立连接，直到节点的相邻节点数量达到稳定。节点加入区块链网络以后，各个节点会定期以 ping 的方式确认其相邻节点是否可达，如果存在不可达节点，就使用新节点替代这些不可达节点。另外，节点也会定期向其相邻节点广播自己的地址信息，以确保新节点的信息被更多节点接收。

(2) 为了完成区块链上层业务的通信。通常来说，通信的内容包括转发交易信息和同步区块信息（在这里，交易和区块是区块链中的数据结构，将在交易层介绍）。在转发交易信息方面，节点采用的是中继转发模式。具体来说，发送节点先向其相邻节点转发此交易，待相邻节点收到交易后，它们再转发给自己的相邻节点，并以这样的方式进行下去，直到将交易传输到整个区块链网络。在同步区块信息方面，节点采用的是请求-响应模式。具体来说，一个节点可以向其相邻节点发送自己本地所保存的区块链高度，若该高度小于其相邻节点所保存的区块链高度，该节点就请求自己欠缺的区块；若大于其相邻节点所保存的区块链高度，则其相邻节点反向请求区块信息。在这种模式下，每个节点不断地和各自的相邻节点交换本地保存的区块信息，从而使整个网络中所有参与节点都同步存储一致的区块链信息。

一般来说，随机组织网络的网络协议主要有两种：基于 DNS 服务器协议和基于 Kademlia 协议。本节就以一个新节点准备加入比特币网络时随机发现网络节点的例子来介绍这两种网络协议。对于基于 DNS 服务器协议的区块链网络来说，一个节点新加入时会首先去询问区块链系统中已经编好码的 DNS 服务器，得到一组随机化的已经存在于区块链网络的节点的 IP 地址，然后节点会将这些地址填充到它的对等节点连接列表中。对于基于 Kademlia 协议的区块链网络来说，由于网络中的每个节点都维护了 160 个存有网络信息的哈希列表，一个新加入的节点可以获取任意网络节点中存储的节点信息，它通过向网络节点发送查询命令来填充自己的列表。由于随机化连接节点的方式可能存在某些对等节点的连接路径不是最优路径的问题，一些研究者提出了以连接最近节点来组成区块链网络架构的方法。

在比特币中,大多数的参与节点基于 DNS 服务器协议加入网络。通常情况下,参与节点通过监听 8333 端口来接收外来连接,每个节点最多同时可以向其他节点发起 8 条连接,且同时接收不超过 125 条的连接。比特币网络为了检测参与节点的加入和离开状态,它要求参与节点每隔 24 小时发送 addr 消息向全网广播自己的 IP 地址,得到 addr 消息的节点可以向相邻节点转发该消息。参与节点除了通过 addr 消息发现其他节点之外,也可以发送 getaddr 消息请求以获得其他节点的 IP 地址,从而获得网络中大多数节点的 IP 地址。

如图 2.10 所示,在数据传播方面,参与节点通过发送 inv 消息向所有邻居节点发送区块或者交易的哈希数据,邻居节点首先判断接收到的哈希数据是否为新的数据,如果是新的数据,则向节点发送 getdata 消息获取哈希数据所对应的区块或者交易的实际数据,然后验证数据的有效性,并以同样的方式向它们的所有邻居节点传播数据。由接收者主动发送 getdata 请求数据的方式避免了不必要的网络流量。另一方面,比特币网络会每隔 100 毫秒随机地中转部分 inv 消息,以实现将交易传播给网络的大多数节点。对于主动发送 inv 消息的参与者来说,如果它们的交易没有被处理,可以多次重发交易数据。

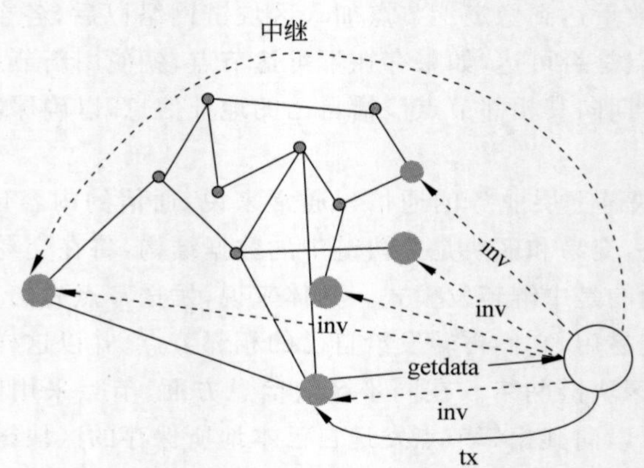

图 2.10　比特币网络中交易的传播

在 P2P 的网络架构下,对等节点之间是通过洪泛的方法发送消息的,这使得区块链网络很容易随着网络节点的增多而加大负载,甚至有些网络连接因网络资源有限而断开,进而造成网络分片现象。例如,针对比特币区块链提出的网络 BlockNDN 无法防止网络分片现象发生。同时,采用基于 P2P 的网络结构也是导致区块链系统延展性受限的影响因素之一,目前一些试图提高比特币区块链延展性的工作没有考虑这种因素,因此这些方案的有效性还有待分析。例如,试图增加区块大小容纳更多的交易数据来提高区块链的交易吞吐量,但是由于网络带宽的限制,这反而增加了块传播时间。此外,还有试图增加节点连接度来使区块尽快传播到更多的网络节点,然而这进一步加大了网络负载,容易导致网络分片。为了应对 P2P 应用层网络的局限性,研究者陆续提出了优化后的区块链网络协议,如 BCXP。

2.7　区块链节点

一般来说，根据一个区块链系统的身份管理机制的不同，节点加入网络的限制也不同。对于公开链，节点可以任意地加入或者离开区块链网络，而对于联盟链或者私有链，系统对节点的加入有严格的身份验证机制。区块链中长期参与的节点彼此之间并没有功能和角色上的区分，每个节点的作用是对等的，一个节点既可以作为客户端同时也可以作为服务器。如图 2.11 所示，区块链中的节点通常是路由、共识、钱包、区块链数据库多个功能的集合。路由功能是指节点在全网络中提供路由转发功能。钱包包括以下两种：冷钱包(Code Wallet)和热钱包(Hot Wallet)。冷钱包指的是脱离了网络连接的离线钱包，利用离线存储的方式对数字货币进行管理。相反地，热钱包需要连接网络来进行交易，因此也是极易遭受攻击的一种钱包类型。

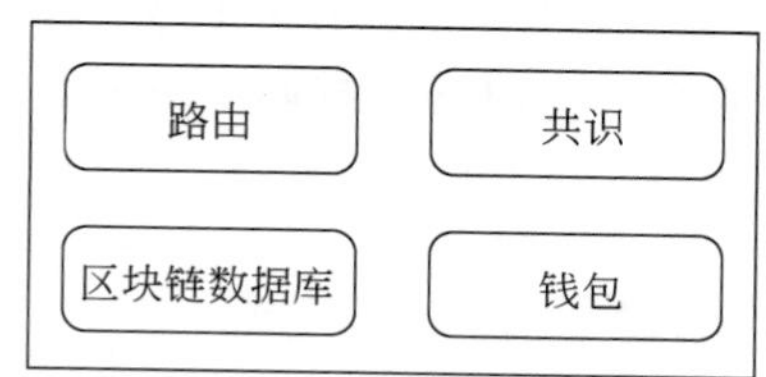

图 2.11　区块链节点主要四大功能

在某个特定时间段内，依据区块链节点执行操作的不同，节点可以被分为 3 种：全节点、轻量级节点和共识节点。具体来说，全节点存储了整个区块链数据的完整备份，因此可以独立地验证任意一笔交易数据的有效性。轻量级节点只备份了区块头数据，因此在验证某笔具体交易时，需要向全节点请求相应的区块数据协助验证。对于共识节点，它可以是全节点也可以是轻量级节点，主要参与运行区块链的共识协议，同时与其他节点通信并交换信息来保证区块链数据的一致性，它也被称为矿工。

本质上讲，整个区块链系统的安全性取决于所使用的共识协议。通常情况下，区块链系统所采用的共识协议决定了系统中所能容忍的恶意节点数量。为了保证系统的安全性，恶意节点在全节点中所占的比重不能超过一定的阈值。假定全节点数量为 n，对于比特币来说，恶意节点数不能超过 50%，即 $n/2$。其他基于拜占庭共识协议的区块链容忍较低的恶意攻击者数量为 $n/3$，这部分内容将在第 4 章进行阐述。

2.8　本章小结

区块链的构造决定了区块链所具备的安全特性，本章从区块、交易、密钥、地址、脚本、区块链网络和区块链节点出发详细描述了区块链的基本结构和拓扑结构。区块链是由容纳了一定数量交易的区块有序地链接而成的数据结构，本章主要关注比特币区块链的基本结构，不同区块链的结构会有微小的差异。毋庸置疑，区块链基本数据结构这种静态的数据结构影响着区块链的安全性，动态的区块链网络拓扑结构对区块链的稳定运行也起着举足轻重的作用。通过本章的学习，读者可以对区块链的基本构造有一个总体的认知。

2.9 练习

1. 区块链的哪些数据单元使用了哈希算法？它们的作用分别是什么？
2. 如果比特币中产生一个区块的时间变短了，应该如何调整目标值？
3. 比特币在 2019 年的区块奖励是多少？
4. 简述交易地址的生成过程。
5. 比特币的交易地址有多少位？
6. 脚本执行过程中用到了哪些密码算法？
7. 为什么说比特币不是图灵完备的？
8. 一个节点如何加入比特币网络？
9. 比特币网络中的节点发送 inv 消息的作用是什么？
10. 一个区块链网络引入身份管理机制有哪些优势？

第3章

区块链密码学基础

密码学是区块链的底层支撑技术，区块链功能的实现基于密码学基础，密码学也是保障区块链系统安全运行的重要理论支撑。最早期的比特币系统涉及的密码学知识较为简单，主要为数字签名、哈希等。随着区块链的去中心化应用的不断推广，越来越复杂的密码学技术，例如零知识证明、同态等被引入区块链领域。本章将从密码学基础角度，对区块链应用中会用到的密码学方案进行介绍。此外，本章还会进阶地描述一些较为复杂的密码学方法。

3.1 信息安全基础特性

信息安全的定义是，在任意一个信息系统中，其中所有硬件设施和内在单元，例如硬件、软件、数据、物理环境等都可以得到安全保护，并且有能力抵御偶然或恶意的破坏、更改、泄露的操作，或者有能力快速恢复，使得该信息系统能够连续可靠地运行，保证该系统能够为用户提供服务，信息服务不会中断，保证系统服务的正确性和连续性。

在20世纪初，信息安全的概念没有被提炼和定义。在经历了一个漫长的历史发展阶段后，在20世纪90年代初，信息安全的概念才得到了进一步深化。进入21世纪后，随着互联网的不断发展，各类信息系统以及信息技术不断增加，网络上的信息数据进入爆炸式增长阶段，信息安全问题也逐渐引起重视。现在，如何确保信息安全已成为全球重点关注的问题。国际上的发达国家对于信息安全的研究起步较早，美国、日本等发达国家或地区已经投入了大量的资源进行网络安全技术的研究。近年来，我国对信息安全的研究也已经上升到新的高度，取得了诸多的成果，并得以在实际中推广应用。

如图3.1所示，信息安全基础特性如下。

(1) 保密性(Anonymity)：指信息按给定要求不泄露给非授权的个人、实体的过程，且提供其利用的特性，即杜绝有用信息泄露给非授权个人或实体，强调有用信息只被授权对象使用的特征。

(2) 完整性(Integrity)：指信息在传输、交换、存储和处理的过程中，始终保持未被修改、未被破坏和未丢失，即始终保持信息原样性，使信息能正确生成、存储、传输，信息安全的基本特性就是指信息的完整性。

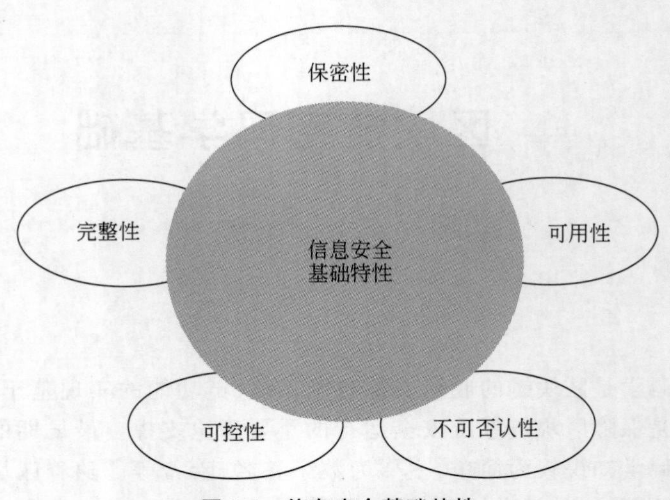

图 3.1 信息安全基础特性

（3）可用性（Usability）：指信息可以被授权的实体正确访问，并可以按要求正常使用，或者在非正常情况下也能够恢复使用的特征，即在系统正常运行时能正确存取所需信息，当系统遭受攻击者攻击或破坏时，也能够迅速恢复并且投入使用，提供正常服务。信息的可用性是衡量信息系统在面向用户时的一种安全性能指标。

（4）可控性（Controllability）：指信息以及系统具体内容在网络系统中流通时，系统可以实现有效控制的特性，即系统需要实现对其中的任何信息在一定传输范围和存放空间内有效控制。实施有效控制采用的方法包括传播站点以及传播内容监控这两类，最常用的方法还包括基于密码的托管政策，当加密算法交由第三方管理时，算法步骤就必须严格按规定可控执行。

（5）不可否认性（Non-repudiation）：指任意通信双方在消息的交互过程中，所有参与者都不可能否认或抵赖本人的真实身份和其提供消息进行否认和抵赖，这需要对参与者本身的身份进行确定，保证参与者所提供的信息的真实同一性和其原样性。

3.2 密码学数学基础

本节将介绍密码学中所需的数论基础知识。如前所述，密码学基础是构建区块链技术的基石。现代密码理论中大部分方案是基于安全假设，即密码学方案的安全性可以被规约到一个困难问题，该困难问题在多项式时间内都无法被解决。困难问题设计的本质是基于数论，下面介绍有关数论的基础知识。

3.2.1 群基本定义及性质

1. 群的定义

在非空集合 G 上定义一个二元运算符“·”，并且该集合满足下面 4 个属性。

（1）封闭性：对于任意 $a,b \in G$，有 $a \cdot b \in G$。

(2) 结合律：对于任意 $a,b,c\in G$，有 $a\cdot b\cdot c=(a\cdot b)\cdot c=a\cdot(b\cdot c)$。

(3) 存在单位元：$\exists i\in G$，对于元素 $a\in G$，都可以得到 $a\cdot i=i\cdot a=a$。

(4) 存在逆元：对于任意 $a\in G$，存在一个元素 $a^{-1}\in G$，使得 $a\cdot a^{-1}=a^{-1}\cdot a=i$。$a^{-1}$ 则为元素 a 在集合 G 上的逆元。

如果某个代数系统满足上述所有性质，则称其为群(Group)，记为 $(G,\cdot)$。

交换律：对任意的 $a,b\in G$，有 $a\cdot b=b\cdot a$。

如果某个群除了满足以上封闭性、结合律、存在单位元、存在逆元 4 个属性之外，还满足交换律，则称该群为交换群或者阿贝尔群。

2. 群的性质

(1) 群中的单位元是唯一的。

(2) 群中任一元素的逆元是唯一的。

(3) 对于任意的 $a,b,c\in G$，如果有 $a\cdot b=a\cdot c$，则有 $b=c$。

(4) 对于任意的 $a,b\in G$，有 $(a\cdot b)^{-1}=b^{-1}\cdot a^{-1}$。

(5) 对于任意的 $a\in G$，元素 a 与自身的 n 次运算，其中 $n\in\mathbf{N}$，可以表示为

$$a^n=a\cdot a\cdot\cdots\cdot a$$

这里需要注意 $n=0$ 的情况，定义 $a^0=i$，其中元素 i 是 G 中的单位元。

如果分别使用普通乘法和普通加法的符号来定义 G 中的二元运算"+"和"·"，则对于乘法运算，a^n 表示 a 的 n 次幂，加法运算 $na=a+a+\cdots+a$，可以得到如表 3.1 所示的性质。

表 3.1　普通乘法与普通加法的运算性质

普通乘法	普通加法
$a^na^m=a^{m+n}$ $(a^n)^m=a^{mn}$ $a^{-n}=(a^{-1})^n$	$na+ma=(n+m)a$ $m(na)=mna$ $(-n)a=n(-a)$

如果群 G 中包含的所有元素个数是一个有限整数，则称 G 为有限群，否则称为无限群。有限群 G 中元素的个数，称为这个有限群的阶。若 G 是一个有限群，它的阶表示为 $|G|$。

特别地，如果一个集合在某种运算上是一个群，但其在其他运算上未必是一个群。

3. 有限域

有限域指的是包含有限个元素的域。显然，$\mathbf{Z}_q$(q 为素数)就是一个有限域。可以得到关于有限域的性质为，有限域的阶必为素数的幂。举例而言，假设 F 是一个有限域，则存在素数 p 和正整数 n，使得 $|F|=p^n$，将这个有限域记为 F_p^n 或 $\mathrm{GF}(p^n)$。反之，对于每一个这样的素数幂 p^n，都存在这样唯一的阶为 p^n 的有限域。当 $n=1$ 时，把有限域 $\mathrm{GF}(p)$ 称为素数域。密码学中普遍采用的域是阶为 p 的素数域 $\mathrm{GF}(p)$ 和特征为 2 的 $\mathrm{GF}(2^m)$ 域。

3.2.2 整数群、椭圆曲线群和双线性映射群

1. 整数群

由整数集合 **Z** 构成的群，即为整数群。整数群有如下的一些性质。

(1) 整数集合 **Z** 在加法运算上可以构成阿贝尔群，写作(**Z**，+)，它的全部元素都是由 1 生成的，0 是这个群的单位元，每一个元素的逆元是自身的相反数。

(2) 整数集合 **Z** 在乘法运算上不能够构成群，因为除了元素 1 和 −1 外，其他所有元素的乘法逆元都不存在。

特别地，($\mathbf{Z}_p$，+)称为模 p 的整数群，它包含的元素是模 p 的 p 个剩余类{[0]，[1]，[2]，…，[$p-1$]}。显然，$\mathbf{Z}_p$ 是一个加法循环群，$\mathbf{Z}_p=\langle[1]\rangle$，其中[1]就是它的一个生成元。对于任何与 p 互素的整数 r，[r]都是 $\mathbf{Z}_p$ 的生成元。

2. 椭圆曲线群

椭圆曲线密码(Elliptic Curves Cryptography，ECC)是基于椭圆曲线数学理论的算法，属于公钥加密算法，是迄今为止被实践证明安全有效的三类公钥密码体制之一，其以高效性能在实际系统中被广泛应用。椭圆曲线离散对数问题的困难性决定了 ECC 算法的安全性。椭圆曲线离散对数问题是一个比大整数因子分解问题(RSA 算法基础)以及离散对数问题(DSA 算法基础)更困难的问题。相比于 RSA 算法，ECC 算法的优势在于其能够用更少的位长度获得与 RSA 同等强度的安全性，因此 ECC 算法可以节约计算开销、密钥管理存储开销以及通信带宽，使得 ECC 算法可以适用于一些计算能力较弱或者对移动性要求较高的设备，例如手机、智能卡等小型或移动型设备。

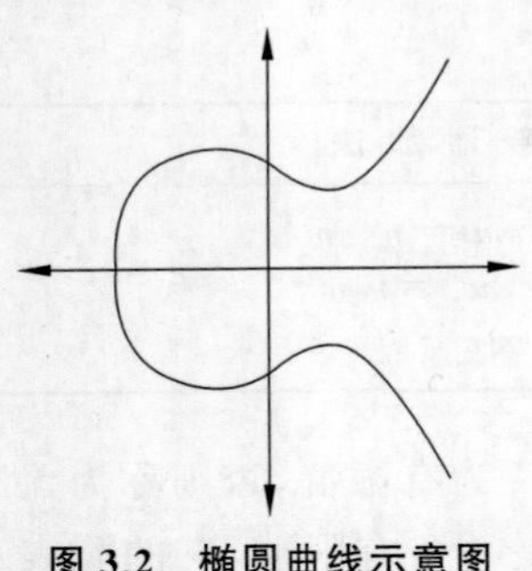

图 3.2 椭圆曲线示意图

所有满足椭圆曲线方程点的集合就构成了椭圆曲线群，下面将介绍 3 种基于不同域的椭圆曲线。

1) 实数域上的椭圆曲线

椭圆曲线并非字面上理解的椭圆，只是它的曲线方程与计算椭圆的周长方程类似(见图 3.2)。一般来说，椭圆曲线指的就是维尔斯特拉斯(Weierstrass)方程，即

$$y^2+axy+by=x^3+cx^2+dx+e \tag{3.1}$$

椭圆曲线是由满足方程的全体解集(x，y)再加上一个无穷远点 O 构成的集合，该方程中的参数 a，b，c，d 是满足某些特定条件的实数。上述曲线方程通过坐标转化为以下的简化式，即

$$y^2=x^3+ax+b \tag{3.2}$$

由这个方程确定的椭圆曲线记为 $E(a,b)$或 E。椭圆曲线是关于 x 轴对称的。椭圆曲线的加法运算可以定义为：如果椭圆曲线上 3 个点位于同一直线，那么它们的和为 O。椭圆曲线上的加法也具有加法运算的一般性质，如交换律、结合律等。

2）有限域 GF(p)上的椭圆曲线

有限域 GF(p)上的椭圆曲线定义为满足式(3.3)同余式的所有几何解(x,y)∈GF(p)和一个无穷远点 $O=(x,\infty)$构成的集合：

$$y^2 \equiv x^3 + ax + b \pmod p \tag{3.3}$$

式中，p 是一个大于 2^{160} 的素数；a，b∈GF(p)是满足 $4a^3+27b^2 \neq 0 \pmod p$ 的常数。这类椭圆曲线通常用 $E_p(a,b)$来表示，即

$$E_p(a,b)=\{(x,y) \cup O \mid y^2 \equiv x^3+ax+b \pmod p\} \tag{3.4}$$

该椭圆曲线上只有有限个点数 N(称为椭圆曲线的阶，包含有无穷远点)。N 越大，安全性越高，即群中元素越多，越能抵抗穷举搜索攻击。

比特币系统的区块链实现采用的是椭圆曲线 secp256k1，secp256k1 是基于有限域 GF(p)上的椭圆曲线，其中 $p=2^{256}-2^{32}-2^9-2^8-2^7-2^6-2^4-1$。

3）有限域 GF(2^m)上的椭圆曲线

有限域 GF(2^m)中的元素是 m 位的字符串，这些字符串可以表示为系数在 GF(2)上的多项式：

$$\{a_{m-1}x^{m-1}+a_{m-2}x^{m-2}+\cdots+a_1x+a_0 : a_i \in \{0,1\}\} \tag{3.5}$$

GF(2^m)上的椭圆曲线是定义为满足同余式(3.6)的所有几何解(x,y)∈GF(2^m)和一个无穷远点 $O=(x,\infty)$构成的集合。

$$y^2+xy=x^3+ax^2+b \tag{3.6}$$

其中，$m>160$，a，b∈GF(2^m)且 $b\neq 0$。这类椭圆曲线通常可以用 $E_{2^m}(a,b)$来表示，即

$$E_{2^m}(a,b)=\{(x,y) \cup O \mid y^2+xy=x^3+ax^2+b\} \tag{3.7}$$

3. 双线性映射群

双线性映射也称双线性配对，一个双线性映射是由两个向量空间中的元素，一起生成第三个向量空间中的一个元素的函数，并且该函数对每个参数都是线性的。总而言之，给出一个双线性群组的定义(G_1,G_2,G_T,p,g_1,g_2,e)，其中 G_1，G_2 和 G_T 是阶为素数 p 的乘法循环群，g_1 和 g_2 分别是 G_1 和 G_2 的一个生成元。一个映射 $e: G_1 \times G_2 \rightarrow G_T$ 称为双线性映射，当它满足如下 3 个性质。

(1) 双线性：对于 $\forall a,b \in \mathbf{Z}_p$，均有 $e(g_1^a,g_2^b)=e(g_1,g_2)^{ab}$。

(2) 非退化性：$\exists g_1 \in G_1, g_2 \in G_2$，使得 $e(g_1,g_2)\neq 1$。

(3) 可计算性：对于 $\forall u \in G_1, v \in G_2$，存在有效的算法计算 $e(u,v)$。

若 $G_1=G_2$，则称这个双线性映射是对称的，否则是非对称的。

3.3　密码学困难问题

在密码学中，几乎所有的加密系统的安全性都建立在计算问题的困难性假设基础上。这些困难性假设问题，经过专家的长期研究，认为从群论的角度上是计算困难的，因为它与计算复杂度理论存在着密切的联系。随着计算机技术的不断发展，这些假设是否成立，仍然是密码学的一个重要的研究课题。接下来将主要介绍有关群论方面的

困难性问题。

3.3.1 离散对数问题

基于离散对数的公钥加密算法作为常用的公钥加密算法之一，其加密算法的安全性要远远高于基于大整数分解的 RSA 加密算法，而且离散对数问题(Discrete Logarithm Problem，DLP)的计算复杂度要比大整数分解问题更高。经过多年研究，人们无法构造出一个概率多项式时间来解决离散对数问题的方案。

1. 离散对数问题定义

离散对数问题的定义为：当给定一个素数 p，以及有限域 $\mathbf{Z}_p$ 上的一个本原元 a 时，对 $\mathbf{Z}_p$ 上的任意正整数 b，都可以找到唯一的整数 c，$0 \leqslant c \leqslant p-2$，使得 $a^c \equiv b \pmod p$，通常用$\log_a b$ 来表示 c。一般而言，如果仔细选择 p，则可以认为该问题是难解的，目前还没有找到可以在多项式时间内计算离散对数问题的算法。为了抵抗已知的攻击，选择的素数 p 需要满足以下两个条件：一是为至少 150 位的十进制整数；二是 $p-1$ 至少有一个大的素数因子。

2. 离散对数问题性质

离散对数问题的困难性与有限域上的生成元无关，任何可以计算$\log_a b$ 的离散对数算法同样可以用来计算任意其他底数的离散对数问题。

3.3.2 大整数分解问题

大整数分解问题(Integer Factorization Problem，IFP)指的是对于任意给定的两个大素数的乘积，找出该乘积的因子，这个问题是困难的。大整数分解问题是数论中的一个基本问题，普遍认为不存在高效的概率多项式时间算法能够分解一个大整数，因此它是一个非常重要的研究问题。

将大整数分解问题具体定义为：任意选定两个长度为 λ 的大素数 p 和 q，并计算 $n=pq$。对于给定 n，若存在一个可忽略的函数 $\text{negl}(\lambda)$，使得 n 能够被分解为 p 乘以 q 的概率不大于 $\text{negl}(\lambda)$，则可以称该大整数 n 的分解问题是一个困难问题。

3.3.3 CDH/DDH 问题

计算 Diffie-Hellman(Computational Diffie-Hellman，CDH)假设是 Whitfield Diffie 和 Martin Hellman 两位教授在构造密钥协议协商的时候提出来的。一般把任意群 G 的三元素组(g^x, g^y, g^{xy})称为 DH 组。对于任意阶为素数 q 的循环群 G，$g \in G$ 是一个生成元，二元函数 $\text{dh}_g: G^2 \to G$ 的定义为：随机选择两个元素 $X, Y \in G$，令 $X = g^x$，$Y = g^y$，计算 $\text{dh}_g(X, Y) = g^{xy}$。CDH 问题的困难性指的是在已知 G, g, g^x, g^y 的情况下，计算二元函数 dh_g 是困难的，即存在一个可忽略的函数 $\text{negl}(\lambda)$，使得计算出二元函数 dh_g 的概率不大于 $\text{negl}(\lambda)$。

判定 Diffie-Hellman(Decisional Diffie-Hellman，DDH)假设是 CDH 假设的判定形

式，也就是计算问题对应的判定问题，用来判断不可分辨性。DDH 假设具体定义如下：对于任意阶为素数 q 的循环群 G，$g \in G$ 是一个生成元，随机选取 3 个元素 $X, Y, Z \in G$，其中 $X = g^x$，$Y = g^y$，且有 $\mathrm{dh}_g = g^{xy}$。存在一个可忽略的函数 negl(λ)，使得区分 $Z = \mathrm{dh}_g$ 或者 Z 是随机选取的概率不大于 negl(λ)。

3.3.4 BDH/DBDH 问题

双线性 Diffie-Hellman(Bilinear Diffie-Hellman，BDH)问题是对给定的 3 个元素 g^a, g^b, g^c，计算 $e(g, g)^{abc}$。具体定义如下。

计算 BDH 假设是对于任意阶为素数 q 的循环群 G_1, G_2, G_3，其中 $g \in G_1$，$h \in G_2$ 是两个生成元，存在一个可高效计算的同构 $\varphi: G_1 \to G_2$，使得对于生成元 g, h，有 $\varphi(g) = h$。随机选择 $a, b, c \in \mathbf{Z}_q$，有 g^a, g^c, h^a, h^b，BDH 问题的难解性在于计算 $e(g, h)^{abc}$ 是困难的，即存在一个可忽略的函数 negl(λ)，使得计算出 $e(g, h)^{abc}$ 的概率不大于 negl(λ)。

同样地，BDH 假设的判定形式是 DBDH(Decisional Bilinear Diffie-Hellman)假设。对于任意阶为素数 q 的循环群 G_1, G_2, G_3，其中 $g \in G_1$，$h \in G_2$ 是两个生成元，存在一个可高效计算的同构 $\varphi: G_1 \to G_2$，使得对于生成元 g, h，有 $\varphi(g) = h$。随机选择 $a, b, c \in \mathbf{Z}_q$，$W \in G_3$，已知 g^a, g^c, h^a, h^b 和 $e(g, h)^{abc}$，存在一个可忽略的函数 negl(λ)，使得区分 $W = e(g, h)^{abc}$ 或者 W 是随机选取的概率不大于 negl(λ)。

3.4 对称密码体制

3.4.1 基本概念

对称密码体制是一种传统的密码体制，也称私钥密码体制。在对称密码体制中，加密和解密采用相同的密钥。由于加解密采用的密钥相同，所以通信的双方必须选择和保存相同的密钥，并且双方密钥的传输必须通过安全信道，保证不会被攻击者窃听或者截获，此外双方也必须信任对方都不会将密钥泄露出去。以此实现数据的保密性和完整性。

对称密码模型如图 3.3 所示，基本元素包含有原始的明文、加密算法、密钥、密文、解密算法、信息发送者以及信息接收者。其中，传输加密信息的信道是不安全且公开的，因此发送者用于加密消息的密钥则需要通过安全的密钥交换渠道来传输给接收者。

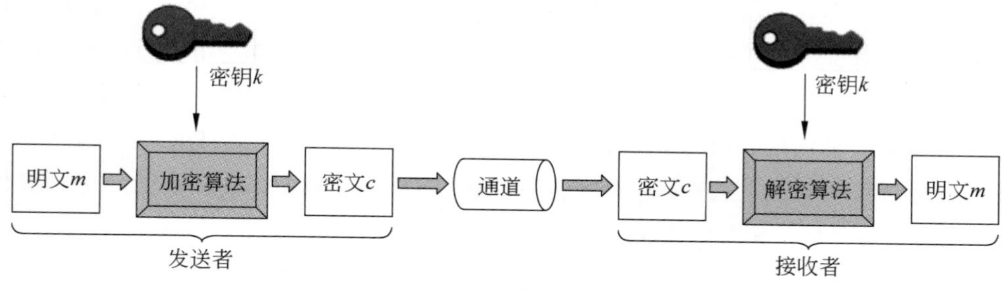

图 3.3 对称密码模型

发送者通过加密算法 E 根据输入的消息 m 和密钥 k 生成密文 c：

$$c = E_k(m) \tag{3.8}$$

接收者通过解密算法 D 根据输入的密文 c 和共同协商的密钥 k 恢复出明文 m：

$$m = D_k(c) \tag{3.9}$$

攻击者可以基于不安全的公开信道观察密文 c，它无法接触到明文 m 或者密钥 k，但攻击者可以试图恢复明文 m 或者密钥 k。由于加密算法和解密算法是公开的，假设攻击者对某个特定的消息感兴趣，他可以针对性地通过分析方法（例如穷举攻击）分析出明文 m 或者密钥 k。

通过上述的例子可以知道，对称密码体制的安全性主要取决于以下两种因素。

(1) 加密算法：加密算法无须保密，使得仅仅通过密文以及算法，而不通过密钥，就想破译出明文是非常困难的。

(2) 密钥：密钥的安全性决定了明文信息的安全性，因此密钥空间必须保证足够大。

对称密码体制的优势是不仅速度快，并且具有较高的保密强度，一些常用的对称加密算法明显地快于当前任何非对称加密算法。此外，有些对称加密方案甚至可以达到经受国家级破译力量的分析和攻击的安全性。对称密码体制的缺点在于，对称密码体制的安全性是建立在它的密钥必须通过安全可靠的路径进行传输之上的，这样对称密码的密钥安全传输和管理成了影响系统安全性的关键因素。

国际上经典的对称加密算法包括数据加密标准（Data Encryption Standard，DES）算法、三重数据加密标准（Triple DES，或称为三重 DES）算法、国际数据加密算法（IDEA）、RC5 算法以及高级加密标准（Advanced Encryption Standard，AES）算法等。DES 算法由美国国家标准局提出，主要应用场景是银行业的电子资金转账（EFT）。DES 是一个分组密码算法，采用的是替换和移位的方法，并使用 56 位的密钥，用于处理 64 位的明文数据。DES 算法的优势是加解密速度快、易于软件实现。但是，DES 算法的缺点是密钥过短，56 位的密钥长度会影响它的保密强度。为了克服这一缺点，提出了一系列的 DES 变形算法。如 Triple DES 算法，它使用两个独立的 56 位密钥对交换的信息进行 3 次加密，从而使其有效长度达到 112 位。类似于 DES 算法，IDEA 也是一种对称的数据块加密算法，采用了 128 位的密钥和 8 个循环，每轮加密都使用从完整的加密密钥中生成的一个子密钥，同一算法既可用于加密又可用于解密。该算法本身的密码结构，使其具有对采用软件实现和采用硬件实现同样快速的优势。此外，RC5 是一种具有可变字长、可变轮数和可变密钥长度的对称分组密码算法。该算法的特点是使用依赖于数据的循环，安全性依赖于循环运算和不同运算的混合使用。AES 算法在密码学中又称 Rijndael 加密法，已经作为美国联邦政府采用的一种区块加密标准。该标准用来替代原先的 DES 算法，现如今已经被多方分析证明安全，且被全世界所使用。从 2006 年开始，AES 算法已经正式取代了 DES 算法，成为对称密钥加密中最流行的算法之一。

3.4.2　对称加密算法 AES

美国国家标准与技术研究所（National Institute of Standards and Technology，NIST）在 1997 年发起，向全球所有研究人员提出征集 AES 算法，用于取代 DES 算法。NIST 首先要求算法的分组长度为 128 位，允许 3 个不同的密钥大小：128 位、192 位或 256 位，同时算法必须是可以公开的。2000 年，NIST 通过对候选算法的安全性（是否基于稳定的数学基础、无算法弱点、具备测试算法抗密码分析的强度、测试算法输出的随机性）、性能（是否能在多种平台上以较快的速度实现）、大小（算法不能占用大量的存储空间和内存）、实现特性（灵活性、可扩展性、硬件和软件适应性、算法的简单性等）等方面进行综合评估，最终采用了两位比利时研究者 Vincent Rijmen 和 Joan Daemen 所提出的 Rijndael 算法，NIST 于 2001 年正式发布了 AES 算法。

AES 算法作为分组密码算法的一种，即通过把明文分成一组一组的等长数据，每次加密一组数据，直到加密完整个明文。在 AES 算法中，明文的分组长度只能是 128 位，也就是说，每个分组为 16 字节（每字节 8 位）。密钥的长度则可以使用 128 位、192 位或 256 位。一般而言，加密轮数取决于密钥长度，即密钥长度不同，加密轮数也不同，如表 3.2 所示。

表 3.2　AES 密钥标准

标　　准	密钥长度（32 位）	分组长度（32 位）	加密轮数
AES-128	4	4	10
AES-192	6	4	12
AES-256	8	4	14

AES 算法涉及 4 种操作步骤：字节替代、行移位、列混淆和轮密钥加。下面给出 4 种操作的详细描述。

1. 字节替代

字节替代（SubBytes）是一种非线性变换，主要功能是通过 $\boldsymbol{S}$ 盒来完成一字节到另一字节的映射。其中，$\boldsymbol{S}$ 盒用于提供密码算法的混淆性。通过一个简单的对 $\boldsymbol{S}$ 盒查询的操作，它将输入或者中间态的每一字节映射成为另一字节。这种映射方法具体表述为：将输入的字节的高 4 位作为 $\boldsymbol{S}$ 盒的行值，低 4 位作为列值，然后输出 $\boldsymbol{S}$ 盒或 $\boldsymbol{S}^{-1}$ 盒中对应行和列的元素。表 3.3 为 $\boldsymbol{S}$ 盒，表 3.4 为 $\boldsymbol{S}^{-1}$ 盒（$\boldsymbol{S}$ 盒的逆）。

$\boldsymbol{S}$ 盒和 $\boldsymbol{S}^{-1}$ 盒都为 16×16 的矩阵，包含了 8 位所能表示的 256 个数的一个置换，完成一个 8 位输入、8 位输出的等位映射。字节替换的简单示意如式(3.10)：

$$\begin{pmatrix} S_{0,0} & S_{0,1} & S_{0,2} & S_{0,3} \\ S_{1,0} & S_{1,1} & S_{1,2} & S_{1,3} \\ S_{2,0} & S_{2,1} & S_{2,2} & S_{2,3} \\ S_{3,0} & S_{3,1} & S_{3,2} & S_{3,3} \end{pmatrix} \to \boldsymbol{S}\text{ 盒} \to \begin{pmatrix} S'_{0,0} & S'_{0,1} & S'_{0,2} & S'_{0,3} \\ S'_{1,0} & S'_{1,1} & S'_{1,2} & S'_{1,3} \\ S'_{2,0} & S'_{2,1} & S'_{2,2} & S'_{2,3} \\ S'_{3,0} & S'_{3,1} & S'_{3,2} & S'_{3,3} \end{pmatrix} \tag{3.10}$$

表 3.3 *S* 盒

列	行															
	0	**1**	**2**	**3**	**4**	**5**	**6**	**7**	**8**	**9**	**A**	**B**	**C**	**D**	**E**	**F**
0	0x63	0x7c	0x77	0x7b	0xf2	0x6b	0x6f	0xc5	0x30	0x01	0x67	0x2b	0xfe	0xd7	0xab	0x76
1	0xca	0x82	0xc9	0x7d	0xfa	0x59	0x47	0xf0	0xad	0xd4	0xa2	0xaf	0x9c	0xa4	0x72	0xc0
2	0xb7	0xfd	0x93	0x26	0x36	0x3f	0xf7	0xcc	0x34	0xa5	0xe5	0xf1	0x71	0xd8	0x31	0x15
3	0x04	0xc7	0x23	0xc3	0x18	0x96	0x05	0x9a	0x07	0x12	0x80	0xe2	0xeb	0x27	0xb2	0x75
4	0x09	0x83	0x2c	0x1a	0x1b	0x6e	0x5a	0xa0	0x52	0x3b	0xd6	0xb3	0x29	0xe3	0x2f	0x84
5	0x53	0xd1	0x00	0xed	0x20	0xfc	0xb1	0x5b	0x6a	0xcb	0xbe	0x39	0x4a	0x4c	0x58	0xcf
6	0xd0	0xef	0xaa	0xfb	0x43	0x4d	0x33	0x85	0x45	0xf9	0x02	0x7f	0x50	0x3c	0x9f	0xa8
7	0x51	0xa3	0x40	0x8f	0x92	0x9d	0x38	0xf5	0xbc	0xb6	0xda	0x21	0x10	0xff	0xf3	0xd2
8	0xcd	0x0c	0x13	0xec	0x5f	0x97	0x44	0x17	0xc4	0xa7	0x7e	0x3d	0x64	0x5d	0x19	0x73
9	0x60	0x81	0x4f	0xdc	0x22	0x2a	0x90	0x88	0x46	0xee	0xb8	0x14	0xde	0x5e	0x0b	0xdb
A	0xe0	0x32	0x3a	0x0a	0x49	0x06	0x24	0x5c	0xc2	0xd3	0xac	0x62	0x91	0x95	0xe4	0x79
B	0xe7	0xc8	0x37	0x6d	0x8d	0xd5	0x4e	0xa9	0x6c	0x56	0xf4	0xea	0x65	0x7a	0xae	0x08
C	0xba	0x78	0x25	0x2e	0x1c	0xa6	0xb4	0xc6	0xe8	0xdd	0x74	0x1f	0x4b	0xbd	0x8b	0x8a
D	0x70	0x3e	0xb5	0x66	0x48	0x03	0xf6	0x0e	0x61	0x35	0x57	0xb9	0x86	0xc1	0x1d	0x9e
E	0xe1	0xf8	0x98	0x11	0x69	0xd9	0x8e	0x94	0x9b	0x1e	0x87	0xe9	0xce	0x55	0x28	0xdf
F	0x8c	0xa1	0x89	0x0d	0xbf	0xe6	0x42	0x68	0x41	0x99	0x2d	0x0f	0xb0	0x54	0xbb	0x16

表 3.4　S^{-1}盒

列	行															
	0	**1**	**2**	**3**	**4**	**5**	**6**	**7**	**8**	**9**	**A**	**B**	**C**	**D**	**E**	**F**
0	0x52	0x09	0x6a	0xd5	0x30	0x36	0xa5	0x38	0xbf	0x40	0xa3	0x9e	0x81	0xf3	0xd7	0xfb
1	0x7c	0xe3	0x39	0x82	0x9b	0x2f	0xff	0x87	0x34	0x8e	0x43	0x44	0xc4	0xde	0xe9	0xcb
2	0x54	0x7b	0x94	0x32	0xa6	0xc2	0x23	0x3d	0xee	0x4c	0x95	0x0b	0x42	0xfa	0xc3	0x4e
3	0x08	0x2e	0xa1	0x66	0x28	0xd9	0x24	0xb2	0x76	0x5b	0xa2	0x49	0x6d	0x8b	0xd1	0x25
4	0x72	0xf8	0xf6	0x64	0x86	0x68	0x98	0x16	0xd4	0xa4	0x5c	0xcc	0x5d	0x65	0xb6	0x92
5	0x6c	0x70	0x48	0x50	0xfd	0xed	0xb9	0xda	0x5e	0x15	0x46	0x57	0xa7	0x8d	0x9d	0x84
6	0x90	0xd8	0xab	0x00	0x8c	0xbc	0xd3	0x0a	0xf7	0xe4	0x58	0x05	0xb8	0xb3	0x45	0x06
7	0xd0	0x2c	0x1e	0x8f	0xca	0x3f	0x0f	0x02	0xc1	0xaf	0xbd	0x03	0x01	0x13	0x8a	0x6b
8	0x3a	0x91	0x11	0x41	0x4f	0x67	0xdc	0xea	0x97	0xf2	0xcf	0xce	0xf0	0xb4	0xe6	0x73
9	0x96	0xac	0x74	0x22	0xe7	0xad	0x35	0x85	0xe2	0xf9	0x37	0xe8	0x1c	0x75	0xdf	0x6e
A	0x47	0xf1	0x1a	0x71	0x1d	0x29	0xc5	0x89	0x6f	0xb7	0x62	0x0e	0xaa	0x18	0xbe	0x1b
B	0xfc	0x56	0x3e	0x4b	0xc6	0xd2	0x79	0x20	0x9a	0xdb	0xc0	0xfe	0x78	0xcd	0x5a	0xf4
C	0x1f	0xdd	0xa8	0x33	0x88	0x07	0xc7	0x31	0xb1	0x12	0x10	0x59	0x27	0x80	0xec	0x5f
D	0x60	0x51	0x7f	0xa9	0x19	0xb5	0x4a	0x0d	0x2d	0xe5	0x7a	0x9f	0x93	0xc9	0x9c	0xef
E	0xa0	0xe0	0x3b	0x4d	0xae	0x2a	0xf5	0xb0	0xc8	0xeb	0xbb	0x3c	0x83	0x53	0x99	0x61
F	0x17	0x2b	0x04	0x7e	0xba	0x77	0xd6	0x26	0xe1	0x69	0x14	0x63	0x55	0x21	0x0c	0x7d

与 DES 算法的 $\boldsymbol{S}$ 盒相比，AES 算法的 $\boldsymbol{S}$ 盒具有严格的数学推导和计算，能进行代数学上的定义，涉及了有限域 GF(2^8)和系数在 GF(2^8)上的多项式。

2. 行移位

行移位(ShiftRows)的目的是实现一个 4×4 矩阵内部字节之间的置换，完成基于行的循环位移操作，其具体操作：保持第一行不变，循环左移第二行 1 字节，循环左移第三行 2 字节，循环左移第四行 3 字节。变换如式(3.11)：

$$\begin{pmatrix} S_{0,0} & S_{0,1} & S_{0,2} & S_{0,3} \\ S_{1,0} & S_{1,1} & S_{1,2} & S_{1,3} \\ S_{2,0} & S_{2,1} & S_{2,2} & S_{2,3} \\ S_{3,0} & S_{3,1} & S_{3,2} & S_{3,3} \end{pmatrix} \rightarrow \begin{pmatrix} S_{0,0} & S_{0,1} & S_{0,2} & S_{0,3} \\ S_{1,1} & S_{1,2} & S_{1,3} & S_{1,0} \\ S_{2,2} & S_{2,3} & S_{2,0} & S_{2,1} \\ S_{3,3} & S_{3,0} & S_{3,1} & S_{3,2} \end{pmatrix} \tag{3.11}$$

3. 列混淆

列混淆(MixColumns)是将每一列的值与固定多项式进行乘法运算，为了确保运算结果不会溢出定义域，运算中涉及的加法和乘法都是定义在 GF(2^8)上的。列混淆可以用式(3.12)进行描述。

$$\begin{pmatrix} 02 & 03 & 01 & 01 \\ 01 & 02 & 03 & 01 \\ 01 & 01 & 02 & 03 \\ 03 & 01 & 01 & 02 \end{pmatrix} \begin{pmatrix} S_{0,0} & S_{0,1} & S_{0,2} & S_{0,3} \\ S_{1,0} & S_{1,1} & S_{1,2} & S_{1,3} \\ S_{2,0} & S_{2,1} & S_{2,2} & S_{2,3} \\ S_{3,0} & S_{3,1} & S_{3,2} & S_{3,3} \end{pmatrix} = \begin{pmatrix} S'_{0,0} & S'_{0,1} & S'_{0,2} & S'_{0,3} \\ S'_{1,0} & S'_{1,1} & S'_{1,2} & S'_{1,3} \\ S'_{2,0} & S'_{2,1} & S'_{2,2} & S'_{2,3} \\ S'_{3,0} & S'_{3,1} & S'_{3,2} & S'_{3,3} \end{pmatrix} \tag{3.12}$$

在式(3.12)中，为确保每列的所有字节具有良好的混淆性，采用的矩阵的系数是基于码字间的最大距离的线性编码。经过几轮列混淆变换和行移位变换后，所有的输入位与所有的输出位线性相关。逆向列混淆变换可由式(3.13)矩阵乘法定义。

$$\begin{pmatrix} 0E & 0B & 0D & 09 \\ 09 & 0E & 0B & 0D \\ 0D & 09 & 0E & 0B \\ 0B & 0D & 09 & 0E \end{pmatrix} \begin{pmatrix} S_{0,0} & S_{0,1} & S_{0,2} & S_{0,3} \\ S_{1,0} & S_{1,1} & S_{1,2} & S_{1,3} \\ S_{2,0} & S_{2,1} & S_{2,2} & S_{2,3} \\ S_{3,0} & S_{3,1} & S_{3,2} & S_{3,3} \end{pmatrix} = \begin{pmatrix} S'_{0,0} & S'_{0,1} & S'_{0,2} & S'_{0,3} \\ S'_{1,0} & S'_{1,1} & S'_{1,2} & S'_{1,3} \\ S'_{2,0} & S'_{2,1} & S'_{2,2} & S'_{2,3} \\ S'_{3,0} & S'_{3,1} & S'_{3,2} & S'_{3,3} \end{pmatrix} \tag{3.13}$$

4. 轮密钥加

轮密钥加的(AddRoundKey)目的是将轮密钥与状态进行逐位异或操作如式(3.14)：

$$\begin{pmatrix} S_{0,0} & S_{0,1} & S_{0,2} & S_{0,3} \\ S_{1,0} & S_{1,1} & S_{1,2} & S_{1,3} \\ S_{2,0} & S_{2,1} & S_{2,2} & S_{2,3} \\ S_{3,0} & S_{3,1} & S_{3,2} & S_{3,3} \end{pmatrix} \oplus \begin{pmatrix} W_{0,0} & W_{0,1} & W_{0,2} & W_{0,3} \\ W_{1,0} & W_{1,1} & W_{1,2} & W_{1,3} \\ W_{2,0} & W_{2,1} & W_{2,2} & W_{2,3} \\ W_{3,0} & W_{3,1} & W_{3,2} & W_{3,3} \end{pmatrix} = \begin{pmatrix} H_{0,0} & H_{0,1} & H_{0,2} & H_{0,3} \\ H_{1,1} & H_{1,2} & H_{1,3} & H_{1,0} \\ H_{2,2} & H_{2,3} & H_{2,0} & H_{2,1} \\ H_{3,3} & H_{3,0} & H_{3,1} & H_{3,2} \end{pmatrix} \tag{3.14}$$

由此可见，轮密钥加的逆运算与正向的轮密钥加运算是完全一致的，这是由于异或运算后进行逆操作得到其自身。轮密钥加变换虽然简单明了，但却能够影响 $\boldsymbol{S}$ 数组中的每一位，满足对于对称加密算法要求的对于明文处理的扩散性。

以密钥长度为 128 位的 AES 算法为例，图 3.4 给出了 AES 的加解密流程，从图中可以看出：解密算法分别对应加密算法中的每一步的逆操作，即加解密所有操作的顺序正好是相反的。正是由于这些过程，同时加上每步的加密算法与解密算法的操作均为互逆，共同保证了算法的加解密的正确性。加解密中每轮的密钥分别由种子密钥经过密钥扩展算法得到，算法中 16 字节的明文、密文和轮子密钥都用一个 4×4 的矩阵表示。

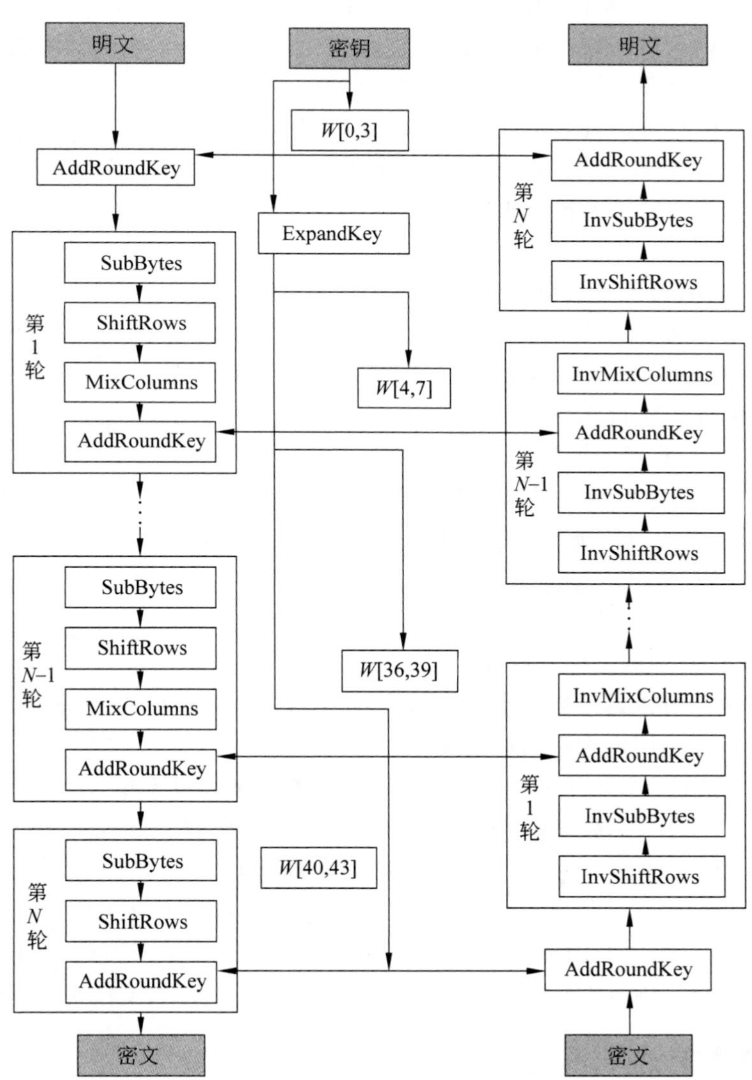

图 3.4 AES 算法流程图

3.5 哈希函数

3.5.1 哈希函数定义

密码学上的哈希函数(Hash Function),也称杂凑函数。其目的是将任意长度的消息 m 压缩或者映射为某一固定长度的消息摘要,表示为 $H(m)$,该映射是一个多对一的映射。$H(m)$也可以当作消息 m 的指纹,一旦 m 发生变化,$H(m)$也会随之改变。

根据是否需要密钥,哈希函数可分为以下两类。

(1) 带密钥的哈希函数:有两个不同的输入,分别为消息和密钥。一个带密钥的哈希函数通常用来作为消息认证码,即消息验证码(Message Authentication Code,MAC)。

(2) 不带密钥的哈希函数:只有一个消息输入,这样产生的消息摘要必须被安全存放,不能被篡改。

根据设计结构,哈希函数可以分为 3 类。

(1) 标准哈希函数。

(2) 基于分组加密的哈希函数。

(3) 基于模数运算的哈希函数等。

目前,主要的标准哈希函数可以分为两类。

(1) MD 系列的哈希函数,例如 MD4、MD5、MDS、HAVAL、RIPEMD 等。

(2) SHA 系列的哈希函数,例如 SHA-1、SHA-256、SHA-384、SHA-512 等。

3.5.2 哈希函数主要性质

哈希函数 H 必须满足以下 6 种性质。

(1) H 的输入可以是任何大小的数据块,即 H 的输入可以是任意长度的。

(2) H 的输出是固定大小的数据块。

(3) 对任意消息 x,求 $H(x)$是可行的,并可用软件或硬件实现。

(4) 对任意给定的哈希值 h,找到 x 且满足 $H(x)=h$,计算上是不可行的。

(5) 对任意给定的值 x,找到 y,满足 $H(x)=H(y)$并且 $x\neq y$,计算上是不可行的。

(6) 找到任意的 x,y 且 $x\neq y$,使得 $H(x)=H(y)$,计算上是不可行的。

基于以上性质,可以将哈希函数分为两大类:弱碰撞哈希函数和强碰撞哈希函数。弱碰撞哈希函数与强碰撞哈希函数必须同时满足前 3 个条件,主要区别在于后 3 方面。

1. 弱碰撞哈希函数

满足上面性质(4)和(5)的哈希函数,称这个哈希函数 $H(x)$是弱碰撞的。

2. 强碰撞哈希函数

满足上面性质(4)、(5)和(6)的哈希函数,称这个哈希函数 $H(x)$是强碰撞的。

在以上的性质中,性质(4)的意义是指哈希函数是单向性的,通常也称抗原像性,那么

$H(x)$也是单向杂凑函数；性质(5)代表弱碰撞性，可以称为抗第二原像性；性质(6)代表强碰撞性，也可以称为抗碰撞性，用来防止攻击者对哈希函数实施自由起始碰撞攻击，即生日攻击。

3.5.3　哈希函数安全性

哈希函数在密码系统中使用十分广泛，包括加密方案、签名方案等都有哈希函数的存在，因此哈希函数也已经成为很多黑客攻击的目标。对哈希函数的攻击主要在于破坏其某些特性。例如，可以根据其输出求得输入，找到某条消息使得它的输出与原消息的输出相同，或者找到不同的两条消息，使它们的输出相同。最具有代表性的对哈希函数的攻击为以下两种。

1. 字典攻击

字典攻击(Dictionary Attack)的定义是，在破解密码或密钥过程中，通过逐一尝试用户自定义词典中所有可能的密码(单词或短语)，这种攻击方式称为字典攻击。字典攻击与暴力破解相似，区别在于，暴力破解会逐一尝试所有可能的组合密码，没有预先预定好的单词列表，而字典攻击会使用一个预先定义好的单词列表(可能的密码)进行逐一尝试。因此，字典攻击对用单向哈希函数加密的口令文件特别有效。攻击者通过编制含有多达几十万个常用口令的表，然后用单向哈希函数对所有口令进行运算，并将结果存储到文件中，攻击者通过非法途径获得加密的口令文件后，比较这两个文件，观察是否有匹配的口令密文，这种攻击方式的成功率非常高。

2. 生日攻击

生日攻击(Birthday Attack)的原理是一个统计问题。一个房间里有多少人才能够使得最少有一人与你的生日相同的概率大于 1/2 呢？答案是 253。那么应该有多少人才能够使得他们中至少有两人的生日相同的概率大于 1/2 呢？23 人即可。寻找特定生日的某人，或者是寻找两个随机的具有相同生日的两个人，与对单向哈希函数进行穷举攻击的方法是相同的原理：前者对应了给定消息 m 的哈希值 $H(m)$，攻击者不断生成其他消息 m'，以使得 $H(m)=H(m')$；后者对应的场景是，攻击者寻找两个随机的消息 m 和 m'，并使得 $H(m)=H(m')$，而后者称为生日攻击，这种攻击方式没有利用哈希函数的结构和任何代数弱性质，只依赖于消息摘要的长度，即哈希值的长度。为了抵抗生日攻击，哈希函数安全性的一个必要条件就是消息摘要必须足够长。

3.5.4　哈希函数主要应用

在密码学中，哈希函数有非常多的应用场景，包含数据认证、数字签名、伪随机数生成和密钥生成等。

1. 数据认证

哈希函数的重要应用之一就是生成文件或者消息 m 的摘要值 $H(m)$，该值被安全地存储，对消息 m 的任意改动都可以通过对改动后的 m 进行相同的哈希运算而被检测出来，这样的操作保证了数据的完整性，也可以实现对消息的安全认证。对于哈希函数的不同应用，包括 HMAC，即基于哈希函数的消息验证码，其基本思想就是用密钥和消息一起进行哈希操作，确保消息的完整性，使得在传输过程中对消息的任何修改都能够被接收者检测到。

2. 数字签名

哈希函数经常被应用在数字签名算法中。在现实应用中，需要签名认证的消息 m 本身非常大，如果直接在消息 m 上做数字签名效率会非常低。通常情况下，为实现对消息 m 的高效数字签名，首先计算出 m 的哈希值 $H(m)$，然后采用私钥对 $H(m)$ 进行签名操作，所得到的 $\mathrm{Sig}(H(m))$ 就是用户对消息 m 的签名。利用哈希函数进行数字签名的优势是，可以实现对于消息的不可否认性，消息发布者只能用自己的私钥对哈希值进行签名，接收者使用发布者的公钥进行解密，从而确认消息确实由该消息发布者发出。

3. 伪随机数生成

从哈希函数的定义来看，哈希函数具有生成随机性质的数据序列的特征。通过选择一个随机函数，把消息的随机函数值作为它的哈希值来产生，从而得到伪随机数。因此，哈希函数也可以用作伪随机数的生成器。

4. 密钥生成

利用哈希函数的单向性，用旧的密钥计算出新的密钥序列，从而使得现有密钥具有泄露后不危及先前所用的密钥的性质，也就是使用哈希函数能够产生具有前向安全的密钥。

总体而言，哈希函数在密码学的应用中一直发挥着重要的作用，在区块链中也有着十分广泛的应用，如区块链中的链式结构就是通过让每一个区块包含上一个区块的区块头哈希值来实现的。此外，区块链中的默克尔树构造、工作量证明算法、钱包地址等都用到了哈希算法。

3.6 默克尔树

1. 基本概念

默克尔树(Merkle Tree)，也称 Hash Tree，是用于存储哈希值的二叉树。默克尔树包含叶节点和非叶节点，其中叶节点用于存放数据块(例如，文件或者文件的集合)的哈希值，所有非叶节点是其对应所有子节点的组合结果的哈希值。

图 3.5 为一个默克尔树的结构。在树的最底层，也就是叶节点，类似于哈希列表，需要计算的数据被分割成不同的数据块，将数据块的哈希值存放于叶节点。接着计算时并不是直接计算叶节点的哈希值，而是把相邻的两个叶节点的哈希值合并成一个字符串，然后运算这个合并字符串的哈希值。例如，图 3.5 中 $H_6=H(H_2, H_3)=H(H(L_1),$

$H(L_2)$)，从而得到一个“子哈希值”。如果最底层的叶节点总数不是双数，那么必然出现一个无法配对的单身哈希数据块，这种情况就直接对它进行哈希运算，也能得到它的子哈希值。以此类推，就可以得到数目更少的新一层的哈希值，最终必然形成一个哈希树结构，直到树根的位置，就只剩一个根哈希值，称为默克尔树根节点值(Merkle Tree Root)。

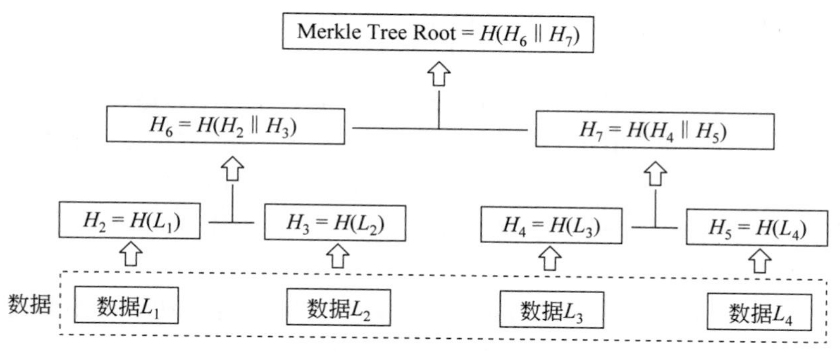

图 3.5　默克尔树示意图

2. 主要特点

默克尔树相比其他数据结构，具有一些特殊的性质。

(1) 默克尔树是一种树状结构，大多数是二叉树，也有可能是多叉树，但无论是几叉树，它都具有树状结构的所有特点。

(2) 默克尔树的所有叶节点的值是数据集合的单元数据的哈希值。

(3) 默克尔树非叶节点的值是根据它左右子节点的值，按照特定的哈希算法计算得出。

一般而言，通常采用 SHA-2 和 MD5 作为加密的哈希算法。但如果仅仅防止数据不是蓄意的损坏或篡改，可以改用一些安全性较低但效率较高的校验和算法，如循环冗余校验(Cyclic Redundancy Check，CRC)。

在区块链中，假设一个默克尔树包含 N 笔交易数据，当需要验证一笔指定的交易是否存在于某一区块中时，参与者至多花费 $2\log_2(N)$次的计算就可以得到结果。这主要是由 Merkle 树的构建方式来决定的，它的叶节点值由交易数据的哈希计算得到，并自底向上计算哈希值构建更新上一层节点的数值，直到计算得到默克尔树根节点值，并验证其是否发生变化。假设区块中的交易数量为奇数，则可以重复某笔交易来获得偶数笔交易，避免叶节点无法配对的现象出现，并实现默克尔树的构建。

3.7　布隆过滤器

1. 基本概念

20 世纪 70 年代，Burton Howard Bloom 教授提出了布隆过滤器(Bloom Filter)的概念，它的核心包含一系列哈希映射函数和一个很长的二进制向量，用于快速检索判断一个元素是否存在于某个集合中。布隆过滤器的优点在于空间效率和查询效率非常高，远远超过一般的算法，因为它在进行查询时，采用位数组表示一个集合，这样的算法结构大大节省了存储空间，提高了效率，但它也有不足之处：删除困难，以及存在一定概率的误识别，也就是假正例(False Positives)的现象，即当布隆过滤器经过运算向系统报告某一元素在集合中时，事实上它判断错误，该元素并不在集合中，布隆过滤器将一个不属于集合的元素误检测为集合中的元素。相对于假正例现象，布隆过滤器不会发生假反例(False Negatives)，也就是如果一个元素不在查询集合中，那么布隆过滤器是不会向系统报告该元素属于集合。换句话说，布隆过滤器判断一个元素不在集合中，就一定不在，但当它判断一个元素在集合中，就存在一定的判断误差，可能导致结果不准确。布隆过滤器的优缺点反映了它是用较小的错误率来换取较高的运算效率，适用能容忍容错率的应用场景，而无法适用“零错误”的场景。

布隆过滤器的常用的应用场景包含：判别某个元素是否存在于一个集合中，为实现这个目标，通常的做法是采用哈希表(Hash Table)数据结构，它可以通过一个哈希函数将一个元素映射成一个位阵列中的某个点，并且这些位阵列的初始值都为0，当有元素映射到位阵列中的某一点时，就将这一点的值设置为1。因此，要知道某个集合中是否有该元素，只需要判断这个点在哈希表中对应的位置是否为1，就可以知道集合中有没有该元素。这就是布隆过滤器的基本思想，算法的具体过程如图3.6所示。将所有元素通过布隆过滤器保存至集合中，然后通过比较确定该元素是否存在于该集合。链表、树等结构也采用同样的方式进行判断。

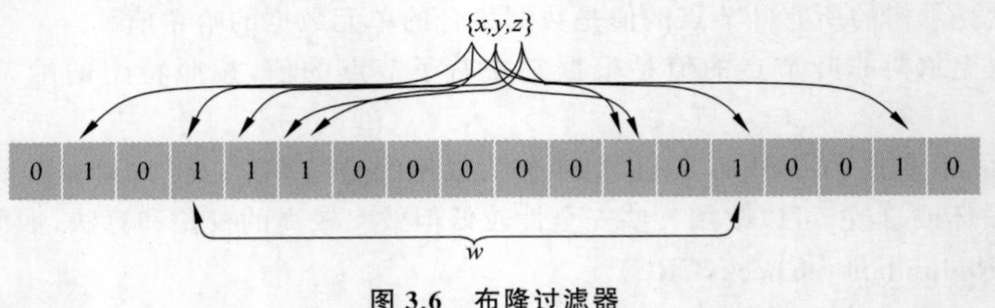

图 3.6 布隆过滤器

但采用这样的方式进行数据存储和查询，存在着一些难以避免的问题：首先，随着集合中元素的增加，哈希表所需要的存储空间越来越大，检索速度也会变得越来越慢。其次，这样的结构面临的另一个问题就是冲突，假设哈希函数是合适并且良好的，如果位阵列长度为 m 个点，那么若想将冲突率降低到1%，这个哈希表就只能容纳 $m/100$ 个元素，显然就无法实现所有空间有效的要求；为解决无法实现所有空间有效的问题，解决方法是可以使用多个哈希函数，数据可以采用多个哈希函数进行映射存储，便可以实现空间有效，正确判断某个元素是否在集合中。

2. 布隆过滤器的算法过程

(1) 选取 k 个哈希函数，每个函数可以把目标数据 d 哈希为1个整数。

(2) 初始化一个长度为 n 位的数组，每位初始化为0。

（3）在某个数据 d 加入集合时，用 k 个哈希函数计算出 k 个哈希值，并把数组中对应的位置为1。

（4）在判断数据 d 是否存在于该集合时，用 k 个哈希函数计算出 k 个哈希值，并查询数组中对应的位，如果所有的位都是1，则认为该key在集合中；反之，则不存在。

3. 布隆过滤器的主要特点

布隆过滤器的优势有以下5点：①空间上的低存储量和时间上的高效性，布隆过滤器的存储空间、插入和查询时间都是常数，相比于其他的数据结构，布隆过滤器有着天然具备的高效性；②布隆过滤器中采用的哈希函数相互之间没有关系，具有硬件并行实现的编辑性；③布隆过滤器不需要存储元素本身，因此对于某些保密要求非常严格的数据和场合，在安全性上相比其他数据结构具有绝对优势；④布隆过滤器可以用于表示全集数据，实现数据的完备性；⑤布隆过滤器还具备的特点是，当哈希函数的数量 k 和阵列数量 m 相同时，使用同一组哈希函数的两个布隆过滤器的交并差运算可以使用位操作进行。

布隆过滤器也存在一定劣势：①随着存入的元素数量增加，数据查询的误算率也会随之增加。②从布隆过滤器中安全地删除元素信息较为困难，通常采用的方法是把位列阵变成整数数组，对插入元素进行计数，每插入一个元素相应的计数器加1，这样删除元素时将计数器减1。然而，这样的操作可能导致信息的泄露，因为首先必须保证删除的元素的确在布隆过滤器里面，而这一点单凭过滤器是无法保证的。

3.8 公钥密码体制

3.8.1 基本概念

20世纪70年代，Whitfield Diffie和Martin Hellman在*New Directions in Cryptography*中提出了公钥密码体制，又称非对称密码体制或公开密钥密码系统的概念，是现代密码学蓬勃发展的关键一步，开创了一个全新的密码学时代。他们在这篇划时代的文章中做出了如下设想：假设系统中有两个用户Alice和Bob，Alice拥有一对公钥 k_p（加密密钥）和私钥 k_s（解密密钥），其中公钥可以在全网公开，私钥由Alice自己保存。当Bob想要发送一条消息给Alice，同时他又不希望别人看到，Bob首先在系统中找到Alice的公钥 k_p，然后用 k_p 对消息进行加密，再将加密后的密文传输给Alice。Alice收到密文后，使用自己保存的私钥 k_s 对密文解密，就可以获得明文消息。如果存在攻击者截获了Bob发送给Alice的密文消息，但由于它不知道Alice的私钥，也是没有办法解密密文、读取明文的。在这个过程中，加密密钥是公开的，因此它和解密密钥必须不同，同时在已知加密密钥的前提下，不能反推出解密密钥，从而保证密码体制的安全性。在对称密码体制中，系统的通信双方需要提前通过安全信道交换彼此的密钥，但这一条件非常苛刻，现实生活中很难找到绝对安全的信道，公钥密码体制的思想就很好地解决了这个问题，至此开启了现代密码学的新篇章，相继出现了诸如RSA、ECC和ElGamal等公钥密码方案。

如图3.7所示，数据发送者和数据接收者的通信使用公钥密码体制，明文 m 用加密

密钥 k_p 来加密，数据接收者则采用与加密密钥不同的解密密钥 k_s 来解密。

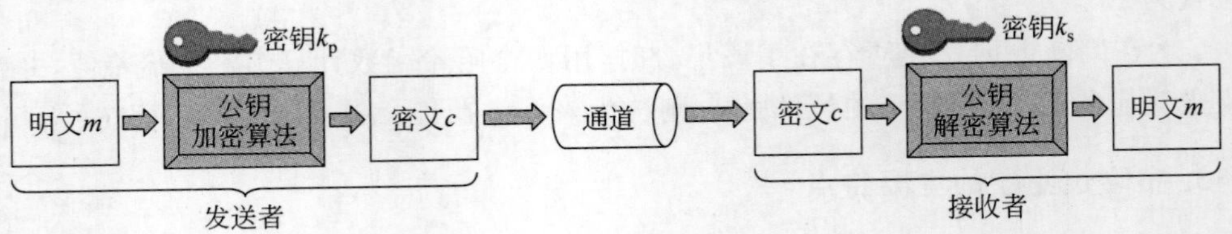

图 3.7 公钥密码体制

若将公钥密码体制表示成一个五元组 $\{M,C,K,E_K,D_K\}$，则其数学公式满足以下条件。

(1) M 是可能的消息集合。

(2) C 是可能的密文集合。

(3) 密钥空间 K 是一个可能的密钥有限集。

(4) 对于密钥空间 K 中的每一个元素 $K=\{K_1,K_2\}$，都有与之对应的加密算法 E_{K_1} 和解密算法 D_{K_2}，使得对于任意明文 $m\in M$ 都满足 $c=E_{K_1}(m)$，$c\in C$，并且有 $m=D_{K_2}(c)$；其中 E_{K_1} 是公开函数，K_1 表示公钥，而 D_{K_2} 是保密函数，K_2 表示私钥，用户秘密保存。公钥密码体制的核心问题便是如何对 E_{K_1} 和 D_{K_2} 进行描述。

3.8.2 ElGamal 公钥加密

1984 年，斯坦福大学的 Tather ElGamal 提出 ElGamal 公钥密码体制，这种密码体制不仅适用于加密算法，而且也能用于数字签名算法。Tather ElGamal 在提出 ElGamal 公钥密码体制之后，于 1985 年设计出 ElGamal 数字签名方案，美国著名的数字签名算法(DSA)就是 ElGamal 数字签名算法的演化。基于有限域上离散对数问题难以解决的特性，ElGamal 公钥密码体制的安全性得以保障。在 ElGamal 加密过程中，算法都会选择一个随机数参与运算，产生密文，因此对于同一个消息，每次加密后得到的密文都是不同的，攻击者不仅不能从密文中获得任何明文信息，也不能通过观测密文来判断加密的是否是同一个明文。此外，加密算法产生的密文形式包含两部分，一个可以看作是 Diffie Hellman 的密钥交换，另一个是对明文的隐藏，所以密文的长度是明文长度的两倍。下面是 ElGamal 公钥加密算法的详细描述。

(1) 密钥产生：对一个大素数，有限域 GF(p)上的离散对数问题是难以解决的。首先任选一个大素数 p 和 GF(p)上的生成元 α。将参数 p 和 α 公布出去，选择一个随机整数 d 作为私钥，$2\leqslant d\leqslant p-2$。计算 $y=\alpha^d \bmod p$，选取 y 为公钥。

(2) ElGamal 加密：对明文 M 加密，随机地选取一个整数 k，$2\leqslant k\leqslant p-2$，使用式(3.15)计算

$$\begin{aligned} C_1 &= \alpha^k \bmod p \\ C_2 &= M\cdot y^k \bmod p \end{aligned} \tag{3.15}$$

最后，得到密文为 $C=(C_1,C_2)$。

(3) ElGamal 解密：计算 $M=C_2/C_1^d \bmod p$，可以由密文得明文 M。

3.9　数字签名

现代密码学涉及多个安全技术，数字签名(Digital Signature)是它的一个重要分支，在复杂的网络通信中提供安全的网络服务，有效防止伪造、篡改、抵赖等恶意行为，在金融、商务应用等领域都有非常广泛的应用。

3.9.1　基本概念

数字签名的目的是使接收者能够确认发送者的签名，不存在伪造的情况。一旦数据发送者将签名结果和数据一并发送给数据接收者，他就不能否认其行为(即签发数据)。收发两边就传输数据的内容和来历若产生争议，可由仲裁者调查并决断。另外，可以在数字签名中添加时间戳来增加时效性，获得前向安全。具体来说，一个有效的数字签名应该具备以下 3 种性质。

(1) 唯一性。对一个文档的签名，是指对文档的哈希结果进行签名，从函数的角度来说，文档和签名之间存在一一对应的映射关系，不同文档的哈希值不同，对它的签名结果也是不同的。

(2) 不可否认性。签名者采用自己的私钥对某个文档进行签名，一旦签名完成，签名者不能否认该签名，同时其他人在不知道签名者私钥的情况下，不能够伪造该签名者的签名。

(3) 时效性。为了避免一个签名被重复使用，文档的签名需要具备时间属性，保证签名的时效性。

数字签名算法流程如图 3.8 所示，从广义来讲主要包含 3 个算法：密钥产生算法 KeyGen、带有 trapdoor 的签名算法 Sign 以及验证算法 Verify。密钥产生算法的关键作用是来获得签名步骤中所需要的公钥和私钥。对一个数据的详细签名包含两个算法内容：签名算法和验证算法。签名算法是一个有密钥接入的函数。对任意一个消息 m，使用密钥 k 和签名算法产生一个签名 $y=\mathrm{Sign}_{k_s}(m)$，算法公开但密钥不公开，不知道密钥的用户是无法产生正确的签名的，因此签名具有不可伪造性。验证算法 $\mathrm{Verify}_{k_p}(m,y)$ 也是可以公布出去的，其他的用户经过观察验证算法输出 0 或 1 来验证签名结果的有效性(验证结果如有效则输出 1，反之为 0)。

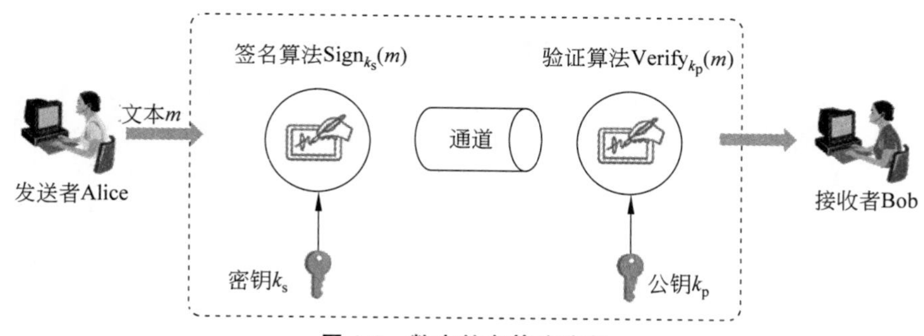

图 3.8　数字签名算法流程

数字签名的方法有很多种，根据类别的不同可以分为以下4类。

(1) 按照签名用户分类。依照用户的个数分类，数字签名方案包括单个用户或多个用户的签名，通常情况下数字签名都是单个用户的操作，当有特别需求时会用到多个用户共同计算的数字签名，它被称为多重数字签名，依照签名的步骤中是不是有序，多重签名分为有序多重数字签名和广播多重数字签名。

(2) 按照数字签名的特性分类。根据签名的特性分类，数字签名包括自动回复和不自动回复的签名方案。

(3) 按照数学难题分类。依照签名方案根据的问题难解程度分类，数字签名包括基于离散对数问题的数字签名方案和基于大整数分解问题的数字签名方案。更进一步，著名的 ElGamal、DSS 签名方案便是基于离散对数问题的数字签名方案，RSA 签名方案是最突出的基于大整数分解问题的数字签名方案。离散对数问题中还包括一类椭圆曲线离散对数，椭圆曲线签名方案的安全性便是基于椭圆曲线离散对数问题的难以解决特性。

(4) 按照数字签名的实现分类。按照数字签名的实现分类，数字签名包括仲裁数字签名和直接数字签名。仲裁数字签名涉及三方：签名者、接收者和仲裁者。完整的签名过程需要三方协作完成，其中仲裁者是一个可信第三方。直接数字签名的操作是在数据签名者和数据接收者之间完成的。

3.9.2 椭圆曲线数字签名

1985年，Neal Koblitz 和 Victor Miller 提出了椭圆曲线密码(ECC)系统，它可以看作是离散对数密码系统的演化，只是元素的选取变换为椭圆曲线上的一个点。椭圆曲线密码系统的优势在于可以达到和离散对数密码系统同等安全性的同时，具有更小的参数、密钥长度和更快的运算速率，因此能够适用存储、计算环境受限的场景。在椭圆曲线密码系统中，基于椭圆曲线离散对数问题(Elliptic Curve Discrete Logarithm Problem，ECDLP)的难解性，可以构造数字签名方案，也就是椭圆曲线数字签名算法(Elliptic Curve Digital Signature Algorithm，ECDSA)，下面重点介绍算法的执行步骤。

1. 数字签名算法

Alice 要将一份签名的消息发送给 Bob，为了保证通信的安全性，双方首先需要定义一组如下的椭圆曲线签名算法的参数：

$$(\mathrm{CURVE}, G, n)$$

具体来说，CURVE 是选取的椭圆曲线的几何方程和点域，G 是椭圆曲线上的基点，n 表示可倍积阶数(Multiplicative Order)，它是一个很大的质数，几何意义在于满足 $nG=0$，即点倍积 nG 的结果是没有意义的，而任何一个小于 n 的正整数 $m=[1,n-1]$，点倍积 mG 都可以映射为该椭圆曲线上的一个点。

然后，Alice 生成一对公钥和私钥。私钥是从$[1,n-1]$随机选取的，即

$$d_{\mathrm{A}}=\mathrm{rand}(1,n-1) \tag{3.16}$$

公钥计算如式(3.17)所示：

$$Q_{\mathrm{A}}=d_{\mathrm{A}}\times G \tag{3.17}$$

Alice 通过以下步骤对消息 m 进行签名。

(1) 采用哈希函数(MD5 或 SHA-1) 计算消息 m 的哈希值,得到 $e=H(m)$。

(2) 对 e 进行二进制分解,将最高位 L_n 个位记为 z,其中 L_n 表示 n 的二进制长度。需要注意的一点是,z 的取值可能大于 n,但长度不会比 n 更长。

(3) 选择一个随机整数 $k\in[1,n-1]$。

(4) 计算椭圆曲线上的点$(x_1,y_1)=kG$。

(5) 计算 $r=x_1 \bmod n$,若 $r=0$,返回(3)。

(6) 计算 $s=k^{-1}(z+rd_A) \bmod n$,若 $s=0$,返回(3)。

(7) Alice 生成的数字签名为 $\rho=(r,s)$。

2. 数字签名的验证

消息接收者 Bob 收到的文件包含两部分内容:一个是签名文件 ρ,另一个是发送者的公钥,因此 Bob 需要分别验证这两部分的真实性、有效性和正确性。

1) 验证公钥

(1) 公钥的坐标 Q_A 应该是有效的,不会等于一个极限值空点。

(2) 对公钥 Q_A 的坐标进行验证,它必须是椭圆曲线上的一点。

(3) 公钥 Q_A 与 n 的关系必须满足条件:

$$n\times Q_A=O \tag{3.18}$$

2) 验证签名文件

(1) 验证 $\rho=(r,s)$均是处于$[1,n-1]$范围内的整数,否则验证失败。

(2) 计算 $e=H(n)$。

(3) 计算 e 的二进制分解,并取最高位 L_n 个位,记为 z。

(4) 计算 w,$w=s^{-1} \bmod n$。

(5) 计算参数 u_1,u_2,其中 $u_1=zw \bmod n$,$u_2=rw \bmod n$。

(6) 计算(x_1,y_1),判断(x_1,y_1)这个点是否属于椭圆曲线,若不是则验证无效,具体的验证方法是计算式(3.19),判断左右两边是否相等:

$$(x_1,y_1)=u_1\times G+u_2\times Q_A \tag{3.19}$$

如果不成立,那么对消息 m 的签名验证失败。

3.9.3 ElGamal 签名

基于有限域上离散对数问题难以解决的特性,1985 年,有名的 ElGamal 数字签名方案得以提出。下面是获得签名结果所需要完成的具体步骤。

(1) 任选一个大素数 p,群 G 上的一个本原元 α 和一个随机整数 d,$d\in[1,p-2]$。

(2) 计算 β,$\beta=\alpha^d \bmod p$。

(3) 令 p,α,β 作为公钥,d 作为私钥。

(4) 签名过程:计算消息的哈希值 $x=H(m)$,任选整数 k,$k\in[1,p-2]$,且$(k,p-1)=1$,然后令 $r=\alpha^k \bmod p$,$s=(x-dr)k^{-1} \bmod (p-1)$,则最终的数字签名结果是$(r,s)$。

(5) 对数据完成签名后，将最终的数据签名结果和明文数据共同传输给数据接收者。

(6) 接收者收到消息后，计算 $t=\beta^r r^s \bmod p$。

(7) 当满足 $t=\alpha^x \bmod p$ 时，说明签名结果有效，消息在传输过程中是完整的，没有被篡改，否则表明签名无效。

由于有限域上的离散对数问题是难解的，攻击者不能根据已知信息推测出私钥，因此保证了 ElGamal 数字签名方案的安全性。一般地，素数 p 的长度不得少于 1024 位，签名方案由 (r,s) 数对组成，其中 r 和 s 的位长度都与 p 相同。

3.9.4 多重签名

在数字签名领域，除了一个人对一份文件进行签名的情况，有时还需要多个人同时对一份文件进行签名，这种需求常常发生在电子商务、资金监管等场景。简单来说，就是多个用户对一份文件具有签名权，共同来产生文件的签名，这就是多重数字签名的含义。具体地，假定有 N 个用户 $\{1,2,\cdots,N\}$，每个用户都拥有一对公钥和私钥，用户用各自的私钥签署文件 m，最后得到关于文件 m 的多重签名。

在多重签名的场景中，按照要不要提前约定签名者的签名序列，可以将多重签名分为有序多重数字签名和广播多重数字签名。顾名思义，有序多重数字签名就是将数据依照既定的排列顺序发送给签名者完成签名。与有序多重数字签名相反的广播多重数字签名方案中，每个签名成员各自完成单个签名数据，发给数据收集者，由收集者最终合成多重签名的数据，然后发给验证者来完成验证操作。多重签名主要包含 3 个参与方：消息发送者、消息签名者以及签名验证者。但需要注意的一点是广播多重数字签名中还需要引入消息收集者。常规地，多重签名包括 3 个算法：系统建立、获得签名和签名验证。

下面通过一个基于椭圆曲线的广播多重数字签名算法的例子来展示多重数字签名的过程。

1. 系统建立

令 GF(q)代表一个包括 q 个元素的有限域，这里 q 是一个大于 2^{160} 的大素数，抽取 GF(q)上一条安全的椭圆曲线 E：$y^2=x^3+ax+b\,(a,b\in \mathrm{GF}(q))$，$G$ 是 E 的基点（即 $nG=0$），M 是需要签名的数据。设有 m 个数据签名者 $U_1,U_2,\cdots,U_m$，对每个签名者 $U_i\,(i=1,2,\cdots,m)$随机抽取一个隐藏值 $d_i\,(d_i\in \mathbf{Z}_n)$作为自身的私钥，设置公钥 $Q_i=d_iG$ 并公布出去。P 是一个预设的正整数。

2. 获得签名

对于每个签名者 $U_i\,(i=1,2,\cdots,m)$和签名验证者 U_v，消息拥有者发送消息(M,T)，其中 T 是签名时间标志，要求签名者在给定时间 ΔT 内完成签名。对消息 M，消息拥有者计算 $e=H(M,T)$，并发送给 U_i 和 U_v，然后 U_i 和 U_v 进行如下操作。

(1) 每一个签名者 $U_i\,(i=1,2,\cdots,m)$选取一个随机整数 k_i，其中 $1\leqslant k_i\leqslant m-1$。

(2) 计算 $R_i=k_iG=(x_i,y_i)$，若 $x_i=0$ 转回(1)；否则计算 $r_i=x_i \bmod m$。

(3) 签名者U_i 计算 $s_i=k_ie+d_ir_i \bmod m$，若 $s_i=0$ 转回(1)；反之将数据签名$(M,(r_i,s_i))$

发送给数据收集者 U_c。

(4) 数据收集者 U_c 收到签名数据后,依次对单个的签名完成验证,若验证不正确则要求该签名者重发,但重发次数不能超过 P。

(5) 若是全部签名者的签名所得 s_i 验证都是有用且正确的,数据收集者 U_c 设置 $s=\sum_{i=1}^{m}s_i$,则 s 作为最后的广播签名,U_v 将 $\text{sig}(M)=(M,(r_1,r_2,\cdots,r_m,s))$ 发送给签名验证者 U_v。

3. 签名验证

签名验证者 U_v 首先查看签名结果是否都在有效的时间范围内,即计算 $\widetilde{T}=T+\Delta T$,然后运行以下步骤。

(1) 若在 $\widetilde{T}$ 时刻之前收集到所有签名者 $U_i(i=1,2,\cdots,m)$ 的签名,则继续下一步。

(2) 判断 $r_i(i=1,2,\cdots,m)$ 和 s 是否属于[$1,m-1$],若不是则签名无效。

(3) 令 $I=sG-\sum_{i=1}^{m}r_iQ_i$,若 $I=0$,表明签名无效。否则令 $I=(x,y)$,计算 $u=x \bmod m$,$v=\sum_{i=1}^{m}r_ie \bmod m$。如果满足 $u=v$,那么说明签名有效,否则签名失败。

(4) 若某个数据签名者的签名在 $\widetilde{T}$ 的截止时刻还没有符合数据收集者 U_c 对单个签名的验证,则签名失败。

3.9.5 群签名

1. 群签名的定义

群签名概念的提出首次出现在1991年的欧密会上。从字面上理解,群签名首先包含一系列合法的群成员,在一个群签名方案中,群组中任意一个群成员都能够以匿名的形式代表整个群组对一个消息进行签名,与普通的数字签名方案类似,群签名结果也是可以公开验证的,系统中的验证者可以采用群公钥对签名进行验证,确认该签名确实来自群组,证明签名由群组里的合法成员生成,但并不能确定群组里签名者的身份,只有当签名结果发生争议时,群管理员利用系统权限可以追踪到群组里签名成员的真实身份。

一般情况下,群签名方案涉及3个实体:群中心、群管理员和群成员。其中,群中心负责方案的初始化建立;群管理员负责在签名发生争议时,追踪群组里签名者的真实身份信息;群成员构成一个完整的群组,可以以群组的名义对数据签名。另外,群签名方案还包括以下5个算法。

1) 系统建立

系统建立算法由群组中的权威机构群管理中心执行,输入系统的安全参数 λ,输出方案中群组的公钥和私钥对。

2）成员加入

成员加入算法由权威机构群中心与群成员交互履行，获得群成员的公钥 k_p 和私钥 k_s，群管理中心获得公钥 k_p 信息，私钥 k_s 由群成员保存。

3）签名

签名算法由群组里的一个合法成员执行，输入消息 m 和自己的私钥 k_s，输出消息 m 的群签名 SIG。

4）验证

验证算法由验证者履行，输入消息 m、群签名 SIG 以及群公钥，作出关于该群签名是否正确的判定。

5）打开签名

打开签名算法由群管理员履行，输入消息 m、群签名 SIG 以及群管理员的私钥，可以追踪到群组里签名成员的真实身份。

2. 群签名的特性

(1) 代表群组对消息进行签名的只能是群组里的合法群成员。

(2) 方案中的验证者只能作出签名是否正确的判定，而他不可以获得签名成员的身份信息。

(3) 当签名得到的结果出现争议时，只有群管理员可以打开签名，追踪到签名者的身份信息。

3. 群签名的安全性

一个好的群签名方案除了具有优质的算法，还需要满足如下的安全要求。

1）正确性

群组里的每一位合法群成员只有按照正确的步骤进行签名，得到的签名结果才能被验证者验证通过。

2）匿名性

在群签名系统中，除了群管理员和其他权威机构，任何人都不能从签名中获得签名者的身份信息。

3）防伪造性

群组里的合法成员用自己的私钥能够产生消息的合法签名，其他人不能盗用合法成员的私钥，伪造其签名结果。

4）非关联性

除权威机构外，任何人想通过多个签名信息获得签名成员更多的身份信息，在计算上是不可行的。

5）可追踪性

在签名结果产生争议时，群管理员或权威机构利用系统权限能够打开签名，查找到签名者的身份，即每一个群签名都是可被跟踪的。

6）不可否认性

如果群组中任意一位合法成员用自己的私钥代表群组对消息进行签名，那么对于该群签名，他不能否认和抵赖。

3.9.6　环签名

1. 环签名的定义

环签名的概念首次由 3 位著名的密码学家于 2001 年提出，是指签名者在签名的过程中，通过引入其他人的公钥来隐藏自己私钥的一种签名方案。环签名的提出晚于群签名，二者有相似也有不同，可以把环签名看作是群签名的一种特殊形式或者是简化版的群签名。在环签名方案中，没有管理中心，没有环的创建，只有环成员，而且环成员之间不需要协同互助。当某个合法的环成员要对消息进行签名时，他首先创建一个临时群组，然后用自己的私钥和其他环成员的公钥独立地对一个消息进行签名，这样就能将自己的私钥信息隐藏在多个公钥中，不需要群组中其他环成员的帮助，同时这些环成员也不一定知道自己包含在某个群组中。

假设签名集合中有 n 个环成员，一个完整的环签名方案主要由以下 3 个步骤组成。

1）密钥产生

输入安全参数 λ，对于系统中的每一位环成员，产生相应的公钥和私钥对（k_{p_i}，k_{s_i}）（$i=1,2,\cdots,n$），需要注意的一点是，这些公钥和私钥对可能来自不同的公钥密码体制。

2）签名

输入数据 m、签名者的私钥 k_{s_j} 和其他环成员的公钥 $k_p=\{k_{p_i} \mid i=1,2,\cdots,n,i\neq j\}$，得到数据 m 的环签名 r。

3）验证

输入数据 m 和环签名 r，验证者作出该签名是否正确的判定，即签名者是不是群组中有效的环成员。

2. 环签名的特性

环签名具有良好的特性：可以实现签名者的无条件匿名，环签名是特殊的群签名，没有权威机构和初始建立阶段，签名者的身份信息对于验证者来说是完全匿名的；签名者对需要匿名的匿名区域和跨度具备决议权，即环成员的个数 n 是由签名者决议的；显而易见，对于群签名能够实现的功能，环签名也可以完成，并且参与方更少，不需要权威机构和管理员。

3. 环签名的安全性

1）正确性

环成员依照既定的算法执行得到环签名结果，并且在传输过程中不存在篡改的情况，那么签名结果就可以被验证通过。

2）无条件匿名性

攻击者根据环签名，无法确定是哪个环成员生成了这个签名，即使他采用非法途径获得了所有可能的环签名者的私钥，攻击者确认真实签名者身份信息的概率不高于 $1/n$，n 是可能的签名者的个数。

3）不可伪造性

非签名者的环成员不能够捏造真实数据签名者的签名，对外部攻击者即便他截获了一个正确的环签名，可是他不知道任何环成员的私钥，不能够形成对该签名的捏造，捏造正确的概率是可以忽略不计的。

4. 环签名与群签名的比较

1）相同点

环签名和群签名都是某个成员代表整个群组对消息进行签名，对于验证者来说，他能够验证这个签名是否来自群体中的成员，而无法知道这个签名者到底是群体中的哪一个，即验证者只能验证签名的有效性，不能获得签名者的身份信息，以此来实现签名者的匿名性。

2）不同点

（1）在群签名中，每一个签名都是可被跟踪的，只有群管理员具有系统权限，必要的时候可以追踪到签名者的真实身份信息；而环签名中没有管理员，因此签名无法做到可追踪性，除非签名者主动暴露自己的身份信息。

（2）群签名中的群管理员负责系统的维护，环签名没有环的建立，签名者只是选取临时群组中环成员的公钥，每一个环成员的身份都是平等的。

3.10 本章小结

本章主要介绍了一些密码学基础和相关的数学知识，它们是区块链技术底层的密码理论支撑，包括群的定义、困难问题等，还涉及了哈希函数、加密算法、数字签名等密码学技术。针对对称密码体制和公钥密码体制，通过经典的算法描述对其进行了分析。此外，掌握数字签名的一些基本算法，为后续章节中区块链结构的学习打下了基础。

3.11 练习

1. 设 **Z** 为整数集，需要证明：**Z** 对二元运算“·”：$a \cdot b = a + b + 4$ 形成一个群。

2. 对称加密和非对称加密的区别是什么？分别有哪些算法的实现？

3. 在描写密码算法时，为何需要遵守所有秘密蕴于密钥当中的原则？

4. 在 ElGamal 签名方案中，$p=17$，$g=2$：①若选择 $x=8$，那么 y 的取值是什么？②若选择 $k=9$，对数据 $m=7$ 执行签名操作。

5. Bob 使用了 ElGamal 加密算法和 Alice 的公钥将一条消息加密后发送给 Alice，Alice 的公钥为 $p=11851409$，$g=27046$，$b=1848340$；消息为“Alice，it took a while for

me to generate my ElGamal key. Is that normal?"根据所学知识写出 Bob 传输给 Alice 的密文是什么。

6. 编程题。

(1) 编程实现 DES 算法。

(2) 多次更改 DES 算法中的明文和密文信息,并进行输出统计。

(3) 利用差分攻击实现以下算法:产生差分的明文对,实现对差分输入的 Sbox 差分输入分布,观察并总结输出差分与密钥相关特性。

(4) 实现一个简单的 DES 加密。

第4章

区块链共识协议

共识协议(Consensus Protocol)在分布式系统中一直是人们研究的难题。类似地,在分布式区块链系统中,由于P2P网络通常存在网络时延,各节点所观察到的交易数据很有可能是不一致的,共识协议是区块链确保所有诚实参与者对交易数据拥有一致性视图的关键技术。例如,通过遵循基于工作量证明(Proof-of-Work,PoW)的共识协议,比特币系统中的参与节点可以达成对交易数据的一致共识。具体来说,该协议规定参与节点通过耗费计算力来争夺生成最新区块的决定权,所有参与者承认并接受最长链上的最新区块。本章旨在阐述常见的几种区块链共识协议,介绍其基本特性和运行原理,让读者对共识协议有进一步的理解。

4.1 区块链共识协议概述

在分布式系统研究领域中,共识协议的设计一直是重要的研究难题,而且比特币的兴起进一步推动了研究新共识协议的热潮。通常来说,传统共识协议运行环境是封闭式的,即参与者是固定已知的,而比特币及其他公有链网络中的参与者都是随机、未知的。另外,不同于传统共识协议,比特币中基于工作量证明的共识协议用于解决开放系统的共识问题。如本书第1章中所阐述的,一个区块链被称为公有链是因为它建立在一个开放的系统环境下,它区别于联盟链和私有链的封闭系统环境。

目前,如何在确保公有链安全稳定运行的情况下,提高公有链系统的延展性是一个具有挑战性的课题,而设计一个可延展、高吞吐量和低延迟的区块链共识协议是解决这一难题的关键技术之一。因此,除去比特币的基于工作量证明的区块链共识协议,区块链研究者也提出了许多不同设计方法下的区块链共识协议,例如,基于权益证明(Proof-of-Stake,PoS)的共识协议、基于拜占庭容错(Byzantine Fault Tolerance,BFT)的共识协议以及混合共识协议。

一般来说,设计一个安全的区块链共识协议,需要考虑以下6方面的内容。

(1) 领导者选择方法,用于选择产生区块链新块的领导者。

(2) 网络环境,通常描述为异步的、同步的或是部分同步的。

(3) 系统模型,通常描述为开放的或是封闭的,它表示参与者能否任意地加入区块链系统。

(4) 通信复杂度,反映了一个新区块被广播到全网参与者所耗费的时间。

(5) 攻击者假设,定义了系统所能容忍的恶意参与者的比例。

(6) 共识特性,主要包含共识协议的一致性和活跃性两大特性,它是支撑分布式区块链系统安全运行的重要特性。

关于共识特性,有研究者提出终极共识(Consensus Finality)的概念,它指如果一个有效的新区块被添加到链上,就将会永远留在链上。研究者还指出基于工作量证明的共识协议不能保证终极共识,而是只能达到最终共识,这是因为区块链的分叉现象使得当前的新区块在未来一段时间后可能被全网放弃,每一笔区块交易需要等到约1小时最终才能被承认有效,这使得比特币不能在一些即时交易的场景下使用。因此,如何设计一个满足终极共识特性的区块链共识协议是未来研究的热点之一。

4.2 CAP原理

4.2.1 基本概念

CAP原理是用于设计分布式系统的基本原理,由计算机科学家Eric Brewer所提出。CAP原理定义一个分布式系统不可能同时满足一致性、可用性和分区容错性。CAP原理阐述了这3个特性不能在异步通信网络环境中同时满足,只能满足其中任意两个特性,即满足一致性和可用性、一致性和分区容错性,或者可用性和分区容错性,如图4.1所示。具体来说,3个特性的定义如下。

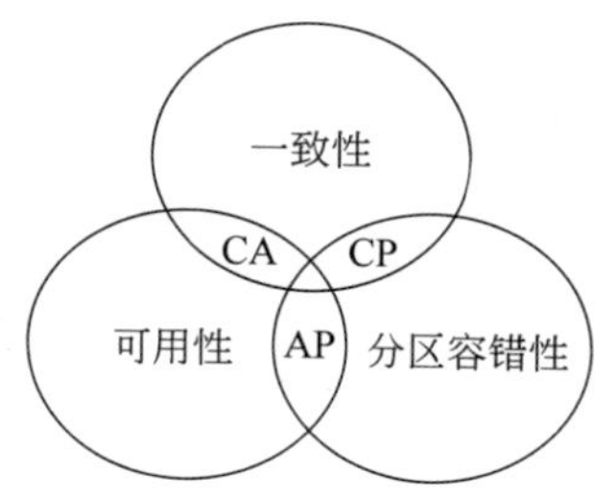

图4.1 CAP原理

(1) 一致性(Consistency):指分布式系统中节点对事务操作具有原子性,每个操作都可以及时被完成,以至于所有的事务都是有序的。

(2) 可用性(Availability):指分布式系统必须响应正确节点发出的每个事务请求。

(3) 分区容错性(Partition-Tolerance):允许分布式系统中的部分节点接收不到其他节点发送的事务信息。例如,当分布式系统分区以后,一个分区的节点接收不到另一个分区的节点发送的事务信息。

其中,一致性和可用性是依据一个分布式系统是否满足分区容错性的需要来定义的。换句话说,如果一个分布式系统必须具备一致性,那么即使有些节点没有接收到其他节点的信息,系统也要维持一致性这一特性。类似地,如果可用性是必需的,那么即使存在分区现象,系统也必须响应每一个正确节点的请求。因此,CAP问题可描述为这样的问题:异步网络中的分布式系统在满足分区容错的情况下,可用性和一致性二者取其一。

用一个通俗的例子来理解CAP问题:假设现在存在一个A地和B地共同维护的分布式数据库,用户Alice在A地的数据库修改了一项数据。在A地的数据库跟B地的数据库同步该用户事务操作结果的时间内，B 地的用户 Bob 请求读取 B 地数据库的数据。由于是在异步的网络环境下，存在网络延迟问题，A 地所发生的事务操作结果还没同步到 B 地。如果要保证可用性，B 地的数据库必须对用户的读请求进行及时响应，而 Bob 得到的数据肯定和 Alice 的数据不一样，这样显然不满足一致性。而如果要保证一致性，那么 B 地数据库这时应该要锁定数据库且与 A 地数据库同步事务操作结果，然而，这个时候 B 地的用户不能访问到 B 地的数据库，这样就失去了可用性。

对 CAP 有初步的理解之后，下面将进一步介绍形式化的 CAP 定理。

CAP 定理：在异步网络环境下，分布式系统中的节点对数据的读写操作不可能同时满足可用性和一致性，因为节点之间通信的信息可能丢失。

证明：这里将采用反证法来证明 CAP 定理的正确性。假如存在一个算法 A 同时满足一致性、可用性和分区容错性 3 个特性，然后构造一个算法 A 的实例对一个请求响应不满足一致性的回复。如图 4.2 所示，假设一个至少包含两个节点的网络，这样它们就可以被划分为没有交集的非空节点集合 G_1 节点和 G_2 节点。G_1 节点和 G_2 节点共同有一个可进行读写操作的数据对象 O。该证明的基本思想是，假设 G_1 节点和 G_2 节点通信的所有消息都会丢失，客户端在 G_1 节点请求对 O 完成一次写操作，然后在 G_2 节点请求对 O 完成一次读操作。此时，G_2 节点不能返回写操作之前的结果。令 O 的初始值为 v_0，现在执行算法 A，记此次执行为 a_1，客户端在 G_1 节点请求对 O 完成一次写操作(写的值不等于 v_0)之后变成 v_1。值得注意的是，客户端的写操作请求完成后，说明算法 A 符合了可用性。假设写操作完成后 G_1 节点和 G_2 节点没有任何通信消息。现在执行 a_2，客户端在 G_2 节点请求对 O 的一次读操作，这个过程 G_1 节点和 G_2 节点没有任何通信消息。如果 G_2 节点对客户端响应一个回复，这表明算法 A 满足可用性。由于 G_2 节点的 O 对象没有发生任何写操作，G_2 节点对客户端的读请求得到的回复是 v_0，显然，这不满足一致性。因此，同时满足一致性、可用性和分区容错性的算法 A 不存在。该定理证明完毕。

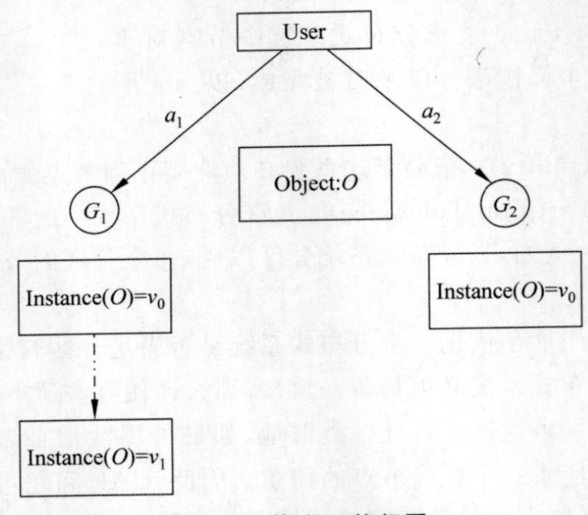

图 4.2 算法 A 执行图

4.2.2　应用场景

当 CAP 原理被应用去设计一个特定场景下的分布式系统时，CAP 原理的 3 个特性需要被具体讨论。通常来说，一个分布式系统需要在满足分区容错性的前提下，在可用性和一致性之间做出取舍。部分应用场景的分布式系统更在乎用户体验，因此要求具有更高可用性，而对系统数据的一致性要求不高的系统就被会设计为弱一致性，甚至没有一致性，如一些分布式的素材网站或论坛网站。另一方面，有些分布式系统特别要求数据保持一致性，就会牺牲可用性来保证分布式的数据是同步且正确的，如银行系统。

从 CAP 原理角度来讨论，比特币分布式系统是牺牲 CAP 的 3 个特性中的哪个特性呢？简单地分析一下，如果比特币牺牲了分区容错性，那么比特币只能运行在消息能可靠传输的网络中。如果比特币牺牲了可用性，那意味着比特币系统在交易没有提交成功的时候会中断服务，也就是说用户连接不上比特币系统，既不能读比特币系统的数据也不能写数据。最后一种情况是比特币系统牺牲一致性，那么意味着新交易并不能保证一定被永久性地提交，也就是说一个用户提交的交易未必被另一个用户接收。以上 3 种情况，不管是哪一种情况听起来都很糟糕，但实际上比特币系统某种程度上是牺牲了一致性特性的，因为它通过保证交易的最终一致性来缓解此问题。最终一致性是说交易的一致性只有在一定条件下的网络分区才成立，即当网络通信延迟时间在可接受的范围内，区块链的交易数据可以达到最终一致性。换句话说，比特币区块链网络实现了分区容错性、可用性和最终一致性。

区别于上述的 CAP 原理，以太坊创始人 Vitalik Buterin 将区块链的可扩展性问题描述为“扩展不可能三角”问题。该问题在要求每个参与者验证每一笔交易的情况下，区块链最多只能满足如下 3 个特性中的两个特性：区块生成的去中心化性、安全性和可扩展性，如图 4.3 所示。实际上，区块链为了达到安全性和去中心化的特性，牺牲了可扩展性(可用性)，因而无法满足很多实时应用场景的需求。然而，如果区块链系统要达到较好的可扩展性，同时满足较高的安全性，那么系统就不得不牺牲去中心化特性。同样地，既要实现高可扩展性以及完全的去中心化特性，安全性又会被削弱。实际上，如果要量化这 3 个特性，区块生成的去中心化性根据块生成者的数量来评估，安全性指攻击者发起拜占庭攻击成功的开销，而可扩展性可以通过区块链单位时间内处理的交易数量来评估。

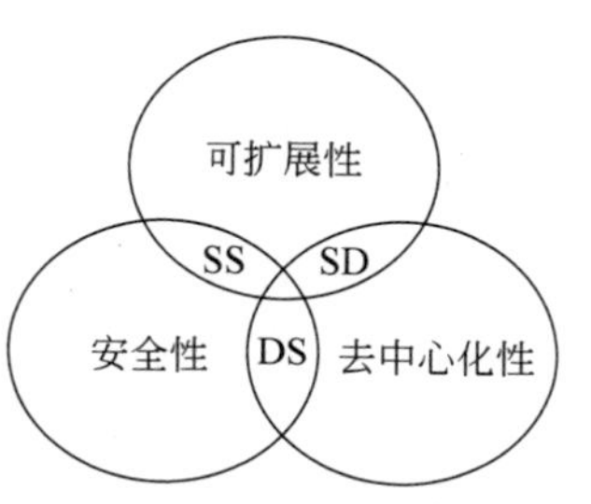

图 4.3　区块链扩展“不可能三角”

4.3　Paxos 算法

Paxos 算法由著名计算机科学家 Leslie Lamport 提出，它是实现异步通信环境下容错分布式系统中共识问题的经典算法之一。值得注意的是，这里所说的容错是指容忍计算机崩溃而引发的错误(Cash Fault Tolerance，CFT)，如硬件错误、软件错误或内存错误，并非指容忍拜占庭错误。

首先,让我们来先回顾一下分布式共识问题。假设存在多个参与者,每个参与者都可以发出提议,每个提议中包含一个值,这里的共识问题是指有且仅有一个提议的值被选中。如果没有一个参与者提议值,则没有任何提议值被选中。如果一个提议的值已经被选中,那么所有参与者都会承认已选中的这个值。Lamport 将这个共识问题中的一致性描述成 3 个必须满足的条件。

(1) 只有提议的值被选中。

(2) 有且只有一个值被选中。

(3) 每一个参与者仅承认被选中的值。

接着,Lamport 教授提出了支持容错的 Paxos 算法,以实现在异步网络环境下满足上述 3 个条件的共识算法。Paxos 算法主要解决用户在低可靠的服务器环境中,满足一定条件下即可实现可靠、确定的共识一致性。即使在不满足条件的情况下,也可以保证服务器实现一致性。

在介绍 Paxos 算法之前,首先先介绍该算法对参与者角色的定义和每个角色的职能。具体来说,参与者被定义为三种角色:提议者、接受者和承认者。其中,提议者负责给出提议值,接受者接受和选中提议者提议过的值,承认者则是承认接受者选中的提议值。初步分析来看,只有一个接受者时是选中一个提议值最简单的情况,接受者接受并选中第一个由提议者发送给它的提议值就可以了。然而在这种单个接受者情况下,如果出现因机器导致的单点故障问题,就会直接导致接受者失败处理,共识问题就进行不下去了。因此,本节主要讨论存在多个接受者的情况,并且规定只有那个被大多数接受者接受并选中的提议者才被最终选中和被承认者承认(任意两个大多数接受者集合中都至少有一个相同的接受者)。为了更好地理解 Paxos 算法,需要了解描述算法应该满足什么样的要求才能解决共识问题。

首先,考虑实现即使只有一个提议者提议出一个值,也要选中一个提议值的情况。假定一个接受者必须接受它收到的第一个提议值(记为 P1),是否可以呢? 答案是否定的。因为当多个提议者提议出不同的值且每个接受者只接受了一个提议值时,不存在一个提议值被大多数接受者接受的情况。以只有两个不同提议值的简单情况为例,假设各有一半的接受者分别接受了一个提议,任何同时在两个大多数接受者集合的接受者如果出现失败的情况,都会导致没有一个提议者被选中。

P1 要求不完备,应该允许一个接受者可以接受不止一个提议值。通过给一个接受者可能接受的每一个提议值标上序号,不同的提议值一定有不一样的序号,先提议的值比后提议的值有更小的序号。现在我们考虑实现当一个提议值已经被大多数接受者接受了,它就被选中的情况。在这个情况下,允许有多个提议值被选中的情况,但这些被选中的提议值必须确保是相同的一个值。

基于以上的考虑,定义如果一个提议值 v 被选中,那么任何一个具有更大序号、被选中的提议值也应该是 v(记为 P2)。如果 P2 被满足,那么就实现了只有一个提议者被选中。由于提议值被选中之前要先至少被一个接受者接受,那么设置条件 P2a:如果一个提议值 v 被选中,那么任何一个具有更大序号的、被一个接受者接受的提议值也应该是 v。然而,P2a 满足了条件 P2 但不满足条件 P1。因为最初已经声明了网络是异步的,所以可能存在这样一种情况：一个刚刚“苏醒”的提议者提议了一个具有更大序号的不同于 v 的值，然后被某个刚刚“苏醒”的还没接受任何提议值的接受者接受了。注意到这个情况满足 P1 但破坏了条件 P2a，因此需要加强 P2a 的条件，定义条件 P2b 为如果一个提议值 v 被选中，那么任何一个具有更大序号的、由任何提议者提议的值也应该是 v。条件 P2b 蕴含了 P2a，所以条件 P2b 也蕴含了条件 P2。接下来证明如果条件 P2b 被满足，才能解决共识问题。

假如某个序号为 m 的提议值 v 被选中了，那么证明任何由提议者提议的序号为 $n(n>m)$ 的值也是 v 就相当于证明任何由提议者提议的序号为 $m,\cdots,(n-1)$ 的值是 v。因为序号为 m 的提议值 v 被选中了，所以必须存在大多数接受者已经接受了这个提议值，记这个大多数接受者为集合 C。基于序号 n 的提议值，序号为 m 的提议值 v 被选中意味着 C 中的每一个接受者已经接受了序号从 m 到 $(n-1)$ 的一个提议值，且它们的值都为 v。此外，由于任何一个大多数接受者集合和 C 至少包含一个共同接受者，因此在满足如下 P2c 条件的情况下，可以得出序号 n 的提议值也是 v。

P2c：如果一个序号为 n 的提议值 v 被提议，那么存在一个大多数接受者集合 S 满足 S 中没有一个接受者已经接受了任何序号小于 n 的提议值，或者被 S 接受的所有小于序号 n 提议值中那个具有最大序号的提议值就是 v。

现在讨论满足 P2c 的情况，从而来证明序号 n 的提议值是 v。一个提议者提议序号为 n 的提议值必须先承认已经(或即将)被大多数接受者接受序号最大的提议值。由于预测提议值是否将要被接受者接受比较困难，因此这个提议者只是承诺不存在这样的情况，也就是说，要求接受者不能再接受任何小于序号为 n 的提议值，具体定义如下。

(1) 准备阶段。一个提议者选择一个序号 n，然后向每个接受者发出请求，要求接受者承诺：①小于序号 n 的提议值不会被接受；②已经接受的最大序号(序号小于 n)的提议值为 v。

(2) 接受阶段。如果这个提议者收到的承诺是来自大多数接受者的，它就提议一个提议值 v，序号为 n；如果收到的承诺中没有包含提议值 v(即②不成立)，它就提议一个自己选择的提议值 v，序号为 n。

在上述的定义下，我们得出这一结论：当且仅当一个接受者没有在准备阶段回复一个序号大于 n 请求的承诺，他就会接受一个序号为 n 的提议值。如果一个接受者在准备阶段接收序号为 n 的请求，而且他也回复过一个序号为 $n+1$ 请求的承诺，那么他将不再接受序号为 n 的提议值，并且直接忽略序号为 n 的提议值。注意，接受者必须记住已经接受的序号最大的提议值和其序号。因此，Paxos 算法分为两个阶段，每个阶段包含以下两个步骤。

阶段一

(1) 一个提议者在准备阶段发出一个序号 n 的请求给大多数接受者。

(2) 如果一个接受者收到的请求所包含的序号大于他之前回复过的请求的序号，则他回复一个不再接受的序号小于 n 的提议值以及一个他已经接受的序号最大的提议值 v。

阶段二

(1) 如果这个提议者收到来自大多数接受者的承诺，则他在接受阶段发送一个序号为 n 的提议值 v。

(2) 如果一个接受者在接受阶段收到一个序号 n 的提议值同时他之前没有回复过准备阶段序号为 $n+1$ 的请求的承诺，那么他将接受这个序号为 n 的提议值。

假设存在 1 个提议者、3 个接受者和 2 个承认者。图 4.4 展示了既不存在网络错误也不存在机器错误情况下的 Paxos 算法。其中 V 是指 $\{V_a, V_b, V_c\}$ 中最后的那个值或是提议者自己选择的值。图 4.5 展示了在有一个接受者因机器错误出现失败情况下，Paxos 算法仍然能实现共识。

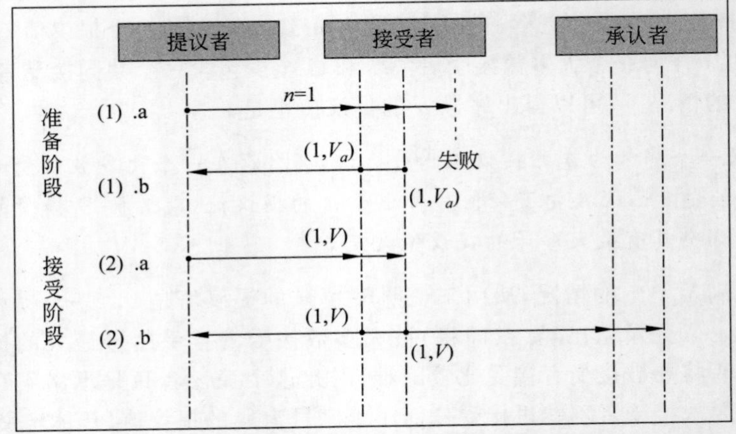

图 4.4 Paxos 算法交互过程：不存在错误的情况

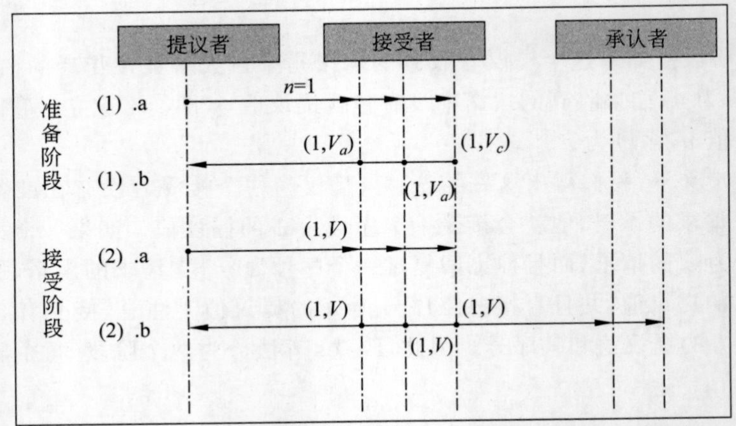

图 4.5 Paxos 算法交互过程：存在一个错误接受者的情况

4.4　Raft 算法

4.3 节解析了第一个实现共识协议的算法——Paxos 算法，它在过去的几十年内一直是共识协议的代名词，但是该算法本身晦涩难懂，这使得它很难投入实际的应用。一些著名的计算机科学家甚至在 2012 年的计算机网络顶级会议 NSDI(USENIX Symposium on Networked Systems,Design and Implementation)上表达了对 Paxos 算法的不满。于是，同样解决了分布式共识问题的 Raft 算法以一种更易理解的方式被提出。

Raft 算法被分解为 3 个子问题，分别为选举领导节点、日志备份和一致性问题。Raft 算法基于领导节点实现分布式节点对日志数据的共识，只要当前不存在领导节点，新的领导节点就会被选举。领导节点从客户端节点接收写入日志的新数据，同时发送消息同步其他节点的日志数据。在算法中，日志数据的数据项和它们的顺序是以状态机的形式进行更新的，一致性要求所有分布式节点的状态要保持相同。

在 Raft 算法中，分布式网络节点被分为 3 种，即领导节点(Leader)、随从节点(Follower)和候选节点(Candidate)。在正常情况下，领导节点只有一个，其余的节点都是随从节点。领导节点的职责在于接收并处理客户端的所有请求，随从节点负责响应领导节点和候选节点发出的请求。而候选节点用于产生新的领导节点。另一方面，Raft 算法给出了任期这一定义，任期是指任意时长的时段，同时有一个连续的整数标识。开始一个任期意味着新的领导节点从候选节点中根据大多数投票原则选举产生，被选中的候选节点就成为该任期内的领导节点。值得注意的是，由于在异步网络环境下，网络可能出现通信分片的现象，这样可能导致在分布式节点中不存在大多数投票选出的领导节点。在这种情况下，该任期被中断，新的任期被开启，这保证了在任何情况下，一个任期内都最多只有一个领导节点。

图 4.6 展示了节点在不同状态下的状态机迁移过程。每个随从节点各设置了一个任意随机时长的倒计时器(Election Timeout)，通常为 150～300ms。一般情况下，节点在收到选举请求或者收到领导节点的心跳(Heartbeat)信息时会重新设置计时器。首先，节点从加入网络开始，假设网络中还不存在领导节点，它们会首先成为随从节点。此后，在一个计时器结束计时之后，这个节点状态自动变为候选节点。这时一个任期开始，候选节点向其他节点发出选举领导节点的请求消息。假设该节点获得大多数(超过半数)的投票，则该节点状态就变为领导节点，以上的过程称为选择领导节点。在领导节点任期内，它持续给其他的随从节点定时地发送心跳消息，从而确保其他节点状态的一致性。当网络中不存在领导节点向外发出心跳包时，开启新任期，随从节点变成候选节点重新选择新的领导节点。注意，每次收到领导节点的心跳包时，随从节点都要重置计时器。若在一个任期内，同时又有两个随从节点变成候选节点，并且都收到同样来自其他节点的票数，那么这个任期被中断，新的任期被开启。Raft 算法根据轮数来进行，每一轮的节点状态都会被记录下来，如果出现新一轮的选举过程，则原来的领导节点自动降级为随从节点。如果候

选节点没有获得足够多的投票成为领导节点，在新一轮的投票发起前，也会成为随从节点，重新开始新一轮投票选举。

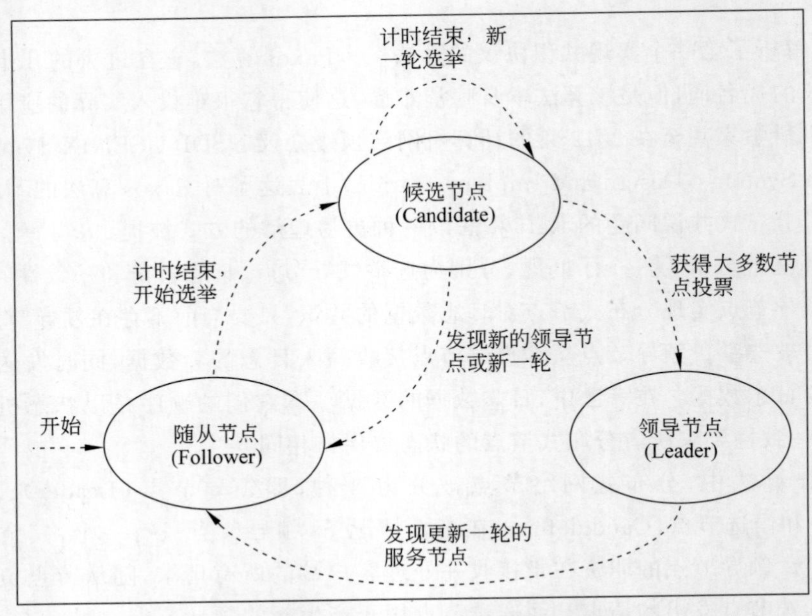

图 4.6 节点在不同状态下的状态机迁移过程

以上简要介绍了领导节点的选举过程，接下来我们简单介绍一下日志备份的过程。假设某节点经过选举投票过程成为领导节点之后，它可以控制整个系统日志数据的更新。假设当前有一个客户端发出一个“写入 5”请求时，领导节点接收该请求，在这个时候，由于“写入 5”请求还没有被其他节点收到，所以领导节点不能执行这个操作更新它的日志。它需要复制多份这个请求并发送给每一个随从节点，如果它收到大多数随从节点承认这个请求的响应，就执行“写入 5”操作，并告知其他随从节点在它们的日志中执行“写入 5”操作，这个过程称为日志备份。

具体地，每当网络选举出一个领导节点，网络中所有的日志更新操作都要同步到所有节点。每次领导节点接收到客户端的更新操作请求时，它便通过心跳包把更新操作请求发送给其他随从节点，等待其他节点响应请求。在大多数节点都响应请求的情况下，所有节点完成更新操作，领导节点把更新操作的结果返回到客户端。值得注意的是，在网络出现通信分片的情况下，所有节点的日志也要求保持一致。如图 4.7 所示，假设网络中存在 5 个节点：A、B、C、D、E。假定任期 1 选举出的领导节点为 B，还未发生分片的网络中 4 个节点都收得到领导节点 B 的心跳包。当随从节点 C、D、E 与节点 B 和 A 出现通信中断时，随从节点 C、D 和 E 由于没有收到领导节点 B 的心跳包，于是开启新一轮的选举。假设在任期 2 内，节点 C 变成 C、D、E 网络分片中的领导节点，那么整个网络就存在两个在不同任期的领导节点。假设现在两个分片网络的领导节点都有客户端向它们发送更新日志数据的操作，如图 4.8 所示。客户端 C1 向领导节点 B 发出“写入 3”的请求，由于领导节点 B 转发请求给其他随从节点时，不能收到大多数随从节点承认请求的响应，于是它不可以执行"写入 3"的操作。当客户端 C2 向领导节点 C 发出"写入 8"的请求时，领导节点 C 最终可以收到大多数随从节点的承认响应，于是更新日志操作成功。如图 4.9 所示，假设节点 A、B、C、D 和 E 可以通信，领导节点 B 收到任期序号更高的领导者 C 的心跳，于是停止发送心跳包。同时，节点 A 和 B 回滚它们没有收到承认的更新日志请求（"写入 3"的请求）且与领导节点 C 同步日志数据。

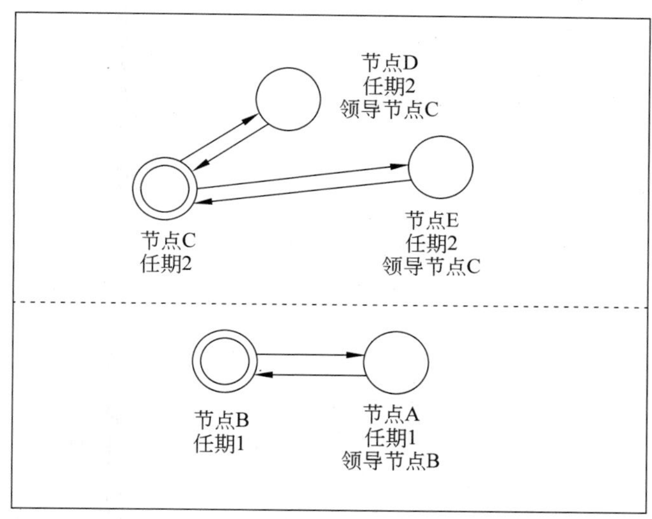

图 4.7　网络分片时领导节点情况

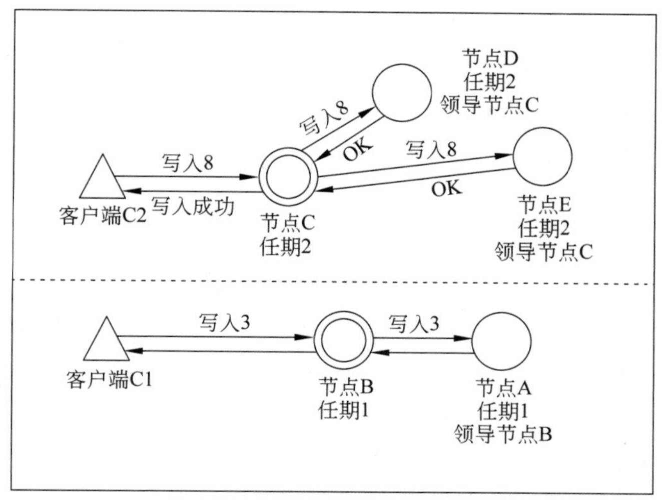

图 4.8　不同客户端分别请求网络分片中的领导节点

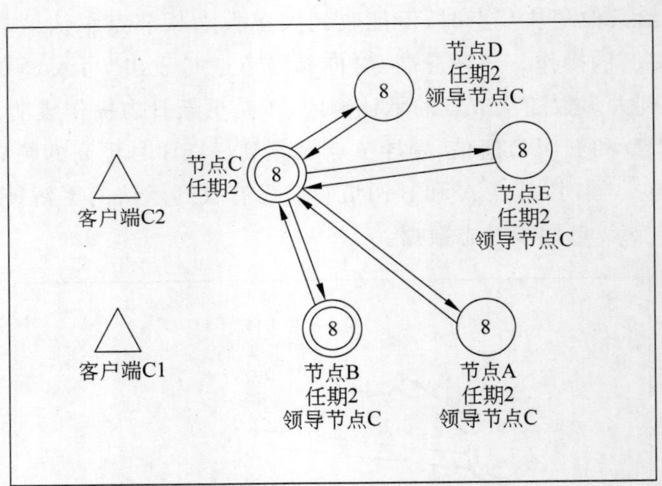

图 4.9 结束网络分片时的同步节点日志

4.5 拜占庭问题与算法

拜占庭容错指的是一个可靠的分布式计算系统必须能够处理计算过程中的任意错误,除了容忍 Paxos 算法中的机器崩溃而导致的错误以外,还包括网络拥塞和遭到恶意攻击引起的错误。从拜占庭问题很容易联想到拜占庭将军问题,假设有 n 个将军各自坚守在相互隔离的战地,通过信差相互通信并达成"进攻"或是"撤退"的一致性指令。然而,这 n 个将军中存在一些叛徒将军可能发送错误的指令,以此来阻挠所有忠诚的将军达成一致性指令的行为。计算机科学家 Lamport 教授形式化地证明了当叛徒将军至多为 $m(m>0)$,将军总数不小于 $3m+1$ 的情况下,所有忠诚的将军都获得一致的指令。他把拜占庭将军问题归纳为一个施令将军向其他 $n-1$ 个副将军发送指令的问题。这个过程要实现指令一致性必须满足以下两个条件。

(1) 所有忠诚的副将军遵循一样的指令。

(2) 如果施令将军是忠诚的,则每个忠诚的副将军都会遵循施令将军发送的指令。

Lamport 教授指出当存在 1 个叛徒将军、将军总数为 3 时,拜占庭将军问题不能解决。如图 4.10 中所示,施令将军和副将军 1 是忠诚的,副将军 2 是叛徒。施令将军向副将军 1 和副将军 2 发送"攻击"的指令,忠诚的副将军 1 报告"攻击"指令给副将军 2,而叛徒副将军 2 会报告给副将军 1 其收到的是"撤退"的指令。副将军 1 必须执行"进攻"指令,上述条件(2)才可以满足。

假设施令将军是叛徒,副将军 1 和 2 是忠诚的,施令将军发出"攻击"指令给副将军 1 而发出"撤退"指令给副将军 2,如图 4.11 所示。由于副将军 1 不能判断施令将军和副将军 2 哪一个是叛徒,因此对于副将军 1 来说当前的情况与上面讨论的情况其实是相同的,他都遵循"攻击"的指令。而对于副将军 2,为满足条件(2),他将执行"撤退"指令。最终,将军们不能达成一致性的指令,上述条件(1)不满足。因此,基于这个例子,推广到有 m

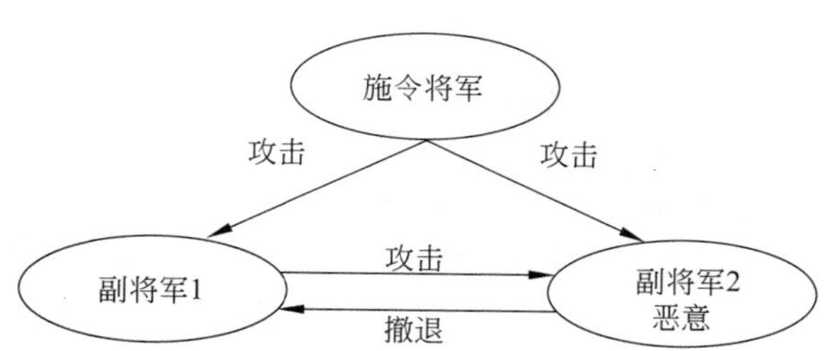

图 4.10　将军总数为 3、叛徒副将军为 1 的情形

个叛徒将军而将军总数少于 $3m+1$ 的情形时，解决拜占庭将军问题的方法是不存在的。

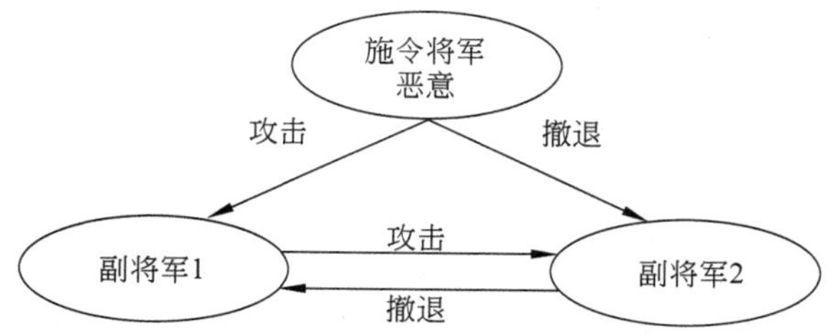

图 4.11　将军总数为 3、施令将军为叛徒的情形

接下来讨论在 m 个叛徒、将军总数不少于 $3m+1$ 的情形下解决拜占庭将军问题的算法 OM(m)。OM(m)算法规定一个施令将军使用口头消息直接向其他 $n-1$ 个将军发出指令。默认情况下，口头消息满足 3 个假设。

(1) 每条口头消息都被正确地传输。规定了叛徒不能干扰任意两个将军之间的消息传输。

(2) 接收者知道消息的发送者，不允许叛徒伪造其他将军发送的消息。

(3) 任何丢失的消息可以被检测到。允许将军发现叛徒不发送消息的行为，在这种情况下，接收者默认该消息为"撤退"指令。

此外，算法还定义了大多数投票函数 majority(·)用于从 $n-1$ 个消息 $v_1, v_2, \cdots, v_{n-1}$ 中获得大多数相同的消息 v，若不存在大多数相同的消息，则输出"撤退"。基于上述假设和大多数投票函数，算法 OM(m)的定义如下。

OM(m)定义：当 $m=0$ 时，算法执行如下的操作。

(1) 施令将军发送指令给每一个副将军。

(2) 每一个副将军执行从施令将军获得的指令，当没有收到任何指令时，执行"撤退"指令。

当 $m>0$ 时，算法执行如下操作。

(1) 施令将军发送指令给每一个副将军。

(2) 每一个副将军 i 收到施令将军的指令，记为 v_i，若没有收到任何指令，则记为"撤退"；每个副将军 i 作为施令将军执行算法 OM($m-1$)，向其他 $n-2$ 个副将军发送 v_i。

(3) 每一个副将军 i 收到从其他副将军 j(i 不等于 j)获得的指令，记为 v_j，若没有收到任何指令，则记为"撤退"。最后，副将军 i 执行大多数投票函数得出的指令

majority($v_1, v_2, \cdots, v_{n-1}$)。

实际上，OM(m)属于一种递归算法，递归调用 $n-1$ 次 OM($m-1$)算法，这 $n-1$ 次中每一次调用了 $n-2$ 次 OM($m-2$)算法，如此递归下去，直到 $m=0$。

为了让读者更易理解 OM(m)算法，图 4.12 展示了 $m=1$、$n=4$ 的拜占庭将军问题，4 个将军中，副将军 3 是叛徒，其他将军是忠诚的将军。首先施令将军执行 OM(1)算法，发送指令 v 给 3 个副将军；然后，副将军 1 执行 OM(0)算法发送指令 v 给副将军 2。同时，叛徒副将军 3 发送其他指令 x 给副将军 2，最后（上述定义(3)），副将军 2 获得了两个指令 v 和一个指令 x，因此，他通过大多数投票函数得出指令 v。

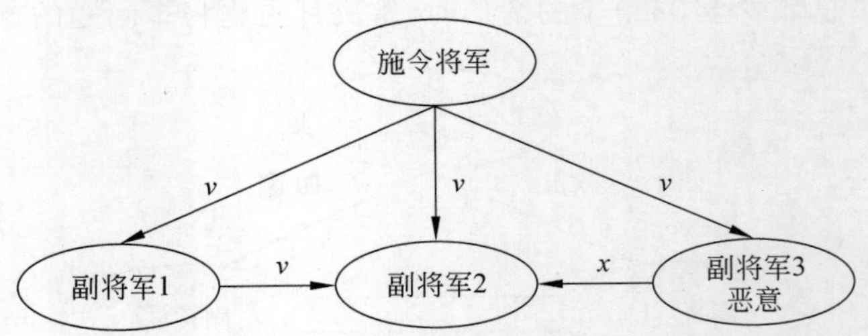

图 4.12　将军总数为 4、叛徒副将军个数为 1 的情形

为了证明 OM(m)算法的正确性，Lamport 教授提出了引理 1，并给出了证明。在引理 1 的基础上证明 OM(m)算法，Lamport 教授解决了拜占庭将军问题。

引理 1：对于任意 m 和 k，假如存在至多 k 个叛徒和不少于 $2k+m$ 个将军，则 OM(m)算法满足条件(2)。

证明：此处将采用规约证明方法来证明引理。前文条件(2) 定义了当施令将军是忠诚的情况下算法必须保证所有副将军都遵循施令将军发出的指令。基于假设(1)，OM(0)算法在施令将军忠诚的情况下满足条件(2)，因此该引理在 $m=0$ 时成立。我们现在假设 $m-1(m>0)$时也成立来证明 m 的情况。

根据 OM(m)算法步骤(1)，忠诚的施令将军向其他 $n-1$ 个副将军发送指令 v。紧接着，每一个忠诚的副将军在步骤(2) 跟 $n-1$ 个副将军执行算法 OM($m-1$)。假设 $n>2k+m$，我们得到 $n-1>2k+(m-1)$。根据规约假设，我们得出每一个忠诚的副将军 i 可以从每一个其他忠诚将军 j 得到 $v_j=v$。由于至多 k 个叛徒，且 $n-1>2k+(m-1)\geqslant 2k$，所以 $n-1$ 个副将军中大多是忠诚的。因此，在步骤(3) 中，每个忠诚的副将军 i 得到指令 $v_i=v$，其中 v 是由 $n-1$ 个副将军的指令得到的大多数结果。综上所述，引理 1 得证。

定理 1：对于任意 m，假如存在至多 m 个叛徒且将军总数不少于 $3m$，OM(m)算法满足条件(1) 和(2)。

证明：此处同样采用规约证明方法来证明定理。在不存在叛徒的情况下，可以很容易得到 OM(0)算法满足条件(1)和(2)。因此，我们假设 OM($m-1$)也满足条件(1)和(2)，从而证明 OM(m)，$m>0$。我们先考虑施令将军为忠诚的情况。当 $k=m$ 时(引理 1)，我们可以得出 OM(m)算法满足条件(2)的结论。如果施令将军是忠诚的,条件(1) 自然也满足。我们只需证明在施令将军是不忠诚的情形下,条件(1) 是否被满足。由于至多 m 个叛徒,其中包含施令将军,所以至多 $m-1$ 个副将军是叛徒。又因为将军总数不少于 $3m$,因此副将军总数不少于 $3(m-1)$,同时 $3m-1>3(m-1)$。基于规约假设,我们也得出 OM($m-1$)满足条件(1) 和(2) 的结论。因此,在步骤(3) 任意两个忠诚的副将军将从其他忠诚的副将军 j 那里获得同样的指令 v_j,这样使得任意两个忠诚的副将军获得同样的指令序列 $v_1, v_2, \cdots, v_{n-1}$,最后根据大多数投票函数得到同样的指令值 majority($v_1, v_2, \cdots, v_{n-1}$),因此满足条件(1)。综上所述,定理 1 得证。

4.6　区块链共识基本需求

前面主要描述了几种共识协议算法。不同的共识协议算法满足了在不同的特定分布式应用场景下的功能和安全需要。对于区块链来说,共识协议算法除了要保证区块链系统的基本安全性之外,还需要满足其他特性,本节将重点讲解区块链共识的基本需求,包括激励兼容、最终共识、活跃性、正确性 4 方面,如图 4.13 所示。

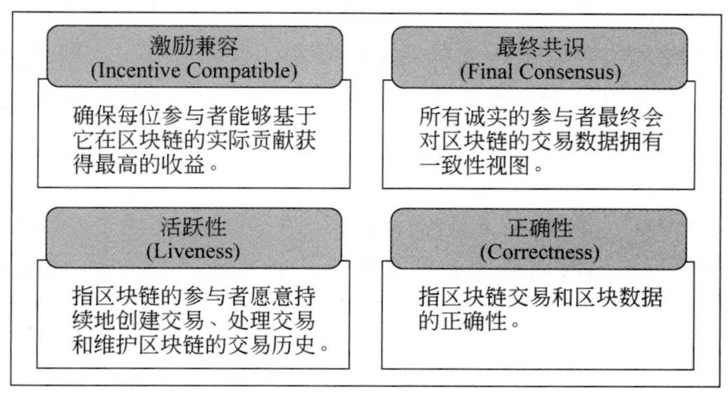

图 4.13　区块链共识的四大基本特性

4.6.1　激励兼容

区块链共识协议需要确保每位参与者能够基于他在区块链的实际贡献获得最高的收益,这称为激励兼容性(Incentive compatible)。在激励兼容的环境下,任何一个参与者不可以采取自私策略谋取更高的收益,否则,整个区块链的安全性不能得到保证。实际上,这一特性也体现了参与者节点在区块链获益的公平性,例如,在比特币中,矿工可以获得的收益与其在区块链上贡献的算力成正比,比特币的作者把这称为"一个 CPU 一个投票权"。

现实世界中对比特币的攻击,如自私挖矿(Self-mining)、女巫攻击(Sybil Attack),破坏了类似于比特币的区块链的激励兼容性。为提高交易吞吐量,有些区块链协议增加区块的大小和区块的生成速率,但这种措施也破坏了激励兼容性。这是因为当区块变大,该区块在网络中传播到所有节点的时间也变长。例如,网络中的参与节点可能还没收到之前的区块，新的区块就已经产生了，从而加重了区块链的分叉现象，破坏了激励兼容性。因此，如何设计支持高吞吐量又能满足激励兼容性的区块链是一个有挑战的问题。

4.6.2 最终共识

最终共识（Final Consensus）是指所有诚实的参与者最终会对区块链的交易数据拥有一致性视图，这主要是针对类似于比特币的区块链系统来说的，其他类型的区块链可以达到即时共识（Instant Consensus）。

在比特币区块链系统中，在大部分的参与者都是诚实的情况下，提交到块的交易数据被全网最终确认至少需要 6 个区块的确认时间，这就是最终的由来。交易用户要等待约 1 小时才能确信交易被最终写进了区块链，这使得比特币区块链系统不适合一些实时交易的场景，而实现即时共识的区块链则可以保证。即时共识指一旦某个区块被添加到区块链上，这个区块就再也不会被区块链抛弃。这类区块链的共识协议往往是基于传统的拜占庭共识算法实现的，属于这类区块链系统的包括 Hyperledger、PeerCensus 等。

4.6.3 活跃性

活跃性是指区块链的参与者愿意持续地创建交易、处理交易和维护区块链的交易历史。区块链的活跃性受两个因素的影响：①参与者的收益贡献比；②区块的生成时间与传播时间。第一个因素指对参与者的金钱激励，它应该与参与者对区块链的贡献成正比。在这一方面，不少研究者讨论如何合理地设置交易费来保证参与者能持续有动力参与区块链。如果交易费太低，且相应的交易又总能被处理，那么久而久之，交易用户就会不愿意支付高的交易费用，进而导致矿工不会有动力去积极地处理交易、维护区块链。另一方面，区块的生成速率与传播时间也关系到区块链的安全性，较高的区块生成速率和较长的传播时间都会降低区块链的活跃性。

4.6.4 正确性

正确性是指区块链交易和区块数据的正确性。对于一般的数字加密货币系统来说，最关键的安全特性是能够抵抗双重支付攻击。具体来说，签名算法保证了交易不能被伪造，同时有效的交易被添加到区块链后经过一段时间的确认时间最终成为被全网节点承认的正确交易，例如，在比特币区块链系统中，需要等待 6 个区块被确认的时间，大约为 1 小时。矿工通过竞争解答一个密码学困难问题，并生成一个正确区块，产生的区块的正确性被其他参与节点共同验证。

4.7 主要的共识算法

区块链共识机制保证所有参与者对全区块链网络数据达成一致共识，同时也确保和维持整个区块链的稳定性。随着不断的研究和探索，区块链已经发展了多种区块链共识协议，主要包括基于工作量证明（Proof-of-Work，PoW）协议、基于权益证明（Proof-of-Stake，PoS）协议、基于拜占庭容错（Byzantine Fault Tolerance，BFT）协议和混合协议。

其中，基于工作量证明的区块链共识协议计算资源耗费大，受网络传播延迟影响大，交易和区块不能得到及时的确认。基于权益证明的共识协议不同于基于工作量证明的共识协议，避免了消耗大量的计算资源，从而减少维护区块链的成本。基于拜占庭协议的共识协议能够实现交易的及时确认，不同程度上克服了共识协议在性能和安全性上的挑战，但它们依然难以满足低计算复杂度、低处理延迟等性能要求。

4.7.1　基于工作量证明的共识算法

在基于工作量证明的区块链共识协议中，所有参与者消耗他们的计算能力作为一种工作证明，公平竞争新有效区块的产生权，构建持续稳定的区块链。比特币的共识协议是第一个基于工作量证明的区块链共识协议，也称比特币协议。对于比特币协议的安全性，Juan A. Garay 等教授给出了严格的数学证明，定义了比特币协议的两个关键属性，即为公共前缀（Common Prefix）和链质量（Chain Quality）。他们还基于固定的参与者数量和网络高度同步的假设，在随机预言机模型下对比特币进行可证明安全的协议分析，得出比特币协议实现了活跃性、一致性和正确性的结论。继 Garay 等教授的工作之后，Aggelos Kiayia 教授定义了关于比特币协议的另一个数学属性，称为块生成率（Chain Growth），它表示区块链诚实者生成一个新区块的最小速率。他还形式化地证明了如果一个区块链共识协议同时满足公共前缀、链质量和块生成率 3 个属性，则基于该区块链共识协议的区块链系统是安全的。

参与工作量证明的矿工耗费大量的计算资源，旨在解决一个密码学困难问题以获得挖矿奖励。比特币协议运用了 SHA-256 算法。为抵抗 ASIC 攻击，Litecoin 把 SHA-256 算法替换为 SCRYPT 算法，由于它要求耗费更多的计算内存参与计算，因此相比于 SHA-256 算法，挖矿时间更长，从而抵抗 ASIC 挖掘。类似地，后续提出的 SCRYPT-N 算法能提供更强的抵抗 ASIC 攻击的能力。相反，变种币 Quark 和 Dashcoin 并非像前面提到的算法那样只采用一种哈希算法，而是分别由 9 种和 11 种哈希算法串联组成。从本质上讲，这些采用多种哈希算法的协议，只要其中有一个哈希算法被解决，就表示得到了困难问题的解。因此，这些算法并不比只采用一种哈希算法的协议困难。而 Heavycoin 提出并联多种哈希算法来保证困难问题的安全性。以上提到的协议中，算力只用来穷举无实际意义的困难问题的解，从而造成了计算资源的浪费。为此，Primecoin 在共识计算中引入了寻找一系列大素数作为有意义的数学困难问题。

在基于工作量证明的区块链协议中，分叉是不得不讨论的安全问题（见 2.1 节）。它表现为受区块链网络传播延迟的影响，两个参与者几乎同时找到了困难问题的解。因而，比特币协议规定参与者选择最长链作为主链，而非主链上的块被丢弃。如果攻击者尝试分叉来执行双重支付攻击，攻击者不得不耗费更大的计算力延长比当前主链更长的链。另一方面，由于基于工作量证明的共识协议需要消耗大量的计算力，具有应用局限性。有些研究者对基于工作量证明的共识协议能否长久持续地维护区块链的安全存在一定的疑虑。于是，许多研究者开始研究实现低计算资源耗费的区块链共识协议，如基于权益证明和基于拜占庭的区块链共识协议。

4.7.2 基于权益证明的共识算法

基于权益证明的区块链共识协议不是基于参与者拥有的计算资源，而是参与者所拥有的资产(Stake)。一个参与者拥有的资产份额占区块链总资产份额的比率决定了其成为一个新块产生者的概率，这被称为公平性。类似于最长链选择机制，基于权益证明的区块链以积累了最多资产的链作为主链。

PPCoin 最早提出了基于权益证明的区块链共识协议，PPCoin 把币龄定义为一笔钱被一个参与者从拥有时刻开始到被消费时刻的总时长。拥有有效币龄资产的参与者共同维护区块链的安全，其中，一个拥有越多有效币龄资产的参与者更有可能成为新块的产生者。如图 4.14 所示，在 PPCoin 中，存在一笔特殊的交易，这笔交易与比特币的 Coinbase 交易类似，称为 Coinstake，主要是将区块的块奖励转入挖矿者的账户。Coinstake 的交易输入包含两部分：Kernel 输入和 Stake 输入。第一部分是类似于 PoW 中的困难问题计算，需要计算出一个满足某个大小的哈希目标值，只是该目标值在相对较短的时间内就可以实现。另一部分是用户的币龄输入，可以有多个。输入的币龄值越大，就越有可能生成一个有效的 PoS 区块。

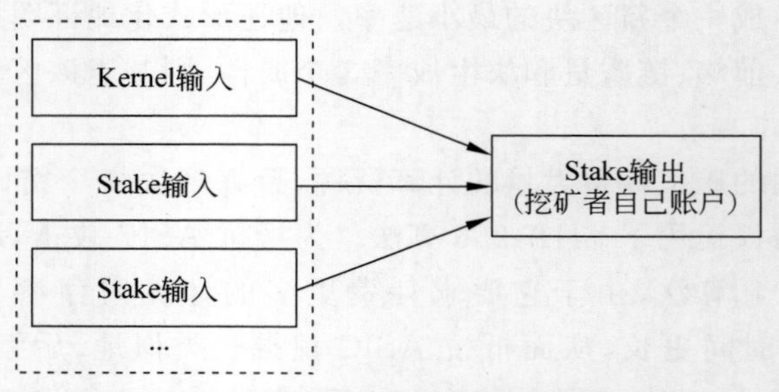

图 4.14 PPcoin 中的 Coinstake 交易

PoA(Proof of Activity)协议也是一种基于权益证明的区块链共识协议，在大多数资产拥有者都活跃且诚实的假设下，它采用 Follow-the-Satoshi 机制选择新块的产生者(也称领导者)。然而，多种攻击案例表明这种选择机制不能保证领导者选择的随机性和不可预测性。Iddo Bentov 等学者基于 PoA 协议提出了 CoA(Chains of Activity)协议，采用参与者交错参与的方式选择领导者，从而保证选择机制的随机性和不可预测性。图灵奖获得者 Silvio Micali 等人结合拜占庭共识协议提出了一种新的基于权益证明的区块链共识协议——Algorand 协议，在大多数参与者都是诚实且网络同步的假设下，Algorand 协议实现了强共识(Strong Consensus)，并且可保证以可忽略的概率不出现分叉。

4.7.3 基于拜占庭容错协议的共识算法

基于工作量证明的区块链共识协议不能确保交易数据达成即时共识，例如，在比特币协议中，参与者至少需要等待 6 个块的延续，才能确定最新块的前面第 7 个块的最终共识，这显然难以满足一些应用场景对于交易实时性的要求。拜占庭共识协议可以满足强共识的特性，这使得许多研究者应用传统的拜占庭共识协议来设计新的区块链共识协议。

总体来说，基于拜占庭的共识协议优化了交易处理延迟和消除了分叉，实现了即时共识，从而加强了区块链的稳定性。

Ripple 协议基于拜占庭协议实现了异步网络环境下秒级的交易确认效率。Discoin 在比特币的基础上实现强共识，使得提交的交易能够及时被确认，消除了比特币协议中确认交易所耗的等待时间。虽然基于这些协议能够保证强共识，但是它们延续了传统拜占庭协议的局限性，如限定的参与者数量和可延展性差的特性，这是因为传统的拜占庭协议往往定义了参与者身份管理机制，并在共识的过程中只维护活跃参与者的参与关系。另一方面，这种特性使得构建的区块链需要对参与者进行身份验证，例如私有链和联盟链。

目前，已经存在相对成熟的实用的联盟链区块链系统，如 IBM 公司的超级账本(Hyperledger)和 Openblockchain。恒星共识协议(Stellar Consensus Protocol-abbr，SCP)也属于这类区块链的底层共识协议，它混合了基于工作量证明和拜占庭共识协议，提高了比特币协议的交易吞吐量，同时也降低了交易处理延迟。PeerCensus 在比特币协议的基础上应用拜占庭共识协议实现交易的及时确认，降低了交易处理延迟。不同于 SCP 假设同步的网络通信环境，HoneyBadgerBFT 协议在性能上保证了高吞吐量和低交易处理延迟的同时也兼容了异步的网络通信环境。具体地，该协议利用原子广播协议实现可靠的消息广播，使用异步的二值拜占庭共识协议实现消息的强共识。

4.7.4　委托权益证明

2014 年，Daniel Larimer 教授提出了基于委托权益证明(Delegated Proof-of-Stake，DPoS)的共识机制，该机制具备高扩展性并被应用于多个区块链项目，如 BitShares、Steem、EOS、Ark、Lisk 等。DPoS 共识由 PoS 衍生而来，它不像原来的 PoS 协议那样要求所有参与者都来验证一笔交易，而是委托给少数参与者验证。每一个权益拥有者都具有投票权，权益拥有者的票数用于表决并产生一定数量的代表(类似于矿池)，代表之间的权力是完全相等的，他们随时都会被投票的方式所更换，从而确保链上系统的“长久纯洁性”。具体来说，DPoS 共识协议包含 4 个步骤。

(1) 区块链的权益拥有者投票选出少数块的生成者(通常是奇数数量的生成者)，其中，权益拥有者的投票数与其所拥有的权益成正比。

(2) 被选中的块生成者在规定的时间区间内产生块，若某个生成者产生区块失败，这个区块就会被放弃，其中的交易将流向下一时间区间的区块。

(3) 对成功生成块的生成者发放奖励。

(4) 在下一时间区间开始之前，权益拥有者重新投票选择块生成者。

实际上，实现高扩展性的区块链并不简单，主要在于设计高扩展性的共识协议并不容易。DPoS 机制之所以具有高延展性，一个主要的原因在于区块的生成和验证由少量参与者来完成。依据“扩展不可能三角”问题的定义，DPoS 是牺牲了区块生成的去中心化性来获得高扩展性的。

4.7.5　其他共识算法

前面介绍了几种主流的区块链共识算法。然而，要设计既满足性能上低计算复杂度、低交易处理延迟和高扩展性，又能保证区块链系统一致性和活跃性的区块链共识协议一直是一个巨大的挑战。为了解决该问题，许多学者在此前基础之上，提出了其他的共识算法。

此外，通过应用不同的密码学技术和融合前面提到的几个共识协议的共识算法，许多新的区块链共识算法先后被提出，它们有些混合了工作量证明和拜占庭共识算法，有些结合了权益证明和拜占庭共识算法。例如，SCP、Ouroboros、Ouroboros Praos 和 OmniLedger 协议，都旨在克服区块链在性能和安全性上的挑战。

4.8 本章小结

本章主要介绍了传统经典的分布式共识协议算法，如 Paxos 算法、Raft 算法和拜占庭算法，针对算法的共识过程进行了描述。此外，本章解析了在区块链环境下的共识算法需要具备的 4 种主要特性：激励兼容、最终共识、活跃性和正确性，这些特性可以作为评判一种共识算法是否能确保区块链稳定持续运行的重要依据。最后，介绍了几种主流的区块链共识算法，向读者展示了区块链共识算法的基本演变过程。通过本章的学习，读者可以首先对分布式共识协议有基本的认识，然后基于此认识来帮助理解区块链中的共识算法。

4.9 练习

1. 如何用 CAP 原理来理解主流的区块链共识算法（如 PoW）？CAP 原理对设计一种区块链共识有何指导作用？

2. 使用 CAP 原理的 3 个特性分析所熟知的分布式系统。

3. Paxos 算法和 Raft 算法的错误节点分别指的是什么类型的错误？

4. 简述拜占庭算法的核心思想以及具体过程。

5. 考虑拜占庭算法的容错阈值，拜占庭算法的最少参与者数为多少？

6. 最终共识性对一个区块链系统有什么影响？

7. 比特币网络的基于工作量证明的共识协议（即 PoW 协议）是否满足激励兼容、最终共识、活跃性和正确性这 4 个特性？

8. 保证了区块链共识算法的正确性的密码学算法有哪些？

9. PoW、PoS、PBFT 和 DPoS 这 4 种共识协议的优缺点是什么？

10. 设计一个私有链环境下的共识协议，并根据 4.1 介绍的设计安全区块链共识性必须考虑的 6 方面描述其特点。

第5章

区块链安全与隐私

区块链技术为现代数字化世界提供了一种构建信任机制的分布式账本方案,然而由于其自身技术的不完善或在应用过程中的不恰当使用,使其存在着一些与传统技术不同的安全问题。首当其冲的就是数字货币领域,该领域作为区块链的核心应用,安全事故不断出现使得安全与隐私问题受到广泛关注,例如钱包客户端漏洞缺陷、交易所遭受的黑客攻击及智能合约漏洞等,这些问题已经造成了数以亿计的经济损失。

从本章开始,我们将会介绍区块链的安全与隐私问题及其相关技术。本章首先从总体层面来探讨有关区块链的安全目标,其次就存在于区块链各层级之间的主要安全问题做出介绍。在随后的章节中(第6～10章),将按照不同层级来详细分析每层中所存在的安全问题和相关的应对措施。

5.1 区块链安全与隐私威胁概述

近年来,区块链的快速发展使其在各类场景中的应用越来越多,但应用中存在的安全问题也日渐凸显。例如,发生在区块链以太坊中的重大安全事件:2016年6月,黑客根据以太坊The DAO项目代码的编程模式,使项目的弱点完全可知并加以利用,盗取了所有的项目资金,造成了巨大的经济损失;2017年7月,攻击者利用与The DAO相似的攻击手段盗取了以太坊Parity钱包约3000万美元的以太币(ETH);2018年1月,由于黑客的攻击造成Coincheck数字交易所上的NEM被盗取,经济损失超过5.2亿美元。另外,矿池也被攻击者利用来发起攻击,攻击者通过生成挖矿木马入侵受害者的计算机进行挖矿。直至2018年5月,挖矿木马入侵了数十万台主机进行挖矿获利千万美元。

如图5.1所示,据BCSEC调查数据显示,区块链相关的安全事件在2017年之后直线增长,截至2019年3月,由区块链安全漏洞引起的经济损失已经超过30亿美元,并且损失金额还在连年攀升。

本节以保密性、完整性、可用性、可控性和不可否认性为依据,将区块链相关的安全问题划分为数据安全和隐私泄露两方面,隐私泄露之所以单独作为一方面进行分析,主要在于区块链自身的特性在一定程度上已经保证了数据的完整性和不可否认性,因此其安全分析主要集中在保密性和可用性(可扩展性、交

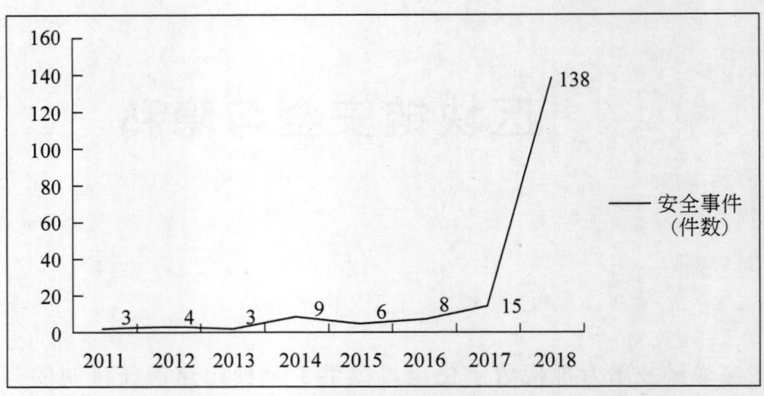

(a) 区块链相关的安全事件统计

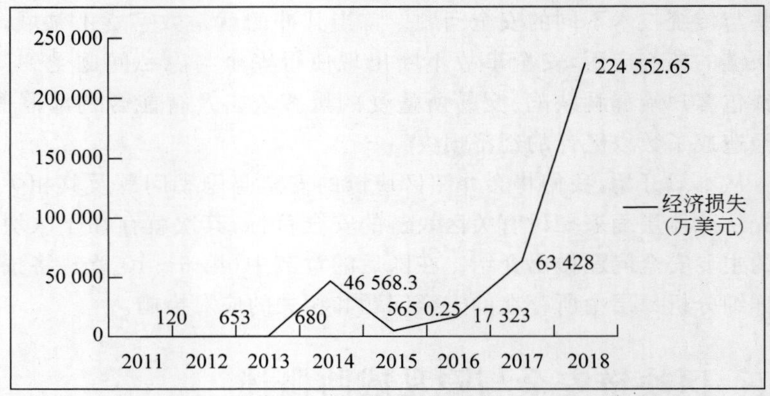

(b) 区块链安全造成的经济损失统计

图 5.1 区块链安全事件数量以及经济损失统计图

易吞吐量等)方面。

5.1.1 区块链数据安全威胁

区块链之所以能够在以数字货币为代表的应用领域中大放异彩,同时也能够得到其他应用领域的广泛关注,是由于区块链系统具有去中心化、可追溯、不可篡改、不可伪造、不可否认和可编程等特点。然而,区块链在安全和隐私方面的挑战仍然制约着区块链的快速发展。

首先,区块链是集信息安全与隐私保护于一体的新型技术,其相应的安全评估检测方法还处于发展过程中,这些技术(包括共识算法、激励机制、智能合约等)在某些关键环境下存在一定的安全隐患,并且已有的安全检测手段还无法完全应用到区块链中。例如,共识协议中的攻击问题:在 PoW 中存在的问题是集中 51%算力攻击的问题,即攻击者若获得了整个区块链网络的 51%算力,就有控制整个区块网络的能力,其中也包括篡改和伪造。在比特币应用中,上述提到的 51%的攻击问题带来的后果是攻击者可以实现双重支付(Double Spending),于是提出了 PoS 协议来替换 PoW 协议,上述协议的替换有效避免了某种程度上51%算力攻击的问题，然而新的问题会随之产生。现有的新的攻击问题有Nothing at Stake，此问题会导致共识节点不计成本地对区块链进行分叉处理，这样会造成区块链网络中不断地产生很多分叉。漏洞检测是安全问题的一个重要方面，从漏洞检测的角度出发，区块链无法提供有效的代码漏洞检测。例如在以太坊中，虽然提供了一些模板和测试环境以方便开发者开发智能合约，但由于智能合约逻辑的复杂性和分布式运行的特性，使得智能合约在代码的编写和密码模块的利用上不可避免地让黑客有可乘之机。同时，网络架构的不一致性使得传统的入侵检测技术无法直接适用到区块链系统中，这也是导致区块链上各种安全问题无法解决的重要缘由之一。其次，量子计算机、人工智能、大数据分析等计算机技术的快速发展同样给区块链带来了安全威胁。尤其是量子计算机的出现会对区块链的安全性造成巨大冲击，量子计算机一旦产生，任意大整数的快速分解从理论上就变得极其容易，破解长度为1024位的非对称加密密钥只需要很短的时间，一些传统的计算性理论假设不再成立，例如基于数论的困难假设不再是密码学上的“困难”问题。2019年10月24日，科技公司巨头谷歌的量子计算机研究团队在*Nature*发表论文，此论文正式向世界宣告量子计算机已被成功研发，该计算机可以有效解决当前计算机不能解决的难题，量子计算机只用3分20秒就可以完成当前第一超算需要计算10 000年的实验，这也表明基于传统非对称密码学的区块链技术在安全性上面临挑战。

此外，区块链的理论安全与实际应用安全之间还存在一些鸿沟。2014年，Juan A. Garay、Aggelos Kiayias和Nikos Leonardos 3位教授最先给出了有关比特币区块链的安全形式化分析和证明，列举了比特币有关的两个安全特性：公共前缀和链质量并通过协议分析得出比特币协议实现区块链的3个特性（活跃性、一致性和正确性）。虽然从理论上分析区块链的网络安全性比较高，但实际网络环境、用户自身安全意识和黑客主动攻击等方面的问题，仍然给区块链系统的应用带来了不可低估的安全威胁。鉴于区块链采用的网络结构是不同于传统的P2P结构，攻击者无法通过控制少部分节点的方式来实现对整个网络控制，但是由于实际网络部署时，各个节点之间配置的安全防护等级不同，导致攻击者可有针对性地从低安全防护等级的节点开始发起攻击，通过控制大多数节点阻碍区块链系统的正常运行。另一方面，用户在使用过程中对密钥的管理不严格，安全意识不足，或被钓鱼网站所诱骗，丢失自己的密钥，也会引发安全问题。以金融领域为例，由于区块链与金融紧密关联，相关的用户或者机构成为黑客的重点攻击目标，而一些传统用户应用层的攻击手段在区块链技术中依然可行，因此就其存在的安全问题，不论是用户自身引发的还是传统攻击手段引起的都不可忽视。

最后，匿名性、去中心化、防篡改性、自治化等特点虽然是区块链的技术标签，但与此同时也给区块链系统的安全监管带来了一系列难题。

(1) 区块链的匿名性使得区块链网络系统中发生的漏洞利用等安全事件以及骗取数字货币等网络犯罪的溯源难度增加。当非授权用户利用区块链技术进行违法犯罪活动或者对系统实施攻击使得系统变得不安全时，系统很难追踪并从系统中剔除恶意用户和攻击者。例如勒索病毒，黑客利用操作系统漏洞将用户的文件进行加密处理，需要用户发送一定量的比特币来获取解密密钥。虽然比特币地址在用户交易的过程中是公开的，但其较高的匿名性使得无法链接到现实中的非法参与者。

(2) 区块链的去中心化特性导致攻击者可以在更多方面进行攻击,使得系统的安全监管的难度增大,基于区块链的分布式存储模式,数据存储在不同的节点而不是集中式的服务器,且用户的通信传输方式为点对点,不需要通过可信的集中服务器或平台,因此用户交易过程中很难获取监管数据,监管的技术接口也难以实现。

(3) 区块链的防篡改特性为恶意信息的传播提供庇护,使对数据内容的监管变得异常困难。具体地说,攻击者通过交易的方式向区块链中写入一些非法信息,利用区块链自身的同步机制实现非法信息的迅速传播,由于防篡改特性使这些非法信息难以被删除,加大了互联网监管的难度。

(4) 数据安全责任边界不清晰。在实际应用中,节点通常指的是区块链平台、应用系统、数据所有者等实体,区块链中的这些实体互不信任,这会导致在出现安全问题时,难以划清安全责任界限。

总而言之,区块链本身存在诸多亟须解决的安全问题,这些问题随着区块链应用技术的迅速发展变得更加突出。因此,确保区块链的安全性是当前区块链广泛应用面临的最棘手的问题之一。

5.1.2 区块链隐私泄露威胁

5.1.1 节主要从与区块链相关的一系列安全问题进行了阐述,与此同时,由于区块链在各个应用领域迅速的扩展延伸,使其在隐私泄露方面的问题也受到广泛关注。区块链技术之所以能够迅速发展并应用到相应的各领域,其优势在于数据的存储和处理不依赖于某个中心节点,从而避免了单点故障和权限滥用的恶意行为,是传统的中心化架构、集中式服务无法比拟的。然而,区块链中的数据需要分布式网络中的各个节点来共同维护,从而达到一致性共识,因此交易中的信息需要公开,让所有节点都能进行验证,这就使得区块链(主要指公有链、联盟链)上的公开信息毫无隐私可言。

1. 身份信息泄露

公有链没有准入机制,任何节点(包括攻击者节点)都可加入网络中进行数据维护,监听区块链网络节点之间传输的数据。因此,当攻击者想要推测出某个交易者的身份信息时,首先分析获取到的交易数据,其次通过给出的背景知识,将二者结合得到最终的交易参与者的真实身份,上述攻击可以成功的原因在于区块链上交易数据是可以关联的。通过交易的关联性关系,攻击者可以削弱区块链地址的匿名性,甚至暴露用户的真实身份。例如,Alice 在某个区块链交易平台上购买了一个比特币,它利用信用卡来进行支付,由于在美国 2000 美元以上的交易都需要实名,因此实名制使得攻击者可以通过交易的地址、金额和时间等相关数据从支付地址关联到实际支付人,从而达到获取交易者身份信息的目的。

数据挖掘技术为攻击者得到关联的交易地址提供了可能性。具体地,攻击者可以通过分析交易与交易之间的关系,得到某个地址的所有相关交易数据流。由于每笔交易都记录了所有的输入地址和输出地址的信息,通过对特定地址进行检索,就能够发现该地址的全部相关交易,只要任意一个地址对应的用户真实身份信息被暴露,其他所有和该地址有关的地址都可能属于这个用户或相关用户，会致使更多的用户隐私数据泄露。此外，区块链服务提供商也有可能存在某些漏洞被攻击者利用，泄露用户隐私。如 2015 年，比特币论坛 Bitcointalk 就遭受网络攻击，被攻击者窃取了 49.9 万用户数据，包括用户名、密码、电子邮箱等。

数据的公开透明既是区块链技术的优势，也是区块链技术的劣势，它使得敏感信息得不到保护，通过从区块链网络中提取有价值的敏感数据，联合不同网络和平台下的用户数据，即使用户的交易费用通过比特币进行支付，也无法保证其隐私的安全性。具体地，通过利用区块链浏览器，与比特币相关的每笔交易信息都是公开可查询的，包括资金流向（即发送地址、接收地址）、交易金额、交易时间等。虽然用户使用的是匿名地址，无法直接利用交易地址查询到交易者真实的个人信息，但要查询到用户的真实信息还是有迹可循的。根据现有的研究表明，即使通过隐私保护的方法实现身份隐私，但是利用数据挖掘等手段对比特币交易信息统计分析，同时结合一些现实非比特币的交易记录，能够确认出 40%的比特币用户的真实信息。因此，简单地通过比特币的地址来实现用户交易的匿名性，这种匿名体制是不完善的，确切地说，是一种伪匿名性。

2. 交易数据泄露

大数据分析处理技术不断进步，基于大数据挖掘的分析技术可以将用户的真实身份和资金使用情况识别出来。《纽约时报》曾报道，根据用户的购物习惯、消费记录、出行数据等信息，可以准确地预测个人的隐私信息。例如，数据分析师可以通过用户的消费行为预测出某些女性购物者是否已经怀孕。一些看似无关紧要的数据可能揭示用户的敏感信息，而且一旦恶意用户出于经济利益等考虑去挖掘这类数据并进行非法利用，就很有可能损害其他合法用户的经济财产安全，甚至人身安全。

在区块链与其他具体应用相结合的情形中，会涉及大量高度隐私的数据。例如，在金融业务场景中，用户与银行之间的交易记录或者银行之间的相互交易记录都是极其敏感的数据，属于银行的核心数据，因此不论是用户还是银行，都不希望彼此之间的交易记录被其他非授权用户查看。此外，在医疗场景中，多个医院组成的联盟链可以有效促进数据的共享、有利于病情的诊断，但是个人病情同样属于极度隐私的数据，患者并不想将个人的医疗数据公开地放置在区块链环境中。由此可以看出，若想要区块链技术及其应用覆盖到其他的应用场景，隐私泄露应该是最先需要解决的问题。

区块链的多节点共同维护、公开透明等特性是把双刃剑，这项技术在带来安全性的同时，也造成了新的数据隐私性问题。第 4 章中的区块链经典理论——不可能三角，也即中心化、可扩展性和安全性三者之间的相互制约关系。同样，对于区块链的隐私性（安全性）和性能（可扩展性）之间的权衡也一直是实际应用中需要考虑的问题。为了做到安全的隐私保护，势必会影响系统的可扩展性，如何实现在保护数据隐私的同时依然能够支持不同节点针对数据进行安全、高效地验证是区块链领域中的热点研究方向，如何更进一步地保障区块链的隐私性就成为该领域的重要问题之一。

目前，从两方面考虑，既能保护隐私同时兼顾性能，有一种解决的方法就是提升硬件性能，例如，可以采用具有隐私保护功能的硬件设备 Intel SGX 同时保障效率。SGX 是由英特尔公司开发的，旨在为商用计算机上进行的安全敏感计算提供完整性和机密性的指令集扩展，SGX 的核心技术是封装，即通过提供硬件安全的强制性保障将合法的运行软件封装在 Enclave 中，为软件的执行提供可信的环境，防止恶意者的攻击以及软件的越权访问，但此技术并不能对所有的攻击都能够识别和隔离，只能保证 Enclave 中运行数据的机密性和完整性。

通过密码协议来增强区块链的隐私性保护也是研究的热门方向，包括使用零知识证明、安全多方计算等技术来解决链上交易公开透明的问题。目前针对区块链隐私保护机制的研究按照层级来划分，主要包括网络层、数据层以及应用层 3 方面的隐私保护。

总体而言，区块链利用自身的优势为去中心化的分布式系统提供了强大的技术支撑，但是区块链本身会面临不同的安全问题和隐私威胁。为了满足实际应用的需求，需要识别这些安全问题，同时要引入有效的机制来避免安全问题的产生。

5.2 区块链安全目标

虽然区块链被证明了在满足一定的条件之后在理论上是安全的，这包括区块链所使用的密码学技术，但是在实现过程和应用过程中，由于开发者没有充分预估系统的使用环境，使得区块链系统遭受了各种攻击行为。区块链的安全性问题涵盖范围较广，从用户应用端到底层数据端都有安全问题存在。本节以区块链存在的安全问题为切入点，依次介绍区块链应用过程中包含的安全性问题。具体来说，区块链的安全目标是指利用一些现有的密码学技术手段和实施方法来保障区块链系统的应用安全，其中，应用安全主要涉及应用过程中的数据安全、共识安全、智能合约安全、内容安全、密钥安全、跨链交易安全、隐私保护以及具体的密码算法安全的设计和证明等，如图 5.2 所示。在上述的主要安全目标中，首先要实现的是数据安全，数据安全是其他方面各层级安全的基本前提。

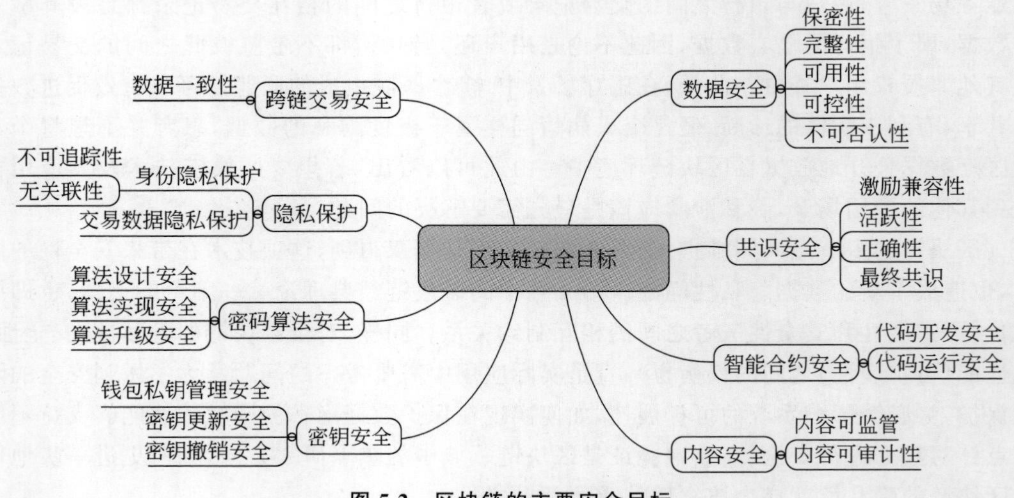

图 5.2　区块链的主要安全目标

5.2.1　数据安全

区块链实质上是一种去中心化的分布式存储系统，其保存有大量的与区块链相关的敏感数据，如用户的支付信息、交易过程、智能合约执行代码和具体的中间执行的状态等，如何保护敏感数据的隐私性是实现区块链安全的关键所在。下面基于信息安全方面的保密性、完整性、可用性、可控性和不可否认性 5 个特性定义区块链的数据安全。

1. 保密性

保密性是指避免合法用户或者实体的敏感数据泄露给非授权的或者恶意的参与者。在基于区块链的应用中，为了实现敏感数据的保密性，要求应用系统采用符合要求的、可靠的、具有安全性证明的身份认证算法、访问控制协议和安全审计机制。其中，身份认证算法是用来在计算机及网络环境中判断用户是否合法的一组认证规则，它是访问控制的基础。在传统的身份认证体系中最常用的方法是基于可信第三方的身份认证，主要是通过用户的口令或指纹等预存在平台的信息来确认用户身份。在区块链的身份认证中，每个区块或用户的加入方式和有效的身份鉴别认证方式都是确定的。例如，在公有链(如比特币中)，身份认证是通过验证用户是否有合法的私钥(即口令)来验证用户身份的。为了实现身份认证又不破坏匿名性，学者们利用零知识证明方法提供相应的身份认证服务，被称为 ChainAchor 框架，此架构使得合法用户的身份可以有选择地打开，因为每个参与者都拥有多个有效交易身份。访问控制是一种按用户预设的身份来设定用户对某些信息项访问权限的技术。此技术是实现访问控制的一种最基本的方式，它允许授权用户按照权限级别来访问或使用系统的资源，任何非法用户对系统资源的访问都会被禁止。一般来说，通过对数据进行加密来实现访问控制，合法用户只有拥有与加密公钥相对应的解密私钥，才能满足访问权限，解密查看信息。对于公有链，其访问控制是通过私钥来实现的。用户可以任意加入公有链中查看数据、发送交易等操作，但在联盟链和私有链中，它有一套严格的准入机制，用户需要获得其他节点的同意才能有权限操作和访问链上的数据。

审计监管是指区块链能够对非授权的数据泄露事件进行监管，包括事件的监控、分析和追责等。它主要从法律层面保障区块链数据的保密性，确保非授权的数据泄露等不安全行为得到相应的惩罚，从管理角度来控制攻击者的恶意行为。

2. 完整性

完整性是指数据接收者得到的数据和数据发送者发送的数据是一致的，即在数据传输的过程中没有遭受恶意者的篡改。区块链利用冗余性较大的分布式数据库系统来保障链上数据的不可篡改性。区块链中的完整性主要指用户发布的交易信息、智能合约执行的中间状态不可篡改和不可伪造。在区块链中，任何已经确认的交易记录都不能被修改，已经发生的所有行为不可抵赖，例如，区块链系统中的攻击者若进行双重支付，则此行为无法抵赖。对于底层数据，数据完整性通常是基于相应的密码组件实现的，如数字签名、哈希函数等。其中，区块链中最为典型的哈希值体系结构是基于默克尔树的，使其能够维护数据完整性，同时验证数据的有效性。在共识层面上，数据存储的一致性是依靠各类共识机制(如 PoW、PoS 等)实现的。

3. 可用性

可用性指合法用户可以对区块链系统中的数据随时地进行访问和使用。区块链系统的可用性首先应该具备抵抗单点故障和分布式容错的能力,使得系统在遭受各类攻击时仍然能够提供可靠的服务。同时,由于区块链网络主要是点对点的分布式结构,所以少部分的节点受到攻击或产生故障将不会对整个区块链系统的运行产生较大的影响,系统仍可以对外提供正常的服务。然而现有的一些攻击行为,例如自私挖矿,通过控制少部分节点来获取全网络超过 50%的资源,会影响区块链系统的可用性。此外,可用性还要求系统在遭受实际攻击时,能够在一定时间内完成修复和重构,保证系统的正常运行。其次,区块链系统的可用性还表现在能够为合法用户提供无差别服务,每个参与的节点都可以获得有效的、正确的数据,即使是新加入系统的节点也可获取相应的服务。

在限定时间内响应用户的访问数据请求是可用性非常重要的一方面,在区块链系统中有限时间内响应用户的访问数据请求的主要表现形式为可扩展性。可扩展性在区块链中要求系统具有低延时、高交易吞吐量等特性,考虑到区块链体系结构存在着不可能三角问题,为了使实现的系统具有更好的可扩展性,会在安全性、去中心化两个特性中牺牲某部分性能满足实际应用的需求。

4. 可控性

可控性指系统或数据在传输范围和存储空间的可控程度。对于区块链,可控性主要指区块链的数据在链上存储的可控安全程度。公有链中允许任何节点在任意时间都可加入,支持任意交易数据的发送,但是一定的匿名性使得非法的交易行为难以追踪。例如,暗网中有许多的用户利用比特币来进行黑市交易,甚至成为比特币的最大用户,这在一定程度上对区块链系统的可控性造成很大的冲击。因此,构建安全可控的联盟链更加符合数据安全的要求。此外,对于使用区块链技术的合法用户,可控性需要保证在不同个体之间,实现数字资产或数据在链上的安全控制权转移,防止非法用户对这些资产或数据的操作控制。

5. 不可否认性

不可否认性通常指用户不能否认自己发送信息的行为以及信息的内容,也称不可抵赖性,在此处是指用户无法否认在区块链系统中的操作行为。在区块链中,用户发送的数据都通过交易的形式被记录下来,一旦经过一定周期被确认后将无法修改。由于交易的产生与用户的地址唯一绑定,拥有该地址的用户无法否认其在区块链中所做出的操作行为。不可否认性要求在不同参与者之间,用户无法抵赖以自己身份参与所完成的操作,这需要与身份认证进行关联,同时系统支持安全审计功能,相关的审计日志需要被准确地记录下来。

5.2.2　共识安全

由于区块链网络中的节点包含个人计算机或移动客户端，与传统网络架构中的专用服务器相比，性能低、抗攻击能力差，所以这些节点很容易被攻击者或者恶意用户攻击。此外，在中心化架构中，管理者只需针对一台或者少数几台服务器进行重点保护，而在区块链网络，所有节点地位平等，很难对地理位置分散的众多节点采用相同的防护措施，这样攻击者可以选取安全保护较为薄弱的节点进行入侵，破坏区块链网络中数据的同步性。

共识机制用来保证区块链网络中的节点能够对某个提案达成一致，例如所有节点就某个区块可以加入区块链的问题，以此来确保区块链主链上数据的一致性，这是区块链的核心思想。区块链上的共识安全是实现数据安全的基石，起着重要的作用。保证区块链系统的最终共识、激励兼容性、活跃性以及正确性是实现共识机制的核心，也是衡量共识安全的重要属性。其中，满足最终共识是共识安全中需要保证的最基本特性。

最终共识是不同节点在共同约定的协议的保障下，整个系统对某些操作行为产生的结果的一致认同。在区块链系统中，满足最终共识要求在数据达成共识并存储到区块链后无法被更改。也就是说，所有节点的最终共识只有在主链上达成才能对各类攻击者行之有效，因为只有在主链上形成共识，攻击者就无法通过在分叉链上达成共识、抛弃主链来实施攻击。激励兼容性和活跃性主要是指在区块链网络中，要有足够多的节点持续地参与到区块链系统的维护过程中，这需要共识协议能够提供持续可靠的激励机制吸引节点参与。如果攻击者可以通过某种方式破坏共识协议的激励机制，这就会影响正常用户参与使用或维护区块链的积极性，从而在一定程度上降低区块链的活跃性。正确性要求共识协议能够抵抗双重支付攻击。虽然理论上需要达到 50%以上的算力才能控制区块链网络实现双重支付，但是在实际的网络环境中，攻击者通过使用一些如自私挖矿之类的攻击策略，在一定周期之后，可以将全网的算力往自己设定的这条主链上来运行，使得原始的这条链被废弃，已产生的交易转账信息也随之失效。造成双重支付攻击的策略有很多种，本书将在第 8 章中进一步描述。

5.2.3　智能合约安全

智能合约能够支持用户编写任意的代码逻辑，一旦部署之后，区块链网络中的任意节点都需要执行智能合约上的代码，且代码逻辑不可修改。当输入满足一定的条件后，合约就会自动运行程序，即使智能合约的发布者也无法阻碍程序的自动执行。正因如此，若存在漏洞问题无法通过传统补丁的方式去修改，只能重新部署合约，那么漏洞合约上涉及的金额也无法挽回。近年来，智能合约频繁出现漏洞，导致攻击案例层出不穷，给用户和社会带来了巨大的经济损失。

智能合约主要从软件代码层面来考虑其安全性。软件代码层面的安全由开发安全和运行安全两部分组成，同时，开发安全又包含逻辑安全和代码安全。逻辑安全即指开发人员首先应该在编写之前结合实际功能来设计符合逻辑的、简洁的、具有可行性的代码，因为代码出错的风险与复杂性是相关联的；其次，在代码编写的过程中要严格符合逻辑规范，避免在执行过程中出现规范错误导致异常退出的情况。代码安全即指开发人员在代码的编写过程中需尽量使用安全且目前较为成熟的开发语言，并且需要确保符合规范，合约和函数可以进行模块化管理，并养成使用安全库的习惯。此外，开发人员要准确地掌握黑客常用的攻击手段，从而在代码的编写过程中尽量避免此类型的攻击，同时了解常见的智能合约漏洞，对编写的合约进行仔细地排查，保证编译后的代码不存在这些漏洞。

运行安全作为一种安全保护机制，它能够随时保持更新，是对智能合约在实际虚拟机平台或系统中运行的安全保护。运行安全的基础是保持更新，即当有新的漏洞被发现时，要及时检查部署智能合约是否受到影响。当用到的库或者工具有更新时，智能合约也要及时更新，并使用最新的安全技术。若智能合约的漏洞问题、甚至被攻击者攻击出现在执行过程中，运行安全的要求是不会对本地参与区块链的系统或设备造成影响，这就需要做到隔离运行，即智能合约并不运行在本地系统上，而是运行在系统的隔离环境中，如系统虚拟机等，这样在很大程度上避免了本地支持智能合约运行的系统遭受恶意者的攻击。例如，以太坊为了实现代码在隔离环境中运行，专门提供了虚拟机供合约代码运行。同时运行安全也要求即使智能合约调用了有漏洞的合约，也不会执行异常。为了实现这个目标，需要确保智能合约在开发中尽量保证模块化，即合约逻辑简单化、代码函数模块化，且需要降低模块之间的依赖性，高耦合低内聚。使得智能合约能够通过接口的方式进行安全调用，并且达到阻止异常结果通过合约调用技术方式扩散到整个区块链的目的，在一定程度上有效地确保了智能合约的安全性和可用性。良好的模块化能够降低智能合约的复杂性，使得智能合约的设计、调试和维护简单化。

5.2.4 内容安全

内容安全是对数据内容本身的规范性要求，它建立在数据安全的基础之上，主要描述的是存储在区块链分布式系统中的数据要达到法律法规的要求和符合用户道德规范的标准，阻止和避免不合要求的内容在网络中传播。那么要如何解决有关内容安全的问题呢？主要的解决方式是有效控制不良信息在区块链上的传播和加强对信息的管理，探索对链上违法信息审核与用户隐私保护需求间的平衡，明确区块链开发者、区块链平台运行者、区块链使用者等不同角色的安全责任。

针对区块链内容的攻击的主要形式包括恶意信息攻击和资源滥用攻击。其中，恶意信息攻击是影响区块链内容安全的主要攻击形式，它指的是攻击者刻意向区块链中写入恐怖信息、虚假信息等。这些恶意信息利用区块链数据传播速度快、达成共识后不可修改等特性，可以很快传播到全世界，造成极大的危害。区块链中的恶意信息使得区块链会被杀毒软件结束正常运行，或者引起政治敏感等问题。资源滥用攻击指的是节点之间恶意频繁交互使得区块的数据量大幅度不可控制地增长，导致普通节点由于存储不足无法容纳区块数据。这就致使可以维护区块链稳定运行以及达成主链数据共识的可靠节点逐渐减少，从而区块链掌握在少数有计算资源、存储资源的大公司手中，从资源的存储和掌握情况可以看出这与区块链的去中心化的特性不相符合。以以太坊的资源滥用攻击为例，2017 年 2 月，攻击者利用大数量级别的垃圾交易信息来攻击以太坊 Ropsten 的测试链，通过阻塞网络信道的方式导致区块链系统无法正常工作。

因此，内容安全可控是将区块链系统应用于各个场景的关键。内容安全也影响着政府和社会对区块链技术的接受度。在公有链中，数据一旦被用户匿名地记录就无法再对数据做出修改和追溯。因此，探索基于联盟链架构的区块链应用场景对于规范内容安全更有意义，可以有计划地实施信息过滤、网络监测等技术手段为区块链的内容安全提供保障。例如，已有研究机构（阿里巴巴）申请了与区块链内容保护相关的专利技术，该专利表明政府等机构需要以第三方管理员的身份加入系统并获取区块链中的交易数据。与此同时，该系统具有与其他区块链系统不同的特殊功能，可以向区块链发布特殊处理指令，且系统中的其他节点对于特殊指令的做法是先确认其合法，确认后才能公布到整个区块链网络，此过程是对预先设定的监管执行的智能合约的调用。

5.2.5　密钥安全

在区块链系统中，若代表着用户身份和数字资产的私钥被泄露则意味着用户丧失了对自身拥有的数字资产的支配权和控制权。因此，私钥安全为密码系统安全运行奠定了基础，也为区块链系统正常运行提供了保障。如图 5.3 所示，私钥安全指的是私钥整个生命周期的安全，主要包括私钥的随机生成，安全存储、使用，以及撤销、更新等阶段。区块链中的私钥一般由非对称算法产生，例如比特币采用基于椭圆曲线算法的非对称算法。非对称算法密钥主要是由随机数生成器产生的，通常使用满足随机预言机（Random Oracle，RO）模型的种子来作为随机数生成的基础。私钥的存储常常通过软件或硬件的方式来实现。软件的方式包括以文件或字符串的方式存储在服务器环境中，硬件方式一般利用现有的芯片设备或安全装置作为存储密码的工具和载体。这两种方式都存在被黑客窃取或暴力破解的风险。

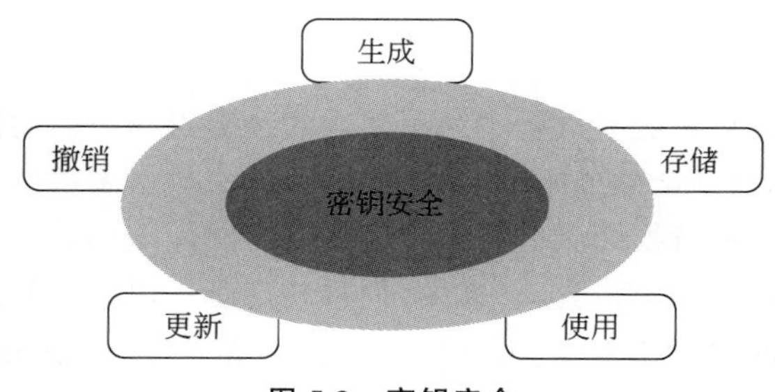

图 5.3　密钥安全

在私钥使用过程中，由于使用者可能遭受钓鱼、缓存侧信道等攻击，私钥将直接暴露给攻击者，这样会导致使用者失去对账户的唯一控制权。在基于中心化架构的传统应用系统中，若用户私钥丢失还可以向管理员提出申请并重新找回丢失的私钥。但在分布式的区块链中，没有管理员的角色来对参与交易的用户进行统一的私钥管理，所以用户自己就是自身私钥的管理者，而由于普通用户的安全意识不足，丢失私钥的情况就时有发生。这是因为区块链系统一般存在钱包客户端（有网页版或独立客户端版），采用传统方法对用户发起的攻击形式，在区块链应用中依然存在，用户一不小心就极容易中招。因此，如何保护用户私钥的使用安全是区块链系统在设计过程中需要重点考虑的因素。

为了保证高可用性，区块链系统需要支持私钥的动态操作，如撤销和更新等，然而现有的比特币等公有链并不支持私钥的更新和撤销操作，只能通过重新申请的方式将数字资产转移到另一个私钥所对应的公钥中。在实际的区块链集成应用场景中，需要考虑用户由于意外而丢失私钥的情况，可以通过线下实名的方式找回，这类似于银行密码丢失，用户通过户口或身份证来认证身份，重新设置密码。

5.2.6 跨链交易安全

1.6.1 节中的侧链技术是实现跨链交易的一种方式，目前还存在包括公证人机制、中继、哈希锁定技术、分布式私钥控制技术等方式来构造的跨链交易方案。跨链技术出现的主要目的是实现了区块链系统中不同区块链之间的互通。大量的区块链应用平台随着区块链技术的推广应运而生，为了防止信息孤岛情形的出现，造成链与链之间的数据无法互通，实现不同链条之间的信息交互就显得十分必要。每个区块链网络都是相对封闭的独立系统，节点内部都会互不信任，因此要解决不同链之间的互信问题就非常困难。一般可以通过解决两条链之间的双向锚定问题来实现链与链之间的交易，假设在 A 链上生成 B 链上的锚定币，那么需要同时将 B 链上等价的数字货币进行锁定，类似于 B 链上的数字货币跳转到 A 链上进行使用。在实际操作过程中，需要解决两条链之间应用程序互操作性以及数据的无缝更新性问题，保证两条链的实时、准确交互。如果是通过设计一种中间链来对接两条链的方式，例如 FUSION 公有链分布式控制权服务（Distributed Control Rights Service），利用锁入和解锁技术实现代币分布式控制权管理获得和解除，这一技术能够确保操作的准确性，防止两边同时都具有或都不具有对代币的控制权，保证跨链操作的原子性。

5.2.7 隐私保护

区块链系统中的信息在交易过程中为了实现各个节点间数据的同步和交易的共识是需要对外公开的，例如交易金额或中间状态。除此之外，攻击者可以通过用户交易之间的关联性对用户隐私信息进行推断。并且区块链系统中利用全局公开的账本存储所有用户的所有交易，因为存储账本是全局公开性的，使得攻击者可以很容易地获得交易的所有数据。通过分析交易中的关联关系，攻击者能够逐步降低区块链地址的匿名性，甚至能够发现匿名地址所关联的用户真实身份信息。因此，系统通过处理用户敏感数据减少隐私泄露的方式来保护用户的隐私。区块链中的关于数据隐私保护问题主要包含身份隐私保护和交易数据隐私保护。

（1）身份隐私（Identity Privacy）保护。身份隐私是指参与交易的用户的真实身份和交易记录之间的链接关系是保密的且无法关联的。实现匿名性保护是电子现金中身份隐私的核心问题。中本聪描述了理想电子现金的 6 个标准，其中就包括隐私保护，指的是用户与其交易之间的关系必须是任何人都无法追踪的。具体地，完全匿名的数字货币模型必须满足以下两个属性。

① 不可追踪性（Untraceability）：对于每笔交易的输入，都无法推测出是否由同一个人发起。

② 无关联性（Unlinkability）：对于区块链中任意的两笔交易输出，都无法链接到同

一个交易用户。

（2）交易数据隐私（Transaction Data Privacy）保护。在区块链中，除了区块头之外，其余的数据属于交易信息，它包括参与者的地址信息、交易金额、交易时间等。此外，对于以太坊这种支持图灵完备智能合约的区块链系统，如果构建一套去中心化的 DApp，交易还可以用来保存用户其他的信息，例如中间状态变量、交易总量等信息。交易数据隐私就是指这些交易中所包含的敏感记录。一般写入交易中的数据是否需要进行隐私保护是以用户的需求和场景而定的。

5.2.8　密码算法安全

随着量子计算机的迅速发展，这给传统密码算法协议的安全性带来了严峻威胁。研究抗量子计算安全的密码算法已经成为密码学领域的一个重要课题。同样地，由密码学底层构建的区块链技术也会受到巨大的冲击。目前，量子计算机的研发在全球各地科研工作者的努力下正逐渐成为可能。2015 年，对量子计算机有很深造诣的 IBM 研究机构研发了一台能够进行量子计算云服务的量子计算机，并免费对外开放使用权，尽管此台计算机仅仅含有 5 个量子位。2018 年和 2019 年，谷歌和 IBM 公司在美国物理学年会和国际消费电子展上先后推出了量子计算模型和量子计算芯片。另外，D-Wave 公司不甘落后，也积极推出量子计算机。因此，研究抗量子计算攻击的区块链技术迫在眉睫。

5.3　区块链层级分类安全

在 5.2 节的介绍中，主要介绍了与区块链相关的数据、共识等的安全目标。各个目标也说明了区块链在当前阶段中还存在着诸多的安全威胁，黑客的攻击手段层出不穷，如果在使用或者开发过程中不重点防范，则会出现相应的安全问题。此外，数字货币基于区块链技术去中心化的优势使得跨境交易的流程变得简单且交易效率提高，但各个国家对加密数字货币所持有的态度相差较大，缺乏国际上统一的规范，这也让监管区块链系统变得更加困难。因此，掌握已有的或可能有的安全问题对进一步开发和使用区块链技术非常重要。

如图 5.4 所示，可以将区块链系统分为应用层、智能合约层、共识层、网络层以及数据层。本节从五层结构出发，简要分析和列举每层可能遇到的安全风险。

（1）应用层主要功能是为了用户之间进行交互，实现分布式账本状态更新。应用层主要指各种区块链的交易平台、钱包客户端、Web 应用端等，主要关注私钥管理以及应用客户端等存在的安全问题。

（2）智能合约层是区块链系统的基础也是关键。关键在于它是用户用来实现去中心化 DApp 的主要模块，它封装了与应用需求相对应的逻辑算法和实现代码。基础在于它是编写区块链系统的主要组成部分，从非图灵完备的脚本代码（如比特币）发展到图灵完备的智能合约（如以太坊），但由于在开发过程或合约运行过程中的安全问题，导致在智能合约层中存在的安全威胁相对较多。

（3）共识层主要包括各类共识算法和激励机制，包括 PoW、PoS 和 PBFT 等共识算

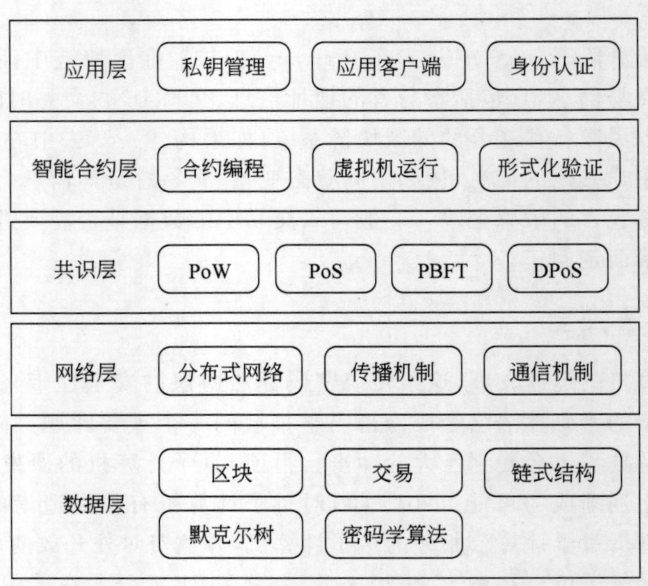

图 5.4 区块链层级结构

法。在实际网络的部署和共识算法的安全假设中存在一定的鸿沟,会导致节点之间最终共识的不一致性。

(4) 网络层主要由两个机制和一个网络组成,包括传播机制、通信机制和分布式网络等技术。对于网络层来说,它涉及的安全问题属于传统安全问题范畴,例如分布式拒绝服务(DDoS)攻击、日蚀攻击(Eclipse Attack)等。此外,网络层还关注隐藏网络节点的数据接口,有一种攻击方式是利用网络节点不该暴露的接口挖掘节点和用户信息,从而实现数字货币非法转移的目的,造成用户经济损失。

(5) 数据层主要涉及底层的区块、交易等数据的存储和管理。一般来说,数据层安全性是由密码学理论所支撑的,常用的密码学算法包括数字签名、哈希函数和零知识证明等。密码学算法经过许多年的研究和发展,技术水平已经较为成熟。但是,在一些具体的区块链项目,由于对底层技术不熟悉或者本身区块链平台的不完善,会造成项目中存在一些安全隐患。数据层作为区块链的底层基础构建,一旦出现漏洞等应用问题,就会给上层的应用带来严重危害。

1. 应用层

在应用层中,用户会与该层的各种应用程序进行直接交互,无须考虑底层的技术实现。一般来说,应用层与区块链具体的应用有着密切的关系,目前区块链技术的应用场景呈现出越来越广泛的趋势,典型的包括数字金融业务、数据版权保护应用、供应链管理等。数字金融类场景是区块链技术的早期应用方式,除了比特币以外,目前已经出现大量的竞争币,例如以太币、零币、门罗币等。用户可以通过各种各样的数字货币客户端实施交易,购买一些商品或者服务。这些数字金融类的应用都有各自对应的客户端,例如比特币有专门的比特币钱包,而以太坊也有专门的以太坊钱包。

区块链系统应用前景极为丰富，这也让区块链系统本身面临前所未有的挑战。应用层通常与区块链系统直接交互，因此它面临的安全挑战主要由以下 3 方面引起。

(1) 传统攻击威胁：传统针对 Web 网页或移动客户端的攻击方式在区块链应用层中也适用，恶意攻击者常常可以利用一些传统的攻击手段对区块链系统实施攻击，例如钓鱼网站、App 伪造漏洞直接盗取用户的个人私钥。所以，防御传统攻击是区块链应用层安全中需要解决的首要问题。

(2) 第三方服务漏洞：区块链系统还依赖区块链服务提供商和第三方中介机构。例如，用户为了管理自己的密钥，可能使用比特币钱包供应商提供的密钥管理服务，这样攻击者就可以利用后门攻击等方式窃取用户的密钥。

(3) 客户端开发漏洞：在应用客户端开发过程中，代码漏洞是一个难以完全杜绝的问题，特别是利用第三方进行开发，很可能产生越权漏洞或遭受供应链攻击等威胁。

2. 智能合约层

智能合约给用户带来了可编程的区块链应用能力，用户可以无须关心如何设计区块链底层协议(如共识协议、交易模式等)，只要具备一定的计算机基础都可以创建智能合约来构建去中心化应用，也可以通过调用智能合约接口的方式来使用去中心化服务。然而，智能合约技术给人们带来许多技术上的优势，但是使用该技术也不得不去应对诸多的安全挑战。主要原因在于，智能合约这一概念由来已久，但真正开始在区块链中使用的时间却不长，由于对其底层的运行机制和原理了解不深，对开发者和普通使用者还是极容易出现安全问题。据腾讯安全团队统计，2018 年上半年，仅仅由于智能合约漏洞而造成的直接经济损失就超过数十亿美元，智能合约技术当前面临的主要问题包括以下 3 点。

(1) 代码开发漏洞：大部分的智能合约安全漏洞是由于创建者在编写智能合约代码时无意识地埋下了安全隐患。区块链中的智能合约，如以太坊，默认采用的编程语言是 Solidity。由于合约代码和传统的 Java/C++ 等代码运行模式不同，导致出现了一套新的编程需求和规范，然而很多的开发者在还没有完全掌握该语言的情况下就发布了智能合约代码，导致被攻击者利用，造成使用者的经济损失。例如，有学者发现以太坊上有上百万个智能合约不符合 ERC-20 标准的代币(Token)合约，存在潜在的安全威胁。此外，也存在部分合约漏洞是创建者有意识地在合约中设置陷阱的情况，其利用使用者对合约的不熟悉来获取某种经济利益。目前，代码开发过程中产生的漏洞形式包括可重入攻击、交易依赖攻击、时间戳依赖攻击等。

(2) 验证机制不完善：智能合约目前还缺少有效的形式化验证机制来保证合约的运行安全。一般而言，一种语言的发展会伴随着各种的组件和工具的产生，主要是为了提供便捷的调用和安全性检查。区块链中的智能合约由于发展时间还不是很长，相应的生态还未完善，这也是导致智能合约出现安全漏洞的原因之一。

(3) 外部调用漏洞：创建者会依赖一些可信实体，通过提供对外数据接口来实现智能合约与外部系统的连接。预言机是区块链智能合约与外部 Web API 对接的实体，但是由于中心化的原因，其自身的可信度也存在疑问，而且容易遭受外部黑客攻击或发生自身单点故障的问题。

3. 共识层

共识层能够保证区块链的正常运行，是区块链的核心所在。共识层安全主要依据共识机制来确保区块链节点在复杂的网络通信模式中共享同一份有效的区块链视图，即它能够为全网对区块链数据的一致性提供保障。不同的共识协议或多或少都存在这样或那样的安全问题，现有的破坏共识层安全的攻击方式多种多样，如自私挖矿攻击、女巫攻击等，主要的原因包括以下 3 点。

(1) 缺乏形式化安全证明：共识机制的安全性依赖于网络实际运行环境，包括时序性、节点数量、资源(算力或权益)分布等因素。传统的安全性分析方法不能全部应用于区块链场景，造成共识机制缺乏有效的安全性证明。

(2) 安全性假设较强：与传统密码方案将安全性归结为计算困难问题不同，共识机制的安全性是基于假设节点的诚实比例，对于不同的区块链网络，由于加入节点的数量、能力等不同，诚实比例的数量很容易发生动态性调整，造成共识协议的安全假设不成立。

(3) 扩展性较差：可扩展性是区块链不可能三角重要的一方面，为了保证去中心化的特性，往往以牺牲区块链的可扩展性为代价，比特币就是最典型的例子，它要耗费 10 分钟才会生成一个新的区块，确认一批交易。如何改善区块链自身存在的可扩展性差的问题，同时保证一定的去中心化安全特性是目前区块链共识层重点考虑的方面。

4. 网络层

区块链系统网络层可以确保各个区块链节点之间通过点对点网络进行有效的数据传输。区块链网络采用 P2P 技术进行节点与节点之间的通信，具备去中心化、动态变化等特性。在公有链中，网络中的节点由关系平等的服务器构成，散布于不同物理位置的任何节点可以在任何时刻自由地选择加入或者退出区块链节点网络。典型地，如比特币网络就是建立在互联网基础之上，来自全球各地的任何节点可选择在任意时候退出。截至 2019 年 6 月，比特币网络的节点数量已经超过 5000 个，总体节点数量大约为 10 万个。

网络层中的安全问题主要是 P2P 分布式网络安全和隐私保护。在 P2P 分布式网络安全中，与传统的客户-服务器架构模式相比，P2P 分布式网络无法使用防火墙来实现内外网隔离或使用入侵检测技术来有针对性地进行防御，而且 P2P 中的节点由于安全等级和防护能力不统一，更容易遭受安全攻击。另一方面，根据分布式点对点网络的拓扑结构，可以依据网络通信的路由信息有针对性地发起攻击行为，例如，日蚀攻击就是这种攻击方式的典型代表，通过破坏目标节点与主网节点数据视图的一致性为其他攻击行为提供铺垫。

在网络层安全中，隐私安全问题表现得更为明显，尽管对区块链中传输的数据进行了加密处理，攻击者无法查看到明文信息，但是通信的路由信息显示了节点之间的源地址和目的地址，攻击者可以通过监听不同交易发起者的 IP 信息来推测出用户的隐私信息。

5. 数据层

数据层是在网络层基础之上，提供区块链数据的管理功能。一般来说，可以从 3 个层面理解数据库系统的可信度：存储可信度、处理可信度和外部访问可信度，如图 5.5 所示。

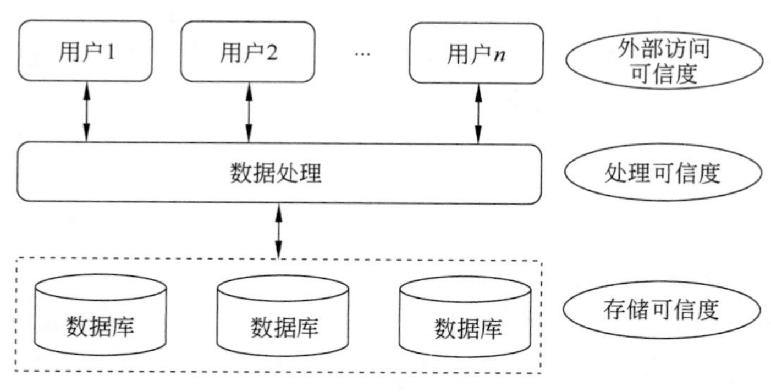

图 5.5 区块链数据管理结构

(1) 存储可信度：指当区块链上的数据结果被确认保存后会避免数据丢失或数据被篡改的情况。存储可信度要求系统能够提供传统数据库管理系统和事务处理中所要求的事务持久性，同时也要求数据库系统在出现存储错误、通信故障或遭受蓄意攻击时，仍可以保证数据存储的正确性。

(2) 处理可信度：指数据处理(计算)的正确性，也指数据处理过程和输出结果可审计与可溯源。即使通过共识算法来保证对于主链的共识，分布式的区块链网络架构也会由于网络延时、外部攻击等问题造成各节点在同一时间点上所看到的数据视图的不一致。因此，如何在保证数据处理正确性的前提下平衡性能是处理可信度重要的考量指标。同时，多节点验证机制和链式的数据记录方式天然支持了数据的可审计性和可溯源性。

(3) 外部访问可信度：指数据库的访问控制机制，允许具备访问权限的用户来操作和查看数据库，阻止非法用户查看和使用数据库中的数据。外部访问可信度依据不同的应用场景(如公有链、联盟链)，有不同的访问控制机制。

一般来说，对区块链数据层的恶意攻击包括以上 3 方面。区块链上的数据主要保存在各个区块上，区块与区块之间以链式数据结构的方式链接。区块链上的数据所面临威胁主要有资源滥用和恶意信息攻击。

此外，数据层中非常重要的一个方面是数据的隐私保护问题。区块链中的交易记录往往是公开可查询的，没有使用任何额外的数据保护技术对其进行保护。区块链交易记录或多或少地包含一些敏感数据，有可能泄露用户的隐私。

5.4 本章小结

本章主要介绍了区块链系统可能涉及的安全和隐私问题。首先,阐述了区块链中与安全和隐私相关的具体案例和潜在威胁,阐明区块链系统是一种分布式账本的本质,虽然在众多应用场景中已经能够使用,但仍然存在诸多的安全威胁。其次,从多方面阐述了区块链的安全目标,区块链安全的根本在于数据安全。最后,本章将区块链按照不同的系统层级划分,简要概括了各层次的安全问题。

5.5 练习

1. 区块链系统主要面临的安全问题包括哪几方面?
2. 分析说明相较于其他系统的数据安全,区块链系统的数据安全难度为何更大?
3. 区块链系统中所指的隐私保护主要包括哪些方面?简述相应的隐私泄露威胁。
4. 区块链的安全问题主要涉及哪几方面?其中核心的安全目标包括哪几个?
5. 区块链数据安全主要指哪些性质?简述每个性质的主要含义。
6. 区块链中的共识安全主要目标是指什么?
7. 密钥管理生命周期主要由哪几个过程组成?
8. 简述区块链的五层模型,以及每层在区块链系统中所起的作用。
9. 区块链系统中的智能合约层安全相较于传统的 Java/C++ 代码漏洞有哪些特殊性?

第6章 应用层安全

第5章简要介绍了有关区块链系统各层级中存在的安全和隐私问题。在数字金融、供应链、电子医疗等不同的应用场景中,区块链的应用层是作为第一层直接与用户进行交互的。由于应用层与用户的频繁交互性以及涉及的业务的多样性,应用层会成为攻击者的重点攻击目标,由应用层漏洞而造成的经济损失也触目惊心。本章将从应用层开始深入学习区块链在上层应用过程中存在的潜在风险问题。

6.1 应用层安全概述

根据白帽汇安全研究院BCSEC的调查,截至2018年,区块链应用层的攻击在所有攻击中占比为48.59%,带来的直接经济损失达到约21亿美元,其中有一些是众所周知的攻击案例。2013年11月,黑客通过邮箱账号入侵比特币在线钱包Inputs.io的代管账号,盗取当时价值130万美元的比特币。2018年3月,攻击者对虚拟货币交易所“币安”(Binance)发起攻击,导致大量的用户账户被窃取,然后利用这些被窃取的账户抬高自己持有的虚拟货币的价值来获取利益。由此可以看出,用户信息的存储以及交易的过程在应用层中都存在很大安全隐患,极易成为攻击者的攻击目标,如何提升应用层的安全性是迫在眉睫的一项工作。

根据攻击者的目标对象不同,应用层的安全问题主要体现在以下5方面:监管技术、私钥管理、客户端、交易管理和智能合约。以太坊作为第二大的公有链系统,其上运行了成千上万的智能合约,也承载了巨额现金货币的相关交易,任何一行智能合约代码的漏洞都会导致巨大的经济损失。截至2018年,应用层安全问题中受攻击次数最多的是智能合约(见图6.1),由于以太坊智能合约本身是一种新的开发语言,涉及的安全问题也非常多,因此本书将智能合约安全单独作为一章进行讲解(见第7章“智能合约层安全”)。本章将主要从监管技术、密钥管理、客户端安全、交易管理4方面来描述区块链应用层的安全问题。与此同时,隐私保护作为诸多应用场景中安全保障的基本要求之一,也是应用层安全的重要部分,本章也会针对主要隐私问题介绍一些可用的防御手段。

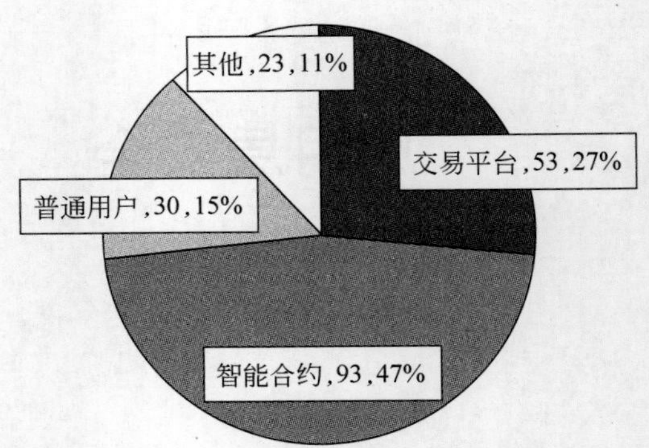

图 6.1 应用层易受攻击点统计

6.2 密钥管理安全

区块链中的私钥是用户进行数字货币花费的唯一凭证，它是这样的一个随机字符串：5KYZdUEo39z3FPrtuX2QbbwGnNP5zTd7yyr2SC1j299sBCnWjss，这串随机数直接关系着数字加密货币等资产使用的安全性。由于区块链中数字加密货币具有匿名性，攻击者只要拥有私钥就会成为对应数字加密货币的拥有者，可以随意地对数字加密货币进行转移和使用。私钥是作为保障区块链用户账户安全的重要屏障，一旦用户的私钥发生泄露将会导致巨大的经济损失。目前，由私钥的泄露造成的经济损失已达数百万美元。攻击者盗取私钥采取的攻击方式各不相同，其中较为经典的攻击方式包括字典攻击、撞库攻击、键盘记录攻击、缓存侧信道攻击、货币木马攻击。

6.2.1 字典攻击

字典攻击是指攻击者通过逐一尝试用户自定义词典中的可能密码而发起的攻击。对于比特币区块链，用户的地址并非公钥，在知道地址的交易中，如果想要获得该比特币需要经过以下 3 个过程。

(1) 通过词典查找的方式，随机生成一个私钥。

(2) 通过该私钥计算出对应的公钥。

(3) 通过公钥计算出对应的地址，并确认该地址是否与比特币地址一致，如果不一致则重新回到第(1)步进行计算。

理论上，攻击者通过上述过程来完成对私钥的字典攻击的成功率是非常低的，尤其是需要运行至少 3 次的 SHA-256 哈希算法。但实际上，由于一些区块链系统在设计过程中使用了不准确的助记词帮助生成私钥，导致攻击者很容易就通过弱的助记词生成用户的私钥。例如，rabbit 的 SHA-256 哈希值很容易计算：

d37d96b42ad43384915e4513505c30c0b1c4e7c765b5577eda25b5dbd7f26d89

如果攻击者建立一个数据量庞大的字典表，只要看到 rabbit 的哈希值就可以将其转换为初始文本，进而破解出用户私钥。在 2018 年曾发生相关的安全事故，旨在为商业级用户提供分布式应用的高性能、可扩展区块链平台的 EOS(Enterprise Operation System)区块链系统,被发现其账户存在字典攻击的潜在风险,主要原因是用户对 EOS 密钥生成工具使用不当。该工具支持用户通过自己选择的种子来生成 EOS 密钥对,然而用户使用了较为简单的字符串作为种子,导致攻击者可以通过自动攻击的方式生成用户的密钥。

如图 6.2 所示,用户为了方便记忆,通常会采用一些强度较弱的字符串作为生成密钥的种子。攻击者利用用户的这种行为习惯,通过统计分析建立字典表,有针对性地对某些字符串进行遍历查找,直到找到(击中)某个密钥对应的公开 EOS 账户,进而导致账户数字资产被盗。

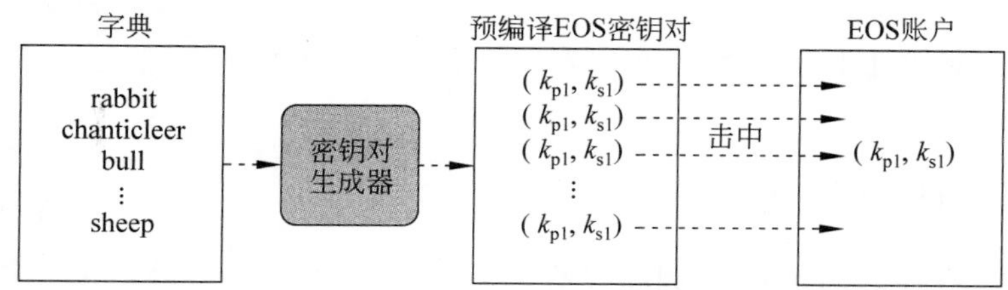

图 6.2　EOS 中字典攻击流程

6.2.2　撞库攻击

在互联网应用中,很多用户安全意识不足或为了方便记忆,对不同的系统都设置了通用的账户名和密码,攻击者通过盗取其中一个网站系统的使用密码,来尝试获取用户在其他网站系统的登录账号,这种攻击称为撞库攻击。在区块链中,这种潜在漏洞可以被攻击者积极利用,通过窃取用户在其他网站系统的登录账号密码来推测出用户的区块链账号私钥。

在 6.2.1 节的 EOS 例子中,用户可以使用简单的助记符生成私钥,其他的区块链平台由于密码设置相对复杂,需要加上一些特殊符号。但是,很多用户在设置其他平台的账号时为了方便记忆,使用和 EOS 一样的字符串,再添加特殊符号,例如 rabbit@123。这样攻击者可以发起字典攻击盗取到用户的账号,再利用盗取的 EOS 密钥加上一些特殊字符,通过尝试登录其他区块链系统是否成功判断私钥是否正确,这就是一种典型的撞库攻击行为。例如,2018 年 9 月,OKEx 数字加密货币交易所就被披露遭受撞库攻击,导致了用户账户被盗事件。

6.2.3　键盘记录攻击

键盘记录攻击是指通过一些软件程序或者硬件设备将用户所有的按键数据进行捕获的攻击方式。通常键盘记录被作为一种应用工具,然而这种工具可以被攻击者利用,发起键盘记录攻击,即攻击者通过在用户移动设备或者计算机安装恶意软件,对这些软件中用户键盘的操作进行记录。一旦用户在手机或移动端进行键盘输入,植入的恶意软件就会把所有用户输入的记录打包成 PDF 等文件发送给攻击者。攻击者只需要通过简单地分析，就能还原出用户的账号密码等敏感信息。因此，利用键盘记录来发起的攻击是最容易获取密码的方法之一。

一般主要有两种形式的键盘记录器：硬件键盘记录器和软件键盘记录器。硬件键盘记录器通常使用USB或物理设备连接计算机或键盘的芯片来实现，这种是很容易被察觉的攻击方式。对于软件键盘记录器，由于其隐蔽性较高，这种恶意软件的安装往往是不容易察觉的，目前的检测手段也很难完整地识别出这类软件，一般的传播方式有以下两种。

(1) 通过网络钓鱼攻击的方式，恶意攻击者通常伪装成知名机构或个人，并将恶意软件包裹在电子邮件中进行群发送，形式可以为可执行文件(.exe)、文本文件(.txt、.pdf)等，用户一旦单击，就会被安装该恶意软件。

(2) 通过零日漏洞来主动进行扫描入侵。零日漏洞是指还没有发布正式补丁的安全漏洞，在用户未完成补丁更新之前，攻击者通过利用这种漏洞来发起攻击行为，也称零日攻击。

6.2.4 缓存侧信道攻击

攻击者主要利用ECDSA(椭圆曲线签名算法)方案中的取模运算和签名运算的代码漏洞来发起攻击，核心算法为

$$s=(k-1)(m+rx)(\mathrm{mod}\ q) \tag{6.1}$$

对于ECDSA缓存侧信道攻击，主要实现流程伪代码如下：

```
function Mod(a,q)
    if a<q then
    return a
    else
    quotient,remainder←DivRem(a,q)
    return remainder
function Sign(msg,x,q)
    m←Hash(msg)
    m←Mod(m,q)
    k← RandomInteger(1,q-1)
    ki← Inv(k,q)
    r←F(k)
    if r=0 then
        return error
    rx←Mul(r,x)
    rx←Mod(rx,q)
    sum←Add(m,rx)
    sum←Mod(sum,q)
    s←Mul(ki,sum)
    s←Mod(s,q)
    if s=0 then
        return error
    return(r,s)
```

在代码的执行过程中如果出现参数 a 为[0～q－1]时，取模运算就会终止，此时攻击者可以通过检测 DivRem 是否被调用得出参数 a 的相关信息。此外，还存在另一种常用的攻击方式：攻击者首先找到云服务供应商提供给受害站点的物理处理器，通过启动 TSL 连接来触发进行 ECDSA 签名；其次利用跨虚拟机(VM)侧通道窃听信息，利用窃听到的信息恢复出可以进行敏感操作的用户私钥；最后利用私钥来监听用户和站点之间的对话，从而盗取隐私信息。这种攻击常发生在处理器体系架构的运行状态、功耗或者电磁辐射发生变化时，这些变化会成为攻击的主要攻击源。

6.2.5 货币木马攻击

货币木马病毒通常指攻击者设计的一段恶意代码或者恶意软件，这些代码伪装成合法代码或者软件来控制用户终端设备的客户端。货币木马病毒是木马攻击的一种，主要目的在于窃取受害者钱包中的数字加密货币。

攻击者利用木马病毒来窃取数字加密货币的攻击方式原理如下：首先，攻击者通过某种方式(例如恶意邮件、钓鱼网站等)，在受害者计算机或者移动设备端安装特定的木马病毒，这种特殊的木马病毒能够截取用户发起的数字加密货币交易，通过实时扫描受害者终端设备中剪贴板中的内容，查看是否出现了数字加密货币的交易地址，如比特币交易地址等。如果检测到有数字加密货币地址，在用户将交易地址复制到钱包时，攻击者会利用木马病毒将恶意地址复制到剪贴板中替换原来的合法地址，即将用户原本要发送的地址修改为攻击者预先设置好的地址。此时，如果用户没有进行地址检查，货币就会被转移到攻击者账户下。这种攻击能够很容易实现的原因是使用剪贴板不需要用户额外授权，一旦遭受这种针对剪贴板的劫持木马，剪贴板上原有的内容很容易被替换和盗取。下面针对个人计算机和移动终端分别简述货币木马攻击的原理。

1. 针对个人计算机的货币木马攻击

个人计算机上的剪贴板是 Windows 系统中预留的一段连续的、存放信息大小可变的内存空间。它是一块全局的共享内存，主要用于暂时记录来自不同进程之间需要进行交换的数据。货币木马病毒感染个人计算机后会持续不断地扫描剪贴板中存储的数据，判断其是否为电子钱包地址，一旦判断为钱包地址就将其替换成剪贴板内存里攻击者预先设置好的接收地址。

2. 针对移动终端的货币木马攻击

移动终端的安卓操作系统中同样存在剪贴板，可以被用来在内存中暂存数据，任何应用程序都可以访问剪贴板中的内容。图 6.3 是安卓操作系统剪贴板的工作流程。当进行到将 Clip 对象放入剪贴板这一步骤时，木马病毒会自动检查剪贴板的内容是否为电子钱包地址，如果是则替换成攻击者设置好的钱包地址，从而窃取用户数字加密货币。

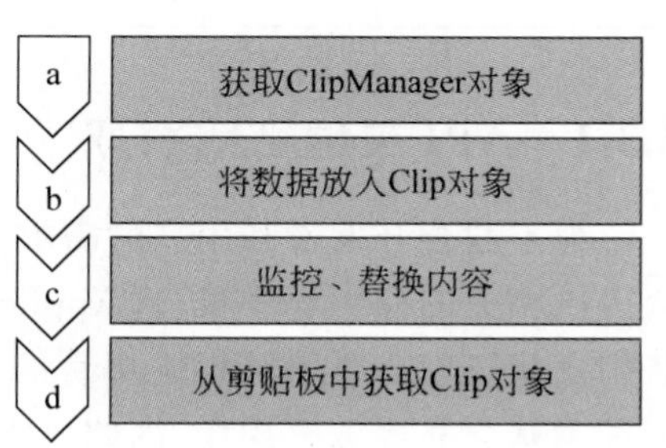

图 6.3 安卓操作系统剪贴板的工作流程

从原理上来说，针对个人计算机或者移动终端的货币木马攻击流程是一样的，都是通过嵌入木马病毒、实时扫描剪贴板中的内容盗取用户数字资产。

6.3 客户端安全

不同的区块链系统都有着各自的交易客户端，主要用来提供数字加密货币的在线交易功能，支持交易数据的发出，主流的是 Web 网站和轻量客户端形式。一般交易客户端又称钱包，主要分为两类：热钱包和冷钱包。其中，前者指的是与网络直接相连的在线式钱包，而后者的主要特点是私钥不与网络接触，相比热钱包冷钱包安全性更高。目前，主要被用来进行数字加密货币交易的客户端包括比特币 Bitcoin Core 钱包、以太坊钱包 Mist 及莱特币 Litecoin Core 钱包等，这些钱包客户端的安全直接与数字加密货币交易用户的账户安全息息相关，一旦客户端出现安全漏洞，将会出现严重的安全事故甚至给用户带来巨大的经济损失。例如，知名的数字加密货币莱特币，其钱包客户端曾出现严重的安全事故导致用户货币被攻击者盗取，攻击者恶意篡改客户端的公开代码、加入恶意的代码、将攻击者的恶意账号注入客户端中，一旦用户使用钱包接收转账时资金就会自动地转到攻击者的账户下。

如表 6.1 所示，存在大量的区块链事件是由客户端安全所造成的。破坏区块链客户端的正常运行的方式各不相同，其中包括 5 种：API 关键密钥窃取、App 伪造漏洞、钓鱼攻击、恶意挖矿攻击和 Web 注入攻击。

表 6.1 客户端安全事故表

时间	事件	经济损失
2011 年 7 月	比特币常用交易处理中心 MyBitcoin 遭到攻击，导致交易中心关机	盗取价值约 80 万美元比特币
2013 年 11 月	波兰交易平台 Bidextreme.pl 遭到攻击	盗取价值约 560 万美元比特币
2015 年 2 月	“比特儿”交易平台被攻击	盗取价值约 150 万美元比特币
2017 年 6 月	Bithumb 平台被入侵	损失达到 87 万美元
2018 年 1 月	数字加密货币 IOTA 遭受钓鱼攻击	盗取价值约 400 万美元 IOTA 币
2018 年 3 月	币安交易所入侵被盗，大量用户数据泄露	攻击者获利约 1.1 亿美元

6.3.1 API 关键密钥窃取

为了迎合开发者和用户的需求，主流的数字加密货币平台（如以太坊以及比特币等）会提供相关的应用程序接口（Application Programming Interface，API），用户可以利用这些用户接口完成区块链相关交易信息的查询。其中部分需要特定密钥的 API 会涉及取消和确认交易等敏感操作，因此攻击者可以利用这些 API 窃取用户的关键密钥来盗取和转移用户的资产从而导致用户的财产损失。如表 6.1 中所述，币安交易所入侵被盗事件的发生就是因为大量的密钥被盗取。2018 年 7 月 4 日，币安交易所遭受 API 关键密钥窃取攻击，导致多个 Token 被盗，其中被盗的 Token 以约等于 100 个比特币的价格被卖出，最终导致该 Token 的价格暴涨数百万倍。为了进一步说明 API 攻击如何影响数字加密货币的价格变化，下面对数字加密货币中的 API 的工作原理进行简单的说明。

用户利用数字加密货币提供的 API 与不同的交易所进行交互，因此当 API 被恶意控制后，黑客可以通过 API 窃取用户私钥并进行一系列恶意操作。在用户启用交易所提供的 API 进行访问时，需要先生成一组密钥，这组密钥会作为用于提供用户交互过程所需权限的凭证。目前，在数字加密货币系统中存在 3 类不同等级的 API 权限。

(1) 只读权限：可以读取指定用户相关账户信息、交易记录以及市场中相关的交易活动数据。

(2) 交易权限：可以利用该权限为授权的用户账户执行相应的交易。

(3) 提款权限：可以利用该权限为授权用户从各个数字加密货币交易所中提取存款。

通常情况下，一般用户默认开启前两个权限，即只读权限与交易权限，当用户需要提款时需要开启提款权限。因为提款权限涉及的风险更高，安全级别设置较高的数字加密货币会要求用户为其预先设置 IP 白名单和双重认证。在这种情况下即使用户的身份信息或者密码等被攻击者盗取，提款权限也不会被轻易获取。在这种限制条件下，攻击者取得相应的用户信息之后一般会将存款提取到有提款权限的账户中后再进行提取。当攻击者通过 API 拿到用户信息之后的一般做法如下。

(1) 攻击者会先选定一种交易量和交易订单较少的数字加密作为攻击对象，通过累积足够多的某类数字加密货币为攻击做准备。

(2) 利用之前被盗取的用户账号，通过交易所提供的 API 发起足够大的交易请求，并且在这些交易请求中，交易的价格通常会被抬高，如被抬高至日常价格的数万倍。

(3) 出售之前大量积累的数字加密货币，攻击者可以获得在这些交易中产生的巨大的价格差值作为利润。

(4) 通过将获得的巨额利润转移出交易所来套现，资金被转移之后，所有已发生的交易将无法再更改，至此攻击者套现成功，用户将承受巨大的经济财产损失。

现如今 API 信息泄露通常会分为两种与常见违规操作相对应的 API 使用模式。主要包括下面两种 API 关键密钥窃取的方式。

1. 具有大量第三方集成的大型平台

具有高流量站点并提供服务的组织通常具有大量的第三方集成系统，这些集成依靠 API 从第三方收集数据并以无缝方式将其提供给用户。在多云环境以及传统容器化等架构为代表的基础设施的去中心化、激励共享需求日益增长，这意味着 API 并不是奢侈的事情，它对于现代的大集成平台必不可少，其中有的平台具有数百个 API，所有这些 API 都需要进行管理和监视。但是，攻击者如果针对性地对某些开放 API 的功能模块进行分析，就能发现其中的漏洞，并获取敏感数据或者特殊权限，从而实现对用户数据的访问和修改。

图 6.4 显示了一个具有理论微服务体系结构的大型 Web 平台，该体系结构在很大程

度上依赖于API之间功能上的通信和集成。攻击者可以利用API上的漏洞(或者是简单地缺乏访问控制)来获取对敏感数据的访问。

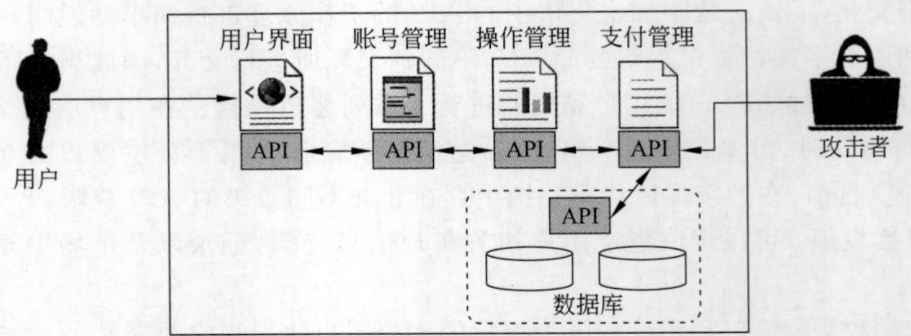

图 6.4 一个具有理论微服务体系结构的大型 Web 平台

2. 移动应用程序

大多数移动应用程序都依赖API从服务器提取数据,使得这些应用程序可以在设备本身上使用较少的资源。由于移动应用程序保护存在一些固有的挑战,活跃的攻击者会通过反编译和逆向工程来寻找移动应用程序中的漏洞。

图6.5显示了一个应用程序通过移动设备专用的API路由,用户通过Web界面连接相同的后端,这种适用于传统Web应用程序攻击的方式(例如,字典攻击、货币木马攻击)也适用于移动API。

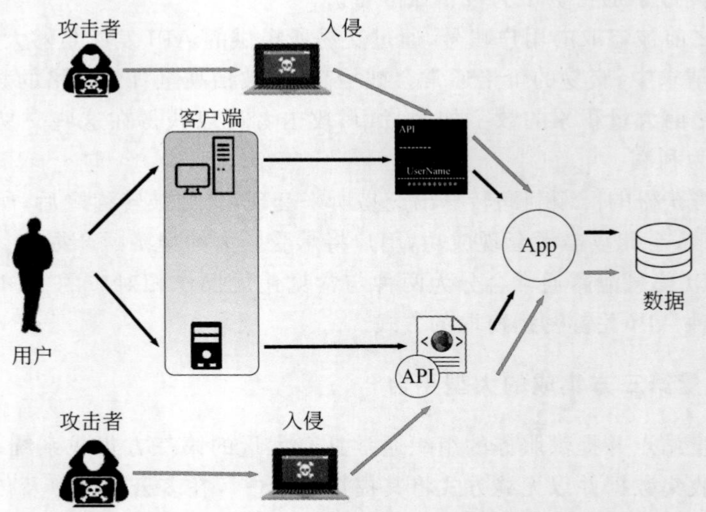

图 6.5 一个应用程序通过移动设备专用的 API 路由

6.3.2 App 伪造漏洞攻击

App(Application)伪造漏洞是指攻击者利用钱包客户端未进行重打包防护的漏洞,在钱包客户端代码中添加自定义的恶意代码。攻击者通过这些恶意代码来监听和窃取用户私钥等关键信息，从而盗取用户财产。2017 年年底，安卓操作系统被曝出高危漏洞——Janus 签名漏洞，通过这个漏洞，攻击者可以避开安卓操作系统的签名机制，对 App 程序进行修改。

Janus 签名漏洞产生的主要原因在于谷歌在安卓 4.4 版本中引入了新的执行虚拟机 ART(Android Runtime)。相比于之前版本的执行虚拟机，ART 支持直接运行 DEX 文件，无须包装成为 ZIP 文件，因此在程序中运行时并未检查文件头部 magic 字段(为 504B0304)是否为 ZIP 文件。这样攻击者可以将恶意程序放置在 APK 文件的头部。由于一般用户系统在进行 APK 文件安装时，系统都会忽略检查 APK 文件的头部 magic 字段，默认攻击者恶意程序为正常的 APK 文件，程序尾部会被直接开始读取和解压。此时，用户系统检查不出签名有任何变化，因此直接安装了被攻击者篡改过的恶意程序。

如图 6.6 所示，存在两个安卓 apk 应用：正常应用 apk 和恶意应用 apk。攻击者通过反编译获得正常应用程序和恶意应用程序 apk 的代码(即 smali 代码)。通过在注入点注入恶意 smali 代码的同时修改配置文件，可以获得一个包含恶意代码的 apk 应用程序，攻击者对它重新打包发布。

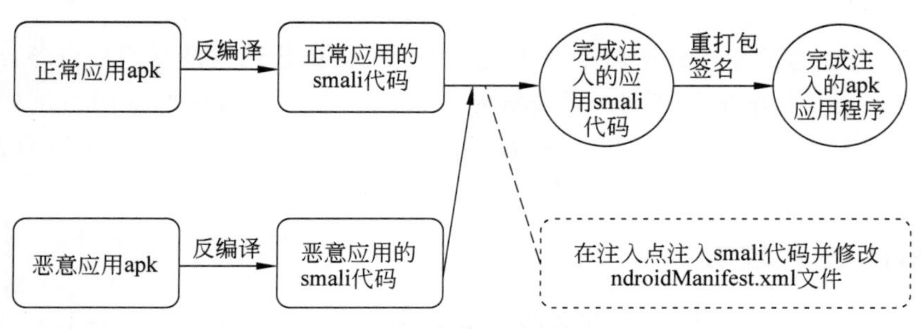

图 6.6　恶意代码注入过程

由于安卓操作系统的使用用户非常多，攻击者可以利用 Janus 签名漏洞修改各种钱包客户端代码，通过植入恶意代码将转账的地址全部替换成攻击者的收款地址，用户一旦使用伪造的客户端钱包进行转账操作，就会造成不可估量的经济损失。

6.3.3　钓鱼攻击

攻击者通过伪造以太坊、比特币等数字加密货币常用交易钱包客户端的操作界面来伪造非法客户端(称为钓鱼平台)，主要针对一些对交易钱包客户端还不太熟悉的用户。一旦用户疏忽大意，不仔细检查交易客户端的安全性，确认是否为真实的客户端平台，就有可能中招，这就是典型的钓鱼攻击。攻击者利用钓鱼平台对收集到的用户敏感数据信息进行分析，从中可以挖掘出有价值的数据，甚至钱包交易私钥。

例如，IOTA(基于数字加密货币)在诞生之初，用户对此数字加密货币了解得不够深入，包括客户端的操作使用。攻击者利用这一点精心设计了一个钓鱼网站，注册域名为 iotaseed.io，专门用来为用户提供在线种子(随机数)生成器，该种子被用户用来生成公共钱包地址。从域名地址来看，用户很轻易地就相信该网站为 IOTA 官网版的种子生成器，而实际上，攻击者通过对底层代码修改，将随机数生成函数总是返回相同且可预测的数字,因此生成的种子也是相同的,进而掌握了用户的私钥信息,最终盗取了大量用户的数字加密货币资产,其价值近400万美元。

从上面的攻击方式可以看出,有些攻击手段需要的成本非常低,但是却能导致巨大的经济财产损失。为了保障客户端的安全性,一方面,各交易平台和安全企业可以通过建立完善的网络安全部门,不断地对交易平台进行审查,同时提供给用户检验交易平台真假的方法;另一方面,用户在使用这些客户端的时也需要多加小心,避免出现重复使用同一密码等不利于账户安全的行为。

6.3.4 恶意挖矿攻击

恶意挖矿攻击(Cryptojacking)主要指在未获得用户授权时,强行劫持用户的计算设备进行数字加密货币的挖掘操作的恶意行为。在大多数情况下,被劫持用户的设备所拥有的计算处理资源以及通信带宽资源等会被攻击者恶意利用。目前,数字加密货币需要使用大量的计算资源和带宽来进行挖掘工作,为了减少挖掘成本以及获得尽可能多的计算资源,攻击者可以利用这种攻击手段收集被劫持用户的设备,以较少的成本获得较高的收益。

目前,攻击者通常会在恶意程序中注入数字货币挖掘代码以劫持用户设备,或者在恶意网站中注入恶意脚本来劫持用户设备资源。常见的方式包括在恶意网站链接、恶意电子邮件及软件中注入代码实施攻击。随着数字加密货币的进一步推广,未来攻击者采用的攻击方式会越来越多样化,类似的安全事件会不断发生。

6.3.5 Web注入攻击

在一些区块链交易系统中,如知名的货币交易所Coinbase,钱包客户端是以Web网页的方式进行管理的,这样使得传统的针对Web客户端的攻击技术就可以被利用来对区块链交易系统进行攻击。2017年8月,Trickbot银行木马对几家数字加密货币交易所实施Web注入攻击,攻击者通过木马病毒在数字加密货币交易所网站上挂起虚假登录页面功能,使得用户在购买数字加密货币时,攻击者将用户钱包接收地址定向到攻击者自己的地址。

目前,Web注入攻击的方式有多种,比较常见的Web注入攻击主要有SQL注入及跨站脚本(Cross-Site Scripting,XSS)两种方式。

1. SQL注入攻击

SQL注入攻击指攻击者通过精心构造SQL查询指令来向系统获取敏感数据,或者是网站的用户管理权限。例如,系统用户管理的SQL数据库运行的命令如下:

```
SELECT * FROM users WHERE 'username'='$user AND 'password'='$passwd';
```

\$user和\$passwd分别指用户的用户名和密码。假设用户Alice登录系统访问时,密码为mingli@123,执行的SQL数据库命令如下:

```
SELECT * FROM users WHERE 'username'='$Alice AND 'password'='mingli@123';
```

但是,攻击者可以使用此种SQL命令的漏洞来直接获得登录权限。攻击者可以在密码输入框中输入'hi' OR 1=1--'，执行的 SQL 数据库命令如下：

```
SELECT * FROM users WHERE 'username'='$Alice AND 'password'='hi' OR 1=1 --';
```

攻击者可以获得所有用户名为 Alice 的账户信息，由于命令行通过 OR 1=1 取消了对密码的检查。首先，1=1 总是成立，此外"--"在 SQL 是注释标识，可以被用来取消查询中原始的其他引号和其他任何的检查，即使有额外的凭证需要被检查，也会被系统忽略。因此，攻击者也可以直接登录系统进行访问。

2. XSS 攻击

XSS 攻击指通过在网页中嵌入恶意脚本程序，攻击者可以在用户浏览被注入程序的网页时，强行将恶意程序运行在用户的浏览器上。攻击者可以设定恶意脚本执行，包括盗取用户客户端 Cookie 以获得控制用户执行权限、获取用户名和密码（或管理员权限）等会带来严重危害的命令，致使用户客户端瘫痪。

通常情况下，具有安全意识的用户不会轻易点击进入未知网站，但是攻击者通过转载知名网页内容或者设计钓鱼网站，用户一旦点击进入就会遭受巨大损失。

6.4　本章小结

本章主要学习了区块链应用层中的安全和隐私问题。虽然区块链构建了一种在互不信任节点之间达成共识的分布式账本方案，但是其自身技术或者在实际使用过程中还存在着诸多的问题，有一些问题是传统计算机领域一直存在的安全问题。例如，有关私钥管理安全和客户端安全，大部分是已经存在的攻击行为，即使在区块链网络中也依然会存在。另一部分是区块链自身的安全性问题。例如，将区块链应用到实际生活中会泄露用户的身份隐私和数据隐私，最终导致区块链行业发展受阻。

在应用层安全中，还有一大类是智能合约安全，这也是由区块链技术而造成的用户经济损失最多的方面之一。

6.5　练习

1. 区块链应用层中的主要安全问题包括哪几方面？
2. 简述字典攻击的主要流程和方法。
3. 撞库攻击和字典攻击的主要区别是什么？
4. 货币木马攻击是如何发生的？简述其攻击过程。
5. 币安交易中发生的 Token 价格瞬间暴涨的主要原因是什么？简述被攻击的主要过程。
6. 如何通过 Web 注入来发起对区块链客户端的攻击？

第7章

智能合约层安全

本章将学习智能合约层中所存在的安全问题。当前支持智能合约最为活跃的区块链平台包括以太坊、超级账本，其中以太坊是一种支持多种智能合约编程语言的公有链平台，在数字版权、供应链、数字医疗等诸多去中心化应用中得到了广泛采用，成千上万的去中心化应用程序都已经部署在以太坊平台中。然而，由于智能合约开发过程中的不规范性以及以太坊虚拟机本身执行的限制等导致已部署的去中心化应用中还存在很多的安全问题。本章将对以太坊中存在的典型智能合约层安全问题进行梳理，并结合案例进行说明，此外还将介绍智能合约安全编码的规范实例，为读者在规范开发去中心化应用程序提供参考。

7.1 以太坊与智能合约

为了深入了解引发智能合约层安全漏洞的根本原因，首先学习以太坊及智能合约相关背景知识，介绍智能合约的代码规范、编译和运行原理。

7.1.1 以太坊

以太坊是区块链2.0的典型代表，根据其官网中所定义的，"以太坊是一种支持智能合约的去中心化平台"，所以相较于比特币，以太坊除了支持数字货币交换功能以外，更重要的特性在于其所具备的可编程智能合约。正因如此，它可以被应用到更为广泛的非金融领域。简单来理解，以太坊是一台开放式的全球计算机，所有人都可以参与进来进行读取和写入操作，它可以支持用户创建可扩展的、易于开发的和协同的去中心化应用，是一种支持图灵完备（Turing Complete）编程语言的公有链平台。基于以太坊所设计的灵活合约编程语言，开发者可以在以太坊中快速地创建去中心化应用，自定义地设定交易的规则、状态转换函数以及交易方式等逻辑。比特币和以太坊两大公有链对比如表7.1所示，主要的区别体现在共识效率（平均块生成时间）、交易规则以及是否支持图灵完备智能合约方面。

表 7.1　比特币和以太坊两大公有链对比示意

类　　别	比特币(Bitcoin)	以太坊(Ethereum)
发明时间	2009 年	2014 年
发明者	Satoshi Nakamoto(伪名)	Vitalik Buterin
共识算法	基于工作量证明(PoW)	基于工作量证明(PoW)或基于权益证明(PoS)
平均块生成时间/s	约 600	约 17
提供功能	数字货币	数字货币或智能合约
灵活性	受限	更灵活
交易规则	简单的价值转移	有条件的价值转移
是否支持图灵完备	否	是

在共识机制方面,以太坊最初采用的也是同比特币一样的基于工作量证明,为了提升平台的整体效率、减少资源的浪费,正在引入基于权益证明的共识机制。以太坊计算难度设置使其块产生时间非常快,也更符合现实去中心化应用对实时性的要求。此外,在交易设计中,比特币仅支持简单的数字货币转移,而以太坊可以设定基于复杂条件的价值转移,也即用户可以定义复杂的逻辑来实现相应的业务目标。最后,比特币只能支持有限规则的脚本语言,而以太坊支持任何逻辑规则的图灵完备编程语言。总体而言,以太坊一定程度上解决了比特币在可扩展性方面的不足。

下面介绍以太坊 3 种特殊的数据结构。

1. 账户

在以太坊中,用户可以创建一个或多个账户,每个账户都对应一个由 20 字节构成的唯一地址,主要由 4 部分构成。

(1) 随机数(Nonce):用于确定每笔交易只能被处理一次的计数器。

(2) 账户余额(Balance):账户当前的以太币余额,其单位为 Wei,$1ETH = 1 \times 10^{18}$ Wei。

(3) 合约代码(Bytecode):账户所对应的智能合约代码,在合约创建时产生。

(4) 存储(Stored Data):账户的存储,每个账户都包含一个“键-值”对(Key,Value)形式的持久化存储,Key 和 Value 的长度都为 256 位。

特别地,以太坊中主要有两种账户类型:合约账户(Contract Account,CA)和外部账户(Externally Owned Account,EOA),其中合约账户 CA 是由智能合约中的代码逻辑来控制,在合约账户收到一笔有效交易的输入时,合约内部的代码会激活并支持对内部存储进行读写、消息发送或合约的创建。外部账户 EOA 也称用户账户,由用户自己的私钥来控制,支持用户通过创建和签名的方式来完成一笔交易,与比特币交易原理类似。在以太坊中,这两类账户共同维护了一些状态对象(State Object)的实体,这些实体中包含了变量所对应的状态信息。合约账户主要存储和管理用户余额以及合约中的内容,外部账户主要负责管理用户账户的余额,这些存储的状态对象在以太坊中会基于共识协议来保证一致性，各区块链节点拥有对全局状态对象的一致性视图(一定持久块之前的视图)。图 7.1 为两个状态对象之间通过交易的形式发生转换，通过一笔交易形式，地址 14c5f8ba 中的 10ETH 转入到地址 bb75a980 中，同时通过合约代码中的逻辑，将数据 data[1]=CHARLIE 写入新的状态对象中，这是状态对象实体转变的简化过程，本质上是一种状态机迁移，通过用户交易触发合约状态发生改变。

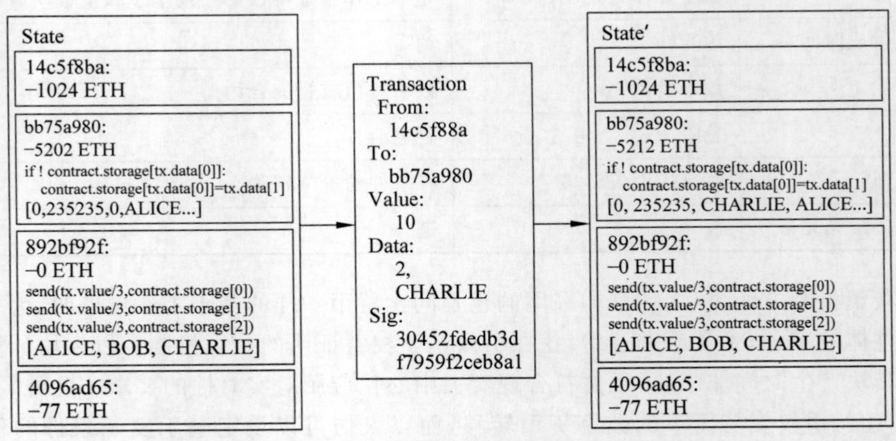

图 7.1 以太坊状态对象转换

2. 交易

以太坊中的交易是指由外部账户发送的消息签名数据，其中包含了发送者签名、接收者地址、账户余额、发送币的数量、发送数据以及最大消耗的 Gas 限制(StartGas)、合约每步执行支付给矿工的费用(GasPrice)。以太坊中的交易和比特币的交易形式有些区别，除了用户账户(与比特币一样，用于实现普通的转账交易)，以太坊还包括合约账户，该类账户是在智能合约被第一次发布在区块链时所创建的，其创建过程是通过合约创建交易形式完成的。特别地，合约账户创建交易与其他数字货币交易形式不同，只有发送者地址，接收者地址则显示为本合约被创建的地址，如图 7.2 所示。

3. 燃料

为了防止智能合约中的逻辑过于复杂，如出现无限循环，进而导致以太坊节点瘫痪的问题，以太坊在设计过程中引入了燃料(Gas)的概念，智能合约代码转化为底层操作指令后，每个操作指令所触发的节点计算力消耗表现为不同大小的燃料消耗，这些消耗会转化为以太币，用来支付给矿工的计算费用。简而言之，燃料是用来维持以太坊生态系统正常运行的动力来源，合约中函数执行的计算会以燃料来衡量，用来支付给执行矿工的奖励。无论是普通转账交易，还是智能合约的创建和执行过程，都需要消耗燃料。在以太坊虚拟机中，函数会转化为操作指令，每个指令会消耗特定的燃料，用户在执行该函数前都需要输入一定的燃料作为执行的必要条件，每行代码都需要一定量的燃料来完成计算，不能小于预定的值，否则无法成功。需要注意的是，为了防止一个区块的数据过大而出现同步等

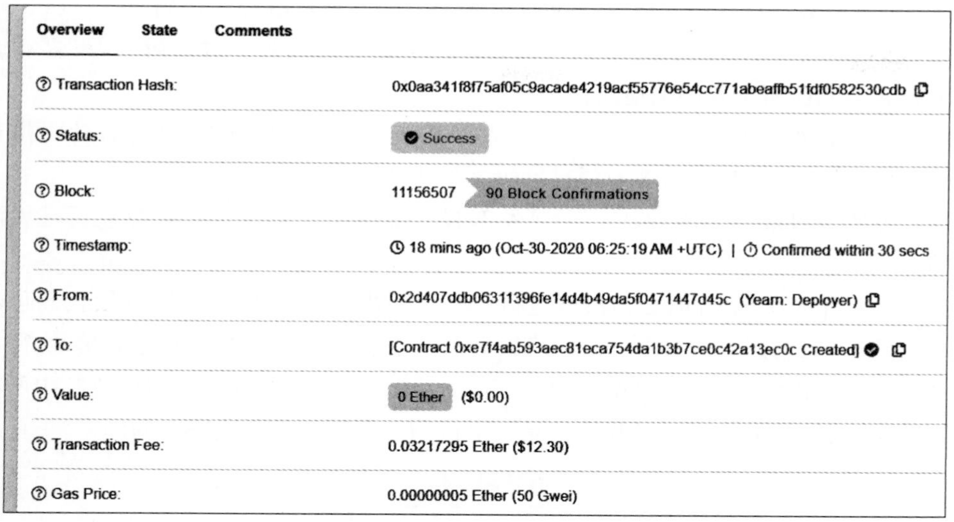

Overview　State　Comments

Transaction Hash:	0x0aa341f8f75af05c9acade4219acf55776e54cc771abeaffb51fdf0582530cdb
Status:	Success
Block:	11156507　90 Block Confirmations
Timestamp:	18 mins ago (Oct-30-2020 06:25:19 AM +UTC) | Confirmed within 30 secs
From:	0x2d407ddb06311396fe14d4b49da5f0471447d45c (Yearn: Deployer)
To:	[Contract 0xe7f4ab593aec81eca754da1b3b7ce0c42a13ec0c Created]
Value:	0 Ether ($0.00)
Transaction Fee:	0.03217295 Ether ($12.30)
Gas Price:	0.00000005 Ether (50 Gwei)

图 7.2　以太坊状态对象转换

计算问题，以太坊对每个区块所能消耗的最大燃料数进行了限制。在一个区块中交易执行过程中，总的燃料消耗超过了最大限制，则该笔交易会执行失败。

在交易中，用户需要设定两个与燃料相关的参数：燃料价格(Gas Price)和燃料限制(Gas Limit)。燃料价格是用户指定的每单元燃料的价格，一般以 GWei(1ETH＝1×10^9GWei)为单位。燃料限制是用户指定该笔交易支付的总燃料数量。按照多退少不补的原则，在交易执行过程中，如果燃料耗尽，则所有改变过的状态回滚到原来状态，已经支付给矿工的费用不会返回；如果交易执行完成，燃料还有剩余则会返还到对应的账户中。

7.1.2　智能合约

智能合约是在 20 世纪 90 年代由 Nick Szabo 教授首次提出的，其定义的智能合约为"一套以数字形式指定的承诺，包括各参与方履行其他承诺的协议"。与传统的纸质合约相比，智能合约是一套执行某种特殊条件的计算机协议，用户可以自定义与协议相关的规则和条件，并能够在可信的执行环境中自动执行这些协议。实际上，智能合约本身不一定需要依赖于区块链环境来运行，只要满足条件的可信环境就能够运行智能合约。由于一度缺乏这样的可信执行环境，智能合约在实际生活中难以实现，随着区块链技术的诞生和发展，其技术特性为智能合约的部署实施创造有利的条件。

智能合约在区块链中实际上是一段可运行的计算机程序，当满足一定条件时(有效数据输入)，记录在智能合约中的事务处理和保存机制可被自动执行。智能合约收到事务信息后，会改变合约中的数据状态，从而触发智能合约并且根据预设信息选择合约动作自动执行。目前，多种区块链平台都提供了智能合约的执行和编译环境，例如以太坊、超级账本。智能合约常用于运作自动服务机构，用来提供透明公开的信息服务。在以太坊中，智能合约是包含计算机程序代码与状态数据的集合，在无须依赖第三方的情况下执行的可信数据传播、执行以及验证，其特性主要体现在 4 方面。

（1）计算机程序（Computer Protocol）：智能合约是计算机程序代码。

（2）自行验证（Self-Verification）：智能合约通过对输入数据进行解析，来自行验证数据是否满足此前所预置的响应条件。

（3）自动化执行（Self-Execution）：支持在可信环境中依据响应规则，自动化执行某些代码和协议，其他参与方无法干预执行的过程和条件。

（4）防篡改（Tamper-Resistant）：已经部署后的智能合约代码和状态数据是无法被篡改的。

如图 7.3 所示，一个智能合约模型包括一段运行在区块链上的代码，这段代码可以维护自身的状态，控制其上所具备的数字资产，同时与外界的输入请求进行交互，执行相应的指令动作。可以看出，在该模型下，智能合约存储了持久化合约的状态以及其中所存储数据的状态，这种链上状态的自我维护是区块链构建可信式分布式账本的基础。

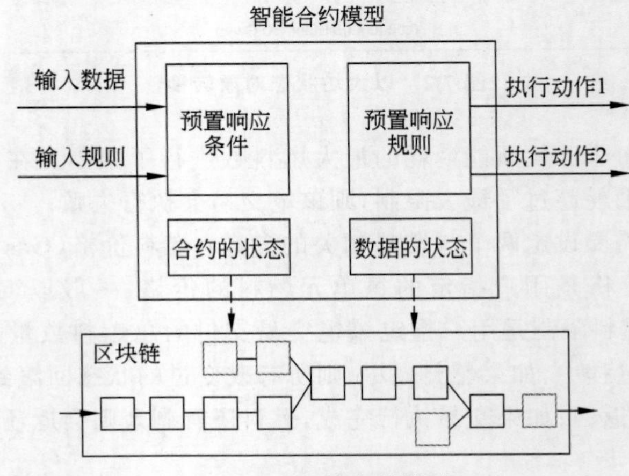

图 7.3　智能合约模型

在以太坊中，主要有 4 种编程语言可以用来开发智能合约：Solidity、LLL、Serpent 和 Mutan。其中，Solidity 是运用最为广泛的一种，语法与 JavaScript 非常类似。利用 Solidity 开发的智能合约代码首先在以太坊虚拟机（EVM）被编译成字节码，编译完成之后将其部署在以太坊区块链，这样可以通过与特定合约的创建地址交互来完成交易过程。值得注意的是，智能合约只有在执行交易调用时才会运行，属于被动式触发，通常由外部拥有有效账户地址的用户发起。一般情况下，智能合约在以太坊中处于休眠状态，直到有用户利用有效输入来触发合约执行。

智能合约对应以太坊的合约账户，即由合约地址、合约余额、状态信息和合约代码 4 部分组成。以图 7.4 中智能合约为例，这是一个简单的计数器，里面包含一个变量 count，它是该合约的状态变量，当特定用户调用函数 add()对变量进行加 1 操作时，count 在以太坊网络中的全局状态将会加 1，即在交易触发条件下，智能合约发生状态迁移的简易描述过程。在 7.1.3 节中，将对 Solidity 具体语言规范及编译过程进行解析。

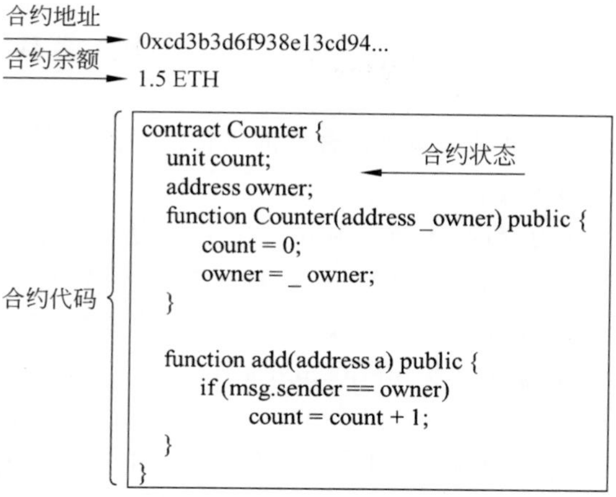

合约地址
0xcd3b3d6f938e13cd94...
合约余额
1.5 ETH

合约代码

```
contract Counter {
    unit count;                                  ← 合约状态
    address owner;
    function Counter(address _owner) public {
        count = 0;
        owner = _ owner;
    }

    function add(address a) public {
        if (msg.sender == owner)
            count = count + 1;
    }
}
```

图 7.4　简单合约示例

7.1.3　智能合约基本语法及编译

1. 基本语法

Solidity 是一种面向对象编程的静态类型开发语言，语法与 JavaScript 接近，它专门用于开发去中心化应用。Solidity 支持继承、库和复杂的用户自定义数据类型等功能。通过一个简单的示例来学习智能合约的语法。读者也可以在基于浏览器的编译环境 Remix IDE 进行学习，Remix 允许用户在上面开发、部署、编译和测试智能合约，程序如下：

```
pragma Solidity >=0.4.0 <0.7.0;
contract SimpleStorage {
    uint storedData;
    event Print(string out);
    function set(uint x) public {
        storedData=x;
    }
    function get() public returns(uint) {
        return storedData;
    }
    function print() {
        emit Print("Hello World")
    }
}
```

上述程序的 SimpleStorage 智能合约，主要逻辑分为两大部分：①版本杂注，声明合约编译器的版本，在未允许版本的编译环境下该合约无法编译，用于告知编译器如何对智能合约进行编译。截至 2020 年 10 月，Solidity 编译器版本已经发布到 0.7.4。在

SimpleStorage 合约中，编译器版本选择 0.4.0 以上、0.7.0 以下都支持。②合约部分，与 Java 中所定义的 Class 对象类似，是包含一系列的代码（函数）和数据（状态）的合约对象。几点说明如下。

（1）第 2 行 contract 后面定义的是该合约的名称。一般情况下，一个.sol 合约文件通常由一个或者多个 contract 构成。

（2）第 3 行定义了合约变量，该变量为 unit 整数类型。在 Solidity 中，定义了多种数据基本类型，包括地址、整数、布尔、枚举等，不同的数据类型定义消耗的以太坊 Gas 不同。为了降低交易的 Gas 消耗，通常会在满足条件情况下选择 Gas 消耗最少的类型进行定义，常用的整数类型还包括 uint8、uint32、uint256。

（3）第 4 行定义了 event 事件，它是 Solidity 中特有的一种函数类型。event 事件是为了方便开发者使用 EVM 的日志基础设施，使得用户可以在 DApp 用户界面中监听该事件是否被触发。在该合约执行调用第 11 行的 print 函数时，在区块链中创建一个日志入口，打印 Hello World 参数。event 事件主要标记合约中重要的操作日志，提醒用户重要的函数操作将会被执行。例如 Transfer()，这种与用户账户余额相关的函数操作一般会设定 event 事件，来实时地通知用户余额发生变化。

（4）第 5 行 set(uint x)声明一个返回类型为空的公开函数，说明该函数除了可以被本合约所调用，还可以被外部其他合约所调用。

（5）第 8 行 get()声明一个有返回值类型的函数，函数声明中如果包含关键字 returns，则说明该函数会有返回值。根据不同的返回类型定义有不同的返回值，如 returns(uint)返回的是一个整数类型的值。

Solidity 智能合约主要包含状态变量、函数、函数修饰器、事件、结构类型和枚举类型六大类数据结构的声明，同时支持合约与合约之间的继承。其具体的声明及含义如表 7.2 所示。

表 7.2 Solidity 智能合约声明及含义

声明类型	类型含义
状态变量	指代可永久性存储在智能合约中的变量
函数	合约中可执行代码的基本单元
函数修饰器	用来在函数执行前自动检查某些条件，同一个函数支持一个或多个修饰器，按照顺序进行检查
事件	指代 Solidity 中用来监听用户事件的日志基础设施
结构类型	结构体，支持用户自定义形式的数据类型
枚举类型	创建一定数量的常量值数据类型

以太坊发布的 *Solidity Documentation* 官方教程中对 Solidity 中结构、类型、变量和特殊操作等做了明确的介绍，建议可通过此教程深入学习 Solidity 编程语言。

2. 以太坊虚拟机

目前，计算机虚拟机主要包括两种形式：基于栈(Stack-based)的虚拟机和基于寄存器(Register-based)的虚拟机。基于栈的虚拟机典型的包括JVM、CPython等，它主要的特点是在进行运算操作时，直接与操作数栈(Operand Stack)进行交互，即数据存取顺序为先进先出，无法直接对内存中的数据进行操作，因此速度相对较慢，但优点在于实现较为简单、易于移植。基于寄存器的虚拟机是利用多个虚拟寄存器来进行操作数的运算，速度相对较快。以太坊虚拟机(EVM)是基于栈的虚拟机。基于Solidity编写的智能合约通过编译之后成为二进制指令文件，通过EVM执行来完成合约状态信息的改变。EVM是对外隔离的沙盒环境，即在运行期间无法访问网络或文件，即使不同的合约在EVM中运行时也仅有有限的访问权限。一般虚拟机主要完成3种功能。

(1) 读取指令：获取内存中的指令信息。

(2) 译码：确定所要执行的指令类型。

(3) 指令执行：执行译码后的指令。

如图7.5所示，以太坊虚拟机中栈采用32B(256b)的字长，并以字(Word)为单位进行操作，栈最大支持1024个字。

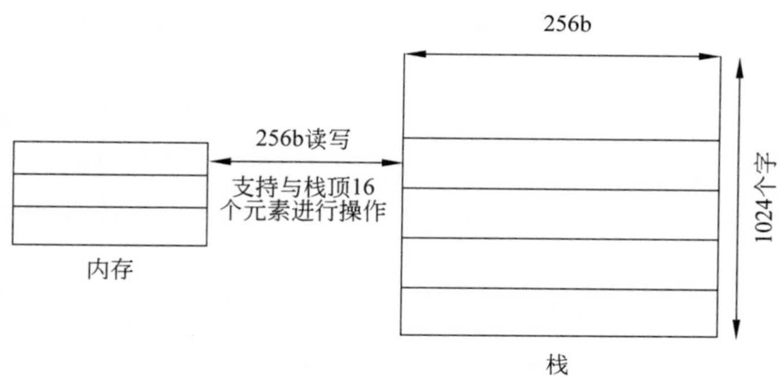

图7.5　以太坊栈示意图

3. 编译环境

为了运行Solidity智能合约，需要将其编译成EVM所能理解的字节码，然后以交易的形式发送给以太坊来进行部署。目前主要有两种方式支持对Solidity合约进行编译。

(1) Solc：支持命令行式的Solidity智能合约编译工具。

(2) Remix：面向浏览器IDE方式的Solidity智能合约编译、部署以及调试工具。

通过上述工具将智能合约转换成字节码，字节码本身依据设定的机制对应到不同的操作码，基于操作码对应在EVM中执行的操作完成智能合约的部署和执行。如图7.6所示，SimpleStorage智能合约通过Remix编译后的字节码形式，主要包含4部分：linkReferences、object、opcodes、sourceMap。其中，linkReferences指链接引用；object指字节码对象；opcodes指合约操作码列表；sourceMap是源码的映射，主要用于调试。

```
BYTECODE
{
    "linkReferences": {},
    "object": "6080604052348015610010576000080fd5b5061017580610020600003960000f3fe608060405234801561001057600008
    "opcodes": "PUSH1 0x80 PUSH1 0x40 MSTORE CALLVALUE DUP1 ISZERO PUSH2 0x10 JUMPI PUSH1 0x0 DUP1 REVERT JU
    "sourceMap": "35:318:0:-;;;;8:9:-1;5:2;;;30:1;27;20:12;5:2;35:318:0;;;;;;"
}
```

图 7.6　SimpleStorage 字节码

智能合约编译后的字节码对象 object 分为 3 部分：合约部署代码、合约本身代码和 Auxdata 字段。

(1) 合约部署代码(Deploy Code)：以太坊在创建智能合约过程中，首先需要有创建合约的指令，这就是合约的部署代码。虚拟机会首先为合约生成账户地址，然后再运行合约代码。合约运行之后会将运行代码和 Auxdata 部分存储于区块链中，通过将二者的存储地址与合约账户地址进行关联，具体过程则将合约账户中的 code hash 字段用该地址赋值，最后完成合约的部署。

(2) 合约本身代码(Contract Code)：智能合约中的实体功能部分为运行代码，即合约声明内的变量及函数逻辑。

(3) Auxdata 字段：智能合约中的最后 43 字节为 Auxdata，它跟在运行代码后面被存储起来，作为代码的标识(基于密码学生成指纹数据)用于合约验证。

在运行智能合约代码之前，需要通过 3 个步骤对所部署智能合约进行事先检查与处理。

(1) payable 检查。该步骤主要是确定合约的函数是否可以执行 ETH 的发送操作。payable 是函数的一个声明，函数在被标记为 payable 情况下，用户不但可以执行相应的函数功能，还可以向该智能合约发送 ETH，而如果函数在没有被 payable 标记的情况下执行 ETH 发送操作会导致失败。

(2) 执行构造函数。初始化智能合约中构造函数所对应的合约状态。

(3) 智能合约代码内存复制。本步骤将合约转换后的代码和一些属性数据从交易复制到内存中，并且返回。

通过以上步骤将智能合约部署完之后，合约代码可以开始运行和调用。在智能合约中，按照统一标准的 EVM 操作码进行执行，但是由于虚拟机中操作码被限定在一个字以内，因此 EVM 指令集中最多支持 256 条指令，如表 7.3 所示，在目前已经定义的 EVM 操作指令中，主要包括基本操作的算术、按位运算、跳转等指令，每条指令被设置消耗的 Gas 不同，主要限定用户在一个交易中所能设计的最大逻辑，保证以太坊节点的稳定运行。

表 7.3　EVM 常用的指令集合

操作码	汇编指令	描　　述
0x00	STOP	结束指令
0x01	ADD	执行栈顶的两个值出栈，相加后把结果压入栈顶
0x02	MUL	执行栈顶的两个值出栈，相乘后把结果压入栈顶
0x03	SUB	从栈中依次出栈两个值，如 a 和 b，用 a 减去 b，再把结果压入栈顶
0x10	LT	把栈顶的两个值出栈，如果先出栈的值小于后出栈的值则把 1 入栈，反之把 0 入栈
0x11	GT	与 LT 指令类似，如果先出栈的值大于后出栈的值则把 1 入栈，反之把 0 入栈
0x14	EQ	执行栈顶的两个值出栈，如果两个值相等则把 1 入栈，否则执行 0 入栈
0x15	ISZERO	执行栈顶值出栈，如果该值是 0 则执行 1 入栈，否则执行 0 入栈
0x34	CALLVALUE	获取交易中的转账金额
0x35	CALLDATALOAD	获取交易中的输入字段的值
0x36	CALLDATASIZE	获取交易中输入字段的值的长度
0x50	POP	执行栈顶值出栈
0x51	MLOAD	执行栈顶值出栈并以该值作为内存中的索引，加载内存中该索引之后的 32 字节到栈顶
0x52	MSTORE	从栈中依次出栈两个值 a 和 b，并把 b 存放在内存的 a 处
0x54	SLOAD	执行栈顶值出栈并以该值作为存储中的索引，加载该索引对应的值到栈顶
0x55	SSTORE	从栈中依次出栈两个值 a 和 b，并把 b 存放在存储的 a 处
0x56	JUMP	执行栈顶值出栈，并以此值作为跳转的目的地址
0x57	JUMPI	从栈中依次出栈两个值 a 和 b，如果 b 的值为真则跳转到 a 处，否则不跳转
0x60	PUSH1	执行 1 字节的数值放入栈顶
0x61	PUSH2	执行 2 字节的数值放入栈顶
0x80	DUP1	复制当前栈中第一个值到栈顶
0x81	DUP2	复制当前栈中第二个值到栈顶
0x90	SWAP1	执行栈中第一个值和第二个值进行调换
0x91	SWAP2	执行栈中第一个值和第三个值进行调换

7.2 智能合约安全威胁

以太坊中图灵完备的智能合约使得用户可以方便地创建各类去中心化应用程序，但与此同时，灵活的开发框架也增加了遭受攻击的风险。一方面，智能合约的产生比较灵活，任何人只要具备一定的计算机基础都可以创建或者调用智能合约，但是由于缺乏对底层运行机制和原理的理解，很容易出现安全问题。另一方面，智能合约被部署之后，一旦出现安全漏洞，由于区块链数据的不可篡改性，使得用户无法通过打补丁或更新的方式来修补漏洞，大多数情况只能采取合约禁用等手段来防止损失的进一步扩大。对于造成较大经济损失的合约，可以采取硬分叉的方式来规避，但是硬分叉涉及太多的参与者，需要依赖于全网的大多数以太坊节点认同才可实现。因此，相比其他的程序语言软件漏洞，由智能合约漏洞所造成的经济损失会更加惨重。在第 5 章中，介绍了大部分的智能合约安全漏洞是由于开发者在编写智能合约时，安全要素考虑不周全而导致埋下安全隐患，有部分合约漏洞是攻击者有意识地在合约中设置一定的陷阱，并利用该陷阱来达到某种经济利益，给参与者造成了巨大经济损失。如图 7.7 所示，根据腾讯安全团队发布的《2018 上半年区块链安全报告》显示，从 2013 年年初至 2018 年 8 月统计的全球加密数字货币安全事件中，由于区块链自身机制缺陷而造成的经济损失总计超过 12.5 亿美元，其中智能合约安全漏洞问题排在第一位，且损失金额还在不断攀升。

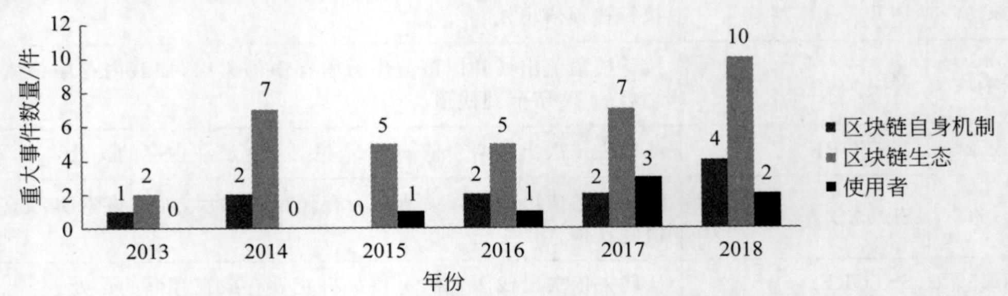

图 7.7　区块链安全事件统计(2013—2018 年)

智能合约中涉及的大量有价值的数字货币使其容易成为攻击者的目标，最典型的例子包括 The DAO 攻击、BEC 与 SMT 整数溢出攻击漏洞。2016—2019 年，已经发生了多起智能合约相关的重大安全事件(见表 7.4)。

表 7.4　智能合约重大安全事件回顾

时　间	事　件	经 济 损 失
2016 年 6 月 17 日	区块链业界最大的众筹项目 The DAO 遭受可重入攻击，导致用户的余额被转入攻击者地址	300 多万个 ETH 被分离出资产池，造成 6500 万美元的经济损失
2017 年 11 月 8 日	以太坊 Parity 钱包出现多签名钱包漏洞	上亿美元被冻结且多重签名智能合约无法使用

续表

时　　间	事　　件	经 济 损 失
2018 年 4 月 22 日	BEC 美蜜合约由于一行存在溢出漏洞而遭到黑客的攻击	使 BEC 价格几乎归零，损失金额总计约 10 亿美元
2018 年 8 月 22 日	GOD.GAME 合约同样由于整数溢出漏洞遭受黑客攻击	GOD 合约上的以太坊总量被归零

2016 年 6 月 17 日，以太坊中的去中心化众筹项目 The DAO 合约遭遇黑客攻击，该项目是去中心化自治组织(Decentralized Autonomous Organization，DAO)形式的一种，由以太坊爱好者共同发起创建，被称为史上最大的众筹项目，类似于风险投资基金运作的去中心化项目。该组织中没有集中的权力约束，投资可以拥有更多的控制权和自主权。由于合约中某个函数可以被利用来发起可重入攻击，导致合约中 300 多万个 ETH(总价值约 6500 万美元)被转走，这是智能合约安全漏洞中的一个典型案例。另外，在 2017 年 7 月，数字加密货币交易平台 Bancor 遭到内部攻击，管理员密钥被窃取，导致价值 1250 万美元的 ETH 丢失，这主要是因为部分智能合约中设定了管理员角色，而且该角色的权限非常高，可以更新用户的账户功能，一旦管理员密钥被盗用或者存在“内鬼”，则相应的所有数字加密货币都将丢失。据统计，此前有 342 个 Token 合约存在管理员角色。从上面两个例子可以看出，智能合约的安全漏洞有的是由于开发者无意中添加的，有的是编码规范，也存在故意嵌入漏洞在合约中的情况。合约中任何一行代码、一个函数或一个特性设计的缺陷，都会造成惨重的经济损失，因此智能合约的安全问题不容忽视。目前，智能合约主要的漏洞包括交易顺序依赖漏洞、时间戳依赖漏洞、异常处理漏洞、竞态条件漏洞、整数操作漏洞、基于块燃料限制攻击漏洞、call 注入攻击漏洞等。下面对几种典型的漏洞利用进行解析。

7.2.1　交易顺序依赖漏洞

交易顺序依赖漏洞(Transaction-Ordering Dependence Vulnerability)是指一种依赖于交易执行顺序而造成执行结果差异导致的安全漏洞。具体地说，针对同一个智能合约，假设在同一段时间内产生了两笔交易 T_1 和 T_2，这两笔交易都基于相同的变量执行了某个操作。对于矿工，当收到两笔交易时，他可以选择先执行 T_1 再执行 T_2，也可以先执行 T_2 再执行 T_1，这两笔交易被写入区块链的顺序是由最新块产生的矿工决定的，用户本身无法控制。然而，不确定的执行顺序会导致执行结果存在截然相反的结果。

交易发送出去后会先存入交易池中，区块链节点在共识计算时会从交易池中按照规则选取一批交易放入新生成的区块中，此时该新块还没有被确认为最终块，不同的节点选取的交易和交易放入的顺序都是不固定的，因此合约所执行的函数顺序也是不可预测的。一般矿工会选择交易费高的交易放入新块中，这样攻击者可以通过提高交易费使得其交易在其他交易之前被写入，进而影响合约的执行最终结果。

MarketPlace 合约是一个关于股票市场的去中心化应用，合约中声明了两个变量 price 和 stock，以及两个功能函数 updatePrice 和 buy，其中 updatePrice 函数用来更新

price 值，只能合约所有者才能修改。buy 函数是用户从合约中购买股票，可以看出用户购买股票的数量是与变量 price 相关的，在函数 updatePrice 中可以看到只有合约的所有者才能修改 price 变量，buy 函数是所有用户可公开调用的。合约的其他功能进行了省略，包括购买股票之后需要进行转账操作。MarketPlace 合约的具体代码如下：

```
contract MarketPlace {
    uint public price;
    uint public stock;
    …
    function updatePrice(uint _price) {
        if (msg. sender==owner)
            price=_price;
    }
    function buy(uint quant) returns(uint) {
        if (msg.value<quant * price||quant>stock)
            throw;
        stock -=quant;
        …
    }
}
```

从合约中可以看出，当合约所有者在用户操作 buy 函数之前或之后执行 updatePrice 函数，交易的执行结果是不一样的，这将会导致用户所购买到的股票数量与预期值相差巨大。如图 7.8 所示，假设当前 stock 单价是 3ETH，当用户通过 buy 函数购买股票并发送一笔交易，假设用户余额中总额有 18ETH，他可以购买 6 个 stock。此时，合约所有者调用 updatePrice 函数修改 price 值，假设修改为 9。与此同时，合约所有者用稍高一些的交易费使得修改 price 的这笔交易被优先确认，这样导致用户操作 buy 函数购买股票的价格是新的价格，最终只能购买到 2 个 stock。实际上，合约所有者可以任意地修改 price 的值，将用户账户的余额全部清零。一般在同一个区块链存在针对相同合约的两笔交易，交易顺序依赖漏洞很容易出现。

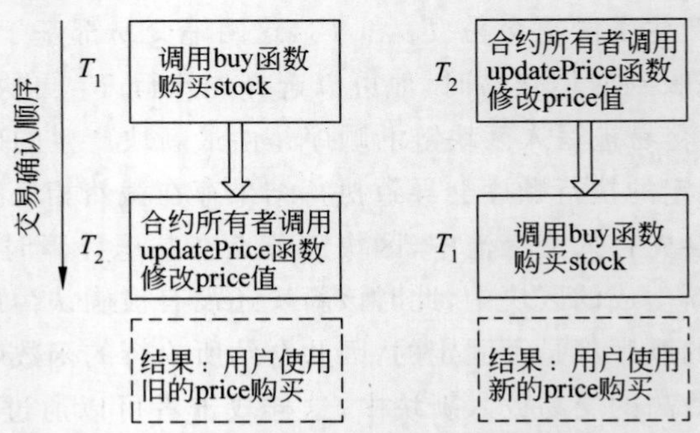

图 7.8 MarketPlace 合约中的交易顺序依赖漏洞

7.2.2　时间戳依赖漏洞

时间戳依赖漏洞(Timestamp Dependence Vulnerability)是指在合约代码中,中间状态变量值修改或某操作执行的触发条件是依赖当前区块的时间戳而引起的漏洞。假设在用户转账过程中,依赖于当前时间与初始时间的差值作为是否转账的判断条件,不同区块链节点之间的本地时间允许存在一定范围内的误差,当节点收到一个最新挖出的区块时,除了验证区块内交易等内容的有效性,还会验证区块的时间戳,如果该时间戳与自己本地的时间戳相差不大,则该区块被确认有效。然而,不同矿工之间无法做到时间戳完全同步,实际上以太坊允许不同节点的本地时间差可以有 900s(15min)的波动范围,这已经是一个比较大的值,如果合约创建者选择时间戳作为操作的触发条件,往往会造成较大的误差。在 Random 合约中,变量 salt 是当前区块的时间戳。在 random 函数中,为了生成随机数的种子 seed 值,需要利用 slat 来作为计算值。显然不同矿工产生的 salt 值不同,导致该函数的执行结果依赖于最终产生区块的节点时间戳。如果恶意的矿工为了获得有利于他的条件,可以在 900s 的范围内随机地定义本地时间戳,从而影响合约的执行结果。Random 合约的具体代码如下:

```
contract Random {
    uint private Last_Payout=0;
    uint256 salt=block.timestamp;
    function random returns (uint256 result){
        uint256 y=salt * block.number/(salt %5);
        uint256 seed=block.number/3+(salt %300)+Last_Payout+y;
        //h=the blockhash of the seed -th last block
        uint256 h=uint256(block.blockhash(seed));
        //random number between 1 and 100
        return uint256 (h%100)+1;
    }
}
```

7.2.3　异常处理漏洞

异常处理是计算机编程语言或计算机硬件中的一种安全保障机制,专门用来处理超出代码正常流程范围的异常状况。通过对代码中的异常情况进行处理,可以对用户的非法参数输入进行有效控制。同样地,智能合约中异常处理的方式不正确,也会影响到合约的安全性。异常处理漏洞(Mishandled Exceptions Vulnerability)是指在合约中没有对异常情况进行有效处理而引发的漏洞。例如,在 Solidity 中用户可以通过 call 方法来实现对其他合约的函数进行调用,当调用异常时,可以通过 throw 命令来抛出异常信息,终止合约的执行。然而,已部署的智能合约在编写过程中并没有对函数调用进行异常处理,也没有对返回结果进行验证,从而导致合约后续的错误执行。比较典型的触发合约异常的条件如下。

(1) out-of-gas 异常:由于合约执行需要消耗的实际 Gas 是非确定性的,交易执行前输入的 Gas 只是预估值，如果在合约执行过程中 Gas 耗光，则会导致合约执行异常。

（2）throw 异常：合约执行到定义的 throw 则会抛出异常，被调用的合约会立刻终止执行并且回退到此前的状态，返回失败。

（3）栈溢出异常：EVM 最大支持 1024 栈深度的执行回调。随着每次的消息调用，栈深度会增加 1。当调用栈深度已经达到 1023，继续执行某函数调用时，会导致合约执行失败。

out-of-gas 异常是智能合约最常见的异常触发条件，这是因为合约所消耗的 Gas 难以准确地估计，一旦在交易中设定的 Gas 被消耗殆尽，则会出现 out-of-gas 异常。栈溢出异常是可以被主动触发的异常，攻击者（区块链节点）可以主动触发该异常，从而导致调用栈的深度达到 1023，当再次执行调用时会导致合约抛出异常。此外，触发异常的方式还包括除法中分母为 0 或者数组超出界限等。KingOfTheEtherThrone 合约中就存在异常处理不正确而导致的安全漏洞问题，具体代码如下：

```
01  contract KingOfTheEtherThrone {
02      struct Monarch {
03          //address of the king.
04          address ethAddr;
05          string name;
06          //how much he pays to previous king
07          uint claimPrice;
08          uint coronationTimestamp;
09      }
10      Monarch public currentMonarch;
11      //claim the throne
12      function claimThrone(string name) {
13          …
14          if (currentMonarch.ethAddr !=wizardAddress)
15          currentMonarch.ethAddr.send(compensation);
16          …
17          //assign the new king
18          currentMonarch=Monarch(
19          msg.sender, name,
20          valuePaid, block.timestamp);
21      }
22  }
```

KingOfTheEtherThrone 是支持用户竞争成为以太币国王（Monarch）的智能合约，用户通过发送一定数量的数字货币到当前国王的地址，则可以成为新的国王。在函数 claimThrone 中，第 15 行 send 函数是用户将数字货币发送到前一个国王地址，如果转账成功，则新用户（msg.sender）就可以成为下一任国王。由于合约并没有对 send 函数的返回结果进行验证，所以转账操作即使失败，也会执行第 18 行的国王角色的交替，导致现任国王没有收到补偿，同时还失去了国王的位置。根据上述合约异常的方式，造成 send 函数返回失败的方式可以有两种：out-of-gas 异常和栈溢出异常。

(1) out-of-gas 异常：国王的地址并不是普通的账户地址，而是合约地址，当发送一笔交易给该合约时，由于会执行一些函数操作，相比于普通的账户地址所消耗的 Gas 会更多，但是该合约并不清楚在调用 claimThrone 函数时需要多少 Gas，就可能存在合约 Gas 耗光的情况，导致合约的账户状态没有发生改变，而现任国王将丢掉自己的王座。

(2) 栈溢出异常：另一种攻击方式是构造超出调用栈大小限制的执行环境，send 函数是一种库函数调用，利用的是以太坊中已经定义的标准函数，该函数依赖于其他提前部署合约中的执行结果。因此，攻击者在发起攻击前，首先自身调用 1023 次，然后再发送交易给 KingOfTheEtherThrone 合约调用 claimThrone 函数，由于调用栈溢出异常导致合约执行异常，而函数中没有进行返回结果检查，会继续执行第 18 行的函数，这样现任国王既会失去王座，还得不到补偿。通常情况下，如果调用用户自己定义的合约函数，这种情况下出现异常的概率会更大，一些恶意的用户甚至故意定义一些存在漏洞的合约函数让其他用户进行调用。

总而言之，在开发以太坊去中心化应用中，没有权威的第三方对发布合约的内容进行审核把关，为了保证合约不出现异常情况，需要在函数调用时，做好异常处理以及函数调用返回值判断。

7.2.4　竞态条件漏洞

竞态条件漏洞(Race Condition Vulnerability)是指在设备或系统中出现不恰当的执行时序，导致无法获得正确的执行结果。一般地，当有多个进程(或线程)同时获取或修改同一个数据时，如果对该数据的访问顺序敏感，就称为存在竞态条件。

在 Solidity 合约中，竞态条件漏洞发生在不同合约(或不同函数)之间针对同样的状态变量而进行的攻击，以太坊目前并不支持真正意义的并行处理，然而在逻辑上不同合约或函数之间却依然存在对共享状态变量的竞争，也就必然存在竞态条件的风险。智能合约允许调用外部合约来执行本地的功能函数，但假如该外部合约为恶意攻击者创建的合约，那么攻击者可以利用合约漏洞来竞争获取该合约的控制权，从而接管当前合约的执行流程，影响合约的正常执行。目前存在两种比较典型的竞态条件漏洞：可重入攻击漏洞(Reentrancy Vulnerability)和跨函数的竞态条件漏洞(Cross Function Race Condition Vulnerability)。

1. 可重入攻击漏洞

可重入性是指针对一个函数在同一时间多次发起调用。在以太坊中，攻击者可以利用函数的可重入性来对智能合约发起可重入攻击。在智能合约中存在一种特殊的函数，它既没有函数名、输入参数，也没有输出参数，在合约调用过程中，没有函数类型与指定的函数类型相匹配(或没有提供调用数据)，它就会被执行，这个函数就是回退 fallback 函数。此外，当合约地址可以接收以太币时，该函数也会被执行，此时 fallback 需要被标记为 payable(代表函数可以接收外部发到合约账户上的 ETH)，否则无法正常接收 ETH。一般在合约内部调用 fallback 函数所需要的 Gas 非常低，但如果从外部合约调用 fallback

函数则需要消耗较高的 Gas，这是因为需要对调用合约进行有效性检测。fallback 函数的示例代码如下：

```
contract FallbackSample{
    function () payable{
        …
    }
}
```

可重入攻击漏洞是指攻击者通过发送一笔交易，操作合约重复执行导致合约账户余额耗尽的攻击方式。在 Solidity 合约中，攻击者可以利用 fallback 和 call 函数来实现可重入攻击。简单来说，攻击者自己设计一个智能合约，该合约中定义一个 payable 的 fallback 函数，通过在该函数内部递归调用正常合约的转账函数，让其不断重复执行，这样就会使得转账执行多次。

The DAO 中总账户的余额就是通过可重入攻击漏洞被不断转走的。The DAO 的总众筹金额达到 1.5 亿美元，通过以太坊平台将募集的资金锁定在智能合约中，每个参与者根据众筹的出资额获得相应的 DAO 代币，代币可以用来对项目进行审查和投票表决。如果项目获得约定的票数支持，则相应的款项会转到对应的地址，同时每个用户按照比例来获得一定收益。由于遭受可重入漏洞攻击，导致超过 300 万个 ETH 被盗取。在了解 The DAO 攻击之前，需要明白智能合约中的转账操作方式。

在 Solidity 合约中，有 3 种函数可以实现合约之间的相互转账：addr.transfer(uint256 amount)、addr.send(uint256 amount) returns(bool)、addr.call.value()，都是代表向地址为 addr 的用户账户转账，单位为 Wei，但是在执行过程中这 3 种函数稍有区别。

(1) addr.transfer()：执行时有 Gas 限制，最大为 2300，如果转账失败则抛出异常信息。

(2) addr.send(uint256 amount) returns(bool)：执行时有 Gas 限制，最大为 2300，如果转账失败则返回 false。

(3) addr.call.value()：执行时没有 Gas 限制，如果转账失败则返回 false。

DAO 合约 withdrawRewardFor 函数的具体代码如下：

```
function withdrawRewardFor(address _account) noEther internal returns
(bool _success) {
    if ((balanceOf(_account) * rewardAccount.accumulatedInput()) /
    totalSupply<paidOut[_account])
        throw;
    uint reward=(balanceOf(_account) * rewardAccount.accumulatedInput())/
    totalSupplypaidOut[_account];
    if (!rewardAccount.payOut(_account,reward))
        throw;
    paidOut[_account] +=reward;
    return true;
}
```

The DAO 合约受攻击的代码在 DAO 合约中 withdrawRewardFor 函数的第 6 行。该行执行 payOut 函数，目的是向地址_account 转入数量为 reward 的代币。payOut 函数是在 ManagedAccount.sol 合约中定义的函数，主要功能为根据一定规则来判断是否达到转账的条件。

DAO 合约 payOut 函数的具体代码如下：

```
01 function payOut(address _recipient,uint _amount) returns (bool) {
02    if (msg.sender != owner||msg.value>0||(payOwnerOnly && _recipient !=owner))
03       throw;
04    if (_recipient.call.value(_amount)()) {
05       PayOut(_recipient, _amount);
06       return true;
07    } else {
08       return false;
09    }
10 }
```

第 4 行函数是向接收者_recipient 地址转账_amount 个代币，使用的是 addr.call.value 函数，由于没有 Gas 限制，可以被攻击者循环利用来发起攻击。

如图 7.9 所示，攻击者发起 The DAO 攻击的主要流程：首先，攻击者创建一个攻击者合约，在其中复写 fallback 函数，用于回调 The DAO 合约的 withdrawRewardFor 函数。攻击者在合约中初始化一个合法的 withdrawal 时，调用 The DAO 合约的 withdrawRewardFor 函数，在 withdrawRewardFor 函数中会执行转账操作，根据 fallback 函数的特性，在合约收到转账时会自动执行 fallback 函数中的逻辑，而攻击者在复写的 fallback 函数中又去重新调用 withdrawRewardFor 函数，导致 The DAO 合约继续给攻击者合约转账，该过程不断地循环（虚线内的逻辑），将 The DAO 合约的 DAO 币不断转出。

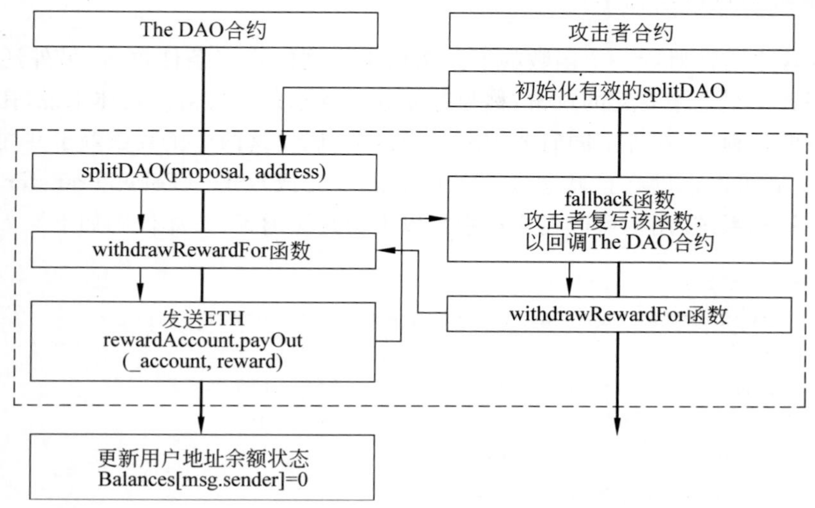

图 7.9　The DAO 攻击的主要流程示意图

简化版的攻击者合约代码如下，通过复写的 fallback 函数(第 9 行)重新调用本合约的 withdrawRewardFor 函数，进而实现对 The DAO 合约的重入调用。

```
01  contract AttackDAO {
02      address owner;
03      constructor () public {
04          owner=msg.sender;
05     }
06     function withdrawRewardFor (address _addr) public {
07          splitDAO(_addr).withdrawRewardFor ();
08     }
09     function () public payable {
10        if (address.this).balance< 99999 ether {
11            withdrawRewardFor (msg.sender)
12        }
13     }
14  }
```

在第 9 行的 fallback 函数中，攻击者通过回调 withdrawRewardFor 函数来实现递归调用攻击。为了避免无限调用 fallback 出现 Gas 耗光的异常出现，攻击者可以自定义递归的次数 account，攻击者也可以向合约地址存入一定金额的代币。然后，攻击者可以调用 withdrawRewardFor 函数向 The DAO 发起交易，在 withdrawRewardFor 函数中可以看到函数调用的是 The DAO 合约的 withdrawRewardFor 取款函数，The DAO 合约中 withdrawRewardFor 函数会将一定数额的代币转给攻击者，当执行完 payOut 函数后，该合约会自动触发攻击者合约的 fallback 函数，这样又会递归调用 The DAO 合约的 withdrawRewardFor 函数进行转账，重复循环 99 999 次，从而不断地将 The DAO 合约账户中的代币转走。

2. 跨函数的竞态条件漏洞

可重入攻击是针对同一个函数的不断调用来实现的竞态条件攻击，另外还存在一种针对不同函数的组合来发起的攻击，称为跨函数的竞态条件攻击。具体来说，在调用合约中某一函数的过程中，在外部同时调用另一个函数，假设这两个函数依赖于共同的状态变量，这样攻击者可以借助在该状态变量的中间态来完成攻击。TokenTransfer 合约建立了一个通证管理系统，用户可以在合约中用以太币购买通证，具体代码如下：

```
contract TokenTransfer {
    mapping(address=>uint) private userBalances;
    …
    function transfer(address to, uint amount) {
        if(userBalances[msg.sender]>=amount) {
        userBalances[to]+=amount;
        userBalances[msg.sender]-=amount;
        }
```

```
09        }
10        function withDrawBalance() public {
11            uint amountToWithDraw=userBalances[msg.sender];
12            if(!(msg.sender.call.value(amountToWithDraw))){throw;}
13            userBalances[msg.sender]=0;
14        }
15    }
```

代码中主要罗列了两个函数：transfer 和 withdrawBalance。transfer 是将数量为 amount 的通证转移到 to 地址上，withdrawBalance 用来将以太币存入交易发送者账户中。在该合约中，攻击者可以首先构造一个攻击合约，并复写 fallback 函数，fallback 函数中调用 TokenTransfer 合约中的 transfer 方法。在这种条件下，当攻击者调用 withdrawBalance 函数来取款时，假设 msg.sender 为攻击者合约，当合约执行完第 12 行时，会自动触发执行攻击者合约中的 fallback 函数，而此时还未执行第 13 行，因此攻击者的存款状态并未修改。攻击者不仅可以将钱取走，还可以增加 to 地址的账户余额。这种跨函数的竞态条件常常发生在多个函数之间，或者多个合约之前。

7.2.5　整数操作漏洞

整数操作漏洞是指在合约中由于整数变量都有上下界的限制，如果在运算过程中出现越界，即超出整数类型的有限范围时，会导致执行程序异常而遭受攻击。智能合约中有很多关于整数类型运算类的操作，由于 Solidity 智能合约中没有提供有效的整数溢出检测机制，而导致智能合约执行运算过程中容易出现安全问题，主要包括 3 类整数操作会引入整数溢出漏洞问题。

1. 算术运算错误

算术运算错误主要是由于算术运算结果比定义的整数类型大或者小的情况，称为整数上溢和下溢。依据运算的类型，整数溢出又可分为乘法溢出、加法溢出和减法溢出。以太坊中定义了多种无符号整数类型，包括 uint8、uint16、uint32、uint256，这些类型都是有范围限制的，超过范围则会报出异常。例如，假定变量 a 被定义为 uint8，则变量 a 能存储的范围是 $0\sim 2^8-1$，即[0,255]。如果将 256 赋值给变量 a，则内存中存储的数据进位加 1 之后导致结果变为 0，同理，如果将 -1 赋值给变量 a，结果会变为 255。

一般算术运算错误是由于没有准确预估变量所能达到的值，随着时间的推移，在计算过程中会超过变量的范围限制。例如，在合约中定义了一个类型为 uint32 的变量用来存储计数结果，由于不断累加，该变量值增加到超过 $2^{32}-1$ 时，此时该值会被设置为 0，与预计计算结果不一致。同样地，如果一个整数类型变量被修改后小于 0，将会导致它下溢并被设置为最大值 2^{256}。算术运算错误容易出现在某合约中的变量是公开可修改的，攻击者可以通过更新其具体值超过定义类型的范围来导致合约执行的错误，对于较小值的整数类型更容易出现上溢问题，如 uint8、uint16。此外，算术运算错误还会发生在除法或者模运算中分母为 0 的情况，同样会导致结果为 0。因此，为了防止算术运算错误，需要额外注意对整数变量的更新操作，可以定义符合应用场景的最大整数类型，同时对变量的修改需要权限级别较高的用户进行操作，对输入数据做好有效性检查。整数上溢漏洞具体代码如下，函数 add 实现的功能是将两个 uint32 类型的变量相加，由于返回结果定义同样为 uint32，这样极易出现超出 uint32 的情况，导致执行结果与预期不符引发后续错误。为了防止由于算术运算而导致的溢出漏洞，可以在计算前对输入数据进行有效验证，还可以使用 Solidity 中的标准库函数来实现安全运算。例如，SafeMath 合约。

```
function add(uint32 a,uint32 b) public returns(uint32) {
    return a+b;
}
```

2. 整数截断错误

整数截断错误是出现在将一个整数类型转换为一个范围较小的整数类型时，导致精度丢失的错误。整数截断错误的示例代码如下，假设用户的 msg.value 值大于 255。相比其他编程语言类似于类型的强制转换，如果用户的输入大于被强制转换的类型值，那么预期的输出结果也会不一致，尤其设计用户的账户更新相关的操作，这种错误所造成的危害会更大。

```
mapping(address=>uint8) balance;
function() public payable {
    balance[msg.sender]=uint8(msg.value);
}
```

3. 类型转换错误

在将有符号整数类型(int)转换为相同长度的无符号整数类型(uint)过程中，可能出现将一个负数类型的值转换为一个正数值的情况，这就是类型转换错误。类型转换错误示例代码如下，合约中函数的输入类型为 int 型，函数依赖该输入的大小作为条件来执行是否转账操作。由于攻击者可公开调用该函数，那么可以在第 2 行输入一个负值来满足 if 判断条件，实现错误的逻辑处理，这是由于负数值被转换成了无符号类型的整数值。

```
01 function withdrawOnce(int amount) public {
02     if(amount>1 ether || transferred[msg.sender]) {
03         revert();
04     }
05     msg.sender.transfer(uint(amount));
06     transferred[msg.sender]=true;
07 }
```

7.2.6 基于块燃料限制攻击漏洞

通常而言，矿工会选择交易费较高的交易数据打包至新块中。通过计算输入数据大小、执行指令等操作来计算交易所需的燃料，如果实际消耗的燃料数量小于燃料限制，则交易被正常处理。如果实际消耗的总燃料超过了燃料限制，该交易所有的操作都被还原为原来的状态，但是这些交易还是会产生，并且交易费会支付给矿工，未被使用的燃料则退还给用户。这种情况下，攻击者可以利用燃料限制的性质实现 DoS 攻击。具体地说，攻击者可以发起一笔交易修改函数中的变量值，例如 for 循环的层数，使得交易消耗的燃料超过燃料限制，这样该函数执行会一直处理 out-of-gas 状态而无法被正确执行。基于块燃料限制攻击漏洞的示例代码如下：

```
01 contract DistributeTokens {
02     address public owner; //gets set somewhere
03     address[ ] investors; //array of investors
04     uint[ ] investorTokens; //the amount of tokens each investor gets
05     //… extra functionality,including transfertoken()
06     function invest() public payable {
07         investors.push(msg.sender);
08         investorTokens.push(msg.value * 5); //5 times the wei sent
09     }
10     function distribute() public {
11         require(msg.sender==owner); //only owner
12         for(uint i=0; i<investors.length; i++) {
13             //here transferTokens(to,amount) transfers "amount" of tokens to
               //the address "to"
14             transferToken(investors[i], investorTokens[i]);
15         }
16     }
17 }
```

上述代码定义了与通证 Token 管理的函数和变量，其中 investors 指投资者数量，是一个可变长数组，通过 invest 函数可以修改 investors 的长度。攻击者可以发起 DoS 攻击，不断调用 invest 函数增加 investors 长度(消耗一定数据的 ETH)。如果合约中第 12 行 for 循环次数增加到一定层数，使得 distribute 函数消耗的燃料总是超过交易的燃料限制，那么 distribute 函数会一直处于 out-of-gas 异常状态而一直无法执行成功，导致合约正常功能实现受到影响。

7.2.7　call 注入攻击漏洞

call 注入攻击主要发生在 Solidity 合约之间的相互调用过程中。为了提升开发的效率，Solidity 支持合约之间基于 call 函数簇来实现相互调用，主要包括 3 种方法。

(1) <address>.call(…) returns(bool)。

(2) <address>.delegatecall(…) returns(bool)。

(3) <address>.callcode(…) returns(bool)。

以上传入的数据支持任何长度及类型的参数。在合约调用过程中，内置变量 msg 会随着调用的发起而发生状态变更。第一种 call 是最常用的函数调用方法，当执行该函数时，内置变量 msg 会修改为调用者，执行环境也切换到调用者的执行环境。call 方法常用的调用方式有如下两种。

(1) ＜address＞.call(function_selector,arg1,arg2,…)。

(2) ＜address＞.call(bytes)。

address 是指合约账户地址,call 调用及用来执行该合约地址下的某函数。第一种是通过参数的方式,将方法及参数作为输入进行传入,第二种是直接基于字节数组作为输入的方式,在该字节数组中,同样地可以构造与第一种类似的方式执行输入数据。一般跨合约调用执行方都会使用 msg.sender 全局变量来获取调用方的以太坊地址,以支持条件的逻辑判断。在这种情况下,攻击者可以利用 call 函数实现注入攻击。例如,在智能合约中会经常判断调用者的身份信息是否是创建者身份,然而攻击者可以利用其他可公开调用的函数来绕过该条件判断。call 注入攻击漏洞示例代码如下:

```
01  contract CallInstance{
02      address owner;
03      function callData(bytes data){
04          this.call(data);
05      }
06      function operation() public{
07          require(owner==msg.sender);
08          //secret operations
09          …
10      }
11  }
```

在上述 CallInstance 合约中,callData()是公开可调用函数,读入用户输入的数据 data,operation()中设定是合约创建者才能执行的函数,但是攻击者可以通过其他函数来绕过该限制,以达到越权操作的目的。具体地说,攻击者可以在 callData 函数中构造一份 data 数据,该数据中通过设置将 operation 函数设定为选择器,这样在通过 call 调用过程中会执行 operation 函数,msg.sender 也会切换为合约创建者身份,因此攻击者就可以绕过第 7 行的身份限制,以创建者身份来执行后续的操作。总而言之,call 函数为合约的相互调用提供了便利,但是也带来很大的安全问题,攻击者可以利用 call 函数来绕过很多限制条件。

7.3 Solidity 安全编程

通过 7.2 节的学习,了解了智能合约本身存在很多的安全陷阱,稍不注意就会导致合约执行结果与预期相差很大。以太坊智能合约的开发与其他编程语言不同,在出现漏洞时很难通过打补丁的方式来进行补救,因此会给用户造成巨大的经济损失。为了防止已知和未知的安全漏洞,不仅需要了解 Solidity 合约在 EVM 中的运行原理,同时要了解和学习新的开发思维以应对潜在的风险。本节主要从编程的简洁性、可读性、解耦性等方面出发,简要概述 Solidity 合约中的开发设计原则。

(1) 为了保证智能合约代码的简洁性,不宜将大量的业务逻辑都放在智能合约中执行，可以将上层与应用相关的代码放在区块链外面，如通过 web3j 对接方式，将部分应用逻辑用 Java 语言来开发，将真正需要建立在去中心化逻辑上的代码放在智能合约中执行。另外，参照软件开发的设计原则，每个函数实现的功能是单一的，不同函数与函数之间保证一定的解耦性，这样使得每个函数可以基于模块化的形式被其他函数或合约调用。

（2）充分理解智能合约的运行机制，避免出现已知的错误。7.2 节中介绍的安全漏洞是 Solidity 中几种典型的攻击方式，还存在其他的安全漏洞在 Solidity 官网中会即时公布。Solidity 是一种与 JavaScript 类似的高级编程语言，其中的功能以及安全性方面都还在演进过程中，因此需要跟进对以太坊社区关于 Solidity 的最新安全进展，在发现新的安全漏洞时可以及时地检查自己部署的合约，尽可能快速地修复漏洞，规避风险。此外，保证合约执行过程具备一定的容错性，一旦发现错误，具备规避方案或者停止运行的功能，针对账户管理的风险尤其要注意。应尽量规避对外部合约的调用，在针对一些未经过严格审查和测试就发布的合约更需要重点关注。

（3）要从传统软件工程设计的角度来设计和开发智能合约。一个较为完善的智能合约需要按照“高内聚、低耦合”的原则，实现功能的模块化，充分利用已有的规范代码，减少有风险的开发编程。从智能合约的架构考虑，功能模块化和代码重用审查是验证合约规范性的主要方式。

下面针对 7.2 节中提到的 7 类关键合约漏洞的规避措施进行描述。

（1）针对交易顺序依赖漏洞，可以通过构造测试用例的方式对合约的所有函数进行测试，通过给定相同的输入数据，但是在交易确认顺序上通过设置不同的交易费来实现不同顺序的交易验证。通过这样的方式来查看合约的最终状态数据是否保持一致，如果不一致则说明合约存在交易顺序依赖漏洞的风险。如果出现此状况，则可以在函数中设定用户输入的条件判断，验证所执行的合约状态数据是否与预期的结果一致，在保持一致的条件下才向后执行。

（2）针对时间戳依赖漏洞，在智能合约中减少以时间戳（包括其他非确定性值）作为判断依据或者依赖值，通常情况下可以采用块高度（Block Height）作为替代值进行判断。通过块生成时间，依据场景需要可以估算利用多少块作为时间间隔合适，即时间间隔≈块数量×块产生时间。

（3）针对异常处理漏洞问题，Solidity 支持异常捕获功能，在满足代码安全执行的同时，还需要考虑安全性。对代码中可能存在的异常行为，包括魔鬼输入、非法计算等，考虑是否由本段程序自行处理，还是需要让外层程序知晓并进行处理。如果为本段程序处理则添加 try-catch，否则通过 throw 的方式将该异常抛出。

（4）针对竞态条件漏洞，为了避免出现可重入攻击，可以通过 Solidity 推荐使用的“检查—生效—交互（Checks-Effects-Interactions）”模式，即在与外部合约或者函数进行交互之前，首先进行有效性检查，包括确认函数调用者的身份、所用参数是否符合规定取值范围、是否发送了足够的以太币或者用户是否具有执行的权限等。此外，为了处理会影响合约或函数之间的共享状态变量，需要将状态变量的更新放在交互之前执行，再执行合约或者函数之间的交互。竞态条件漏洞“检查—生效—交互”的具体代码如下，sendBalance 合约中，可以在 withdrawBalance 与其他函数“交互”之前，先做“检查—生效”，即将

userBalances 状态变更放在 if 检查之前，这样攻击者无法通过重入回调的方式对合约账户进行攻击。

```
function withdrawBalance(){
   var balance=userBalances[msg.sender];
   if (userBalances [msg.sender] <=0) {
      throw;                                              //检查
   }
   userBalances[msg.sender]=0;                            //生效
   if (!(msg.sender.call.value(balance)())) {             //交互
      throw;
   }
}
```

(5) 针对整数操作漏洞，可以参照两种方式来规避。首先，可以通过静态的整数溢出检查来对整数溢出问题进行安全性检查，判断输出是否在合理的范围内再进行赋值。虽然这样会提高合约消耗的燃料，但相比潜在的安全漏洞而言微不足道。此外，用户还可以利用标准库合约函数对整数进行安全性检查。智能合约中有一些专门进行算术运算的库合约 SafeMath，包括 add、sub、mul 以及 div。SafeMath 合约使用了内建的 require 或 assert 函数来检查基本的算术运算是否会发生溢出。一旦发生溢出，require 和 assert 会自动触发事务回滚机制。

(6) 针对基于块燃料限制攻击漏洞，为了保证交易中的燃料使用不超过限制，尽量避免包含循环操作的函数让外部用户进行调用，严格限制循环遍历总次数的修改权限。此外，开发者应该掌握减少燃料消耗和字节码大小的方法。例如，可以通过调用现有的库函数使得某些函数逻辑不存在本合约中，减少合约的字节码占用。另外，针对函数变量可以不设置初始值、使用言简意赅的字符串作为标识、减少对外部合约函数的调用等措施都可以用来降低燃料的消耗。

(7) 针对 call 注入攻击漏洞，由于 call、delegatecall、callcode 3 种跨合约(函数)的调用灵活性非常大，并且在调用过程中会伴随 msg 值的变化，这给攻击者带来了极大的操作空间，因此在合约设计中，需要谨慎地使用这 3 种底层函数。要对调用参数做严格的校验，避免参数被注入包含恶意代码的数据。此外，由于 call 和 callcode 调用会改变 msg 的值，导致合约中的权限判定被绕过，导致代币被窃取，因此不能轻易地使用本合约的地址作为可信地址。同时，delegatecall 和 callcode 这两种调用方法会将目标代码切换到本地环境执行，因此要对调用的函数进行细粒度的限制，防止对任意函数的调用。

7.4 本章小结

智能合约作为运行在区块链中的计算机程序，代码是公开可获取的，并且其中涉及金额巨大的经济利益，因此很容易成为攻击者的目标。本章主要介绍了以太坊和智能合约相关的知识概念。重点分析了 7 种典型的针对 Solidity 合约的攻击，并通过代码实例来阐述合约中容易遭受攻击的代码漏洞，包括交易顺序依赖漏洞、时间戳依赖漏洞、异常处理漏洞、call 注入攻击漏洞等。相比 Java/C++ 等其他编程语言，Solidity 智能合约由于区块链具有分布式的特性，某些漏洞是区块链中所特有的，如交易顺序依赖漏洞；有些是与传统代码漏洞一致的，如整数溢出漏洞。由于智能合约漏洞无法通过补丁或者升级的方式对其进行修复，因此在以太坊中部署智能合约之前，务必做好充分的安全性分析、检查和测试。

7.5　练习

1. 描述智能合约的定义。以太坊中可以使用哪些语言来编写智能合约？

2. 简述 Solidity 智能合约在以太坊中的编译过程及运行方式。为什么部署和调用智能合约方法需要消耗燃料？

3. Solidity 智能合约文件主要由几个组成？主要包含哪些数据？

4. Solidity 函数修饰器的主要作用是什么？如何定义和使用函数修饰器？

5. Solidity 智能合约中实现转账的方式有哪几种？简述各种转账方式的主要特点。

6. 分析以下智能合约的代码中主要存在哪几个安全漏洞？简述漏洞发生的原因。

```
contract DataMarket {
  address owner;
  function buy(uint8 _bomb) public payable {
     require(owner==msg.sender);
     …
     int _random=uint(keccak256(block.blockhash(block.number-1),msg.Gas,
        tx.Gasprice, block.timestamp))%bomb.chance +1;
     if(_random==1) {
        bomb.owner.transfer(…)
        ceoAddress.transfer(…)
     }
}
   function callFun(bytes data) {
      this.call(data);
   }
}
```

7. Solidity 智能合约通常有哪几种方式实现合约之间的调用？call 注入攻击一般是如何发生的？

8. 竞态条件的定义是什么？Solidity 中的竞态条件漏洞是如何产生的？

9. 列举 Solidity 合约中整数操作漏洞的主要类型，并简述各类型产生漏洞的原因。

10. Solidity 安全编程开发的基本理念是什么？

第8章 共识层安全

共识层是区块链的核心层，是确保区块链安全稳定运行的重要组成部分。本章将从共识协议的安全性出发，介绍共识协议在不同结构下的安全性假设，分析 PoW、PoS 和 BFT 3 种共识协议的安全性。同时，从实际应用角度来介绍共识层中 5 种常见的攻击行为。

8.1 共识层安全概述

系统的共识层安全主要概括为两方面：活性（Liveness）和一致性（Consistency）。4.6 节对这两大特性做过详细说明。具体地说，活性是指系统的共识协议的参与节点最终都会处理任一有效的消息。一致性主要用于描述系统的共识节点是否在某一有效交易上达成共识。

在区块链系统中，共识安全还要求系统具有抗审查性和抗 DoS 攻击的特性。

(1) 抗审查性（Transaction Censorship Resistance）：抗审查性要求系统具有抵抗恶意节点掌控交易的能力，主要是针对基于工作量证明的共识协议要求具备的性质，在这类协议中，矿工通常聚集计算力（矿池）来合作挖矿，每挖到一个块，矿池管理者就依据矿工的计算力贡献度来划分块奖励。然而，矿池机制破坏了分布式区块链的去中心化特性，恶意的矿池管理者可以掌握被处理进区块的交易，忽视矿工的计算力贡献度而不公平地划分块奖励。因此，存在矿池机制的基于工作量证明的共识协议需要保留分布式特性，即矿池的矿工挖到有效区块的概率与其计算力贡献度成正比，抵制矿池管理者掌控交易，例如 SmartPool 分布式矿池。

(2) 抗 DoS 攻击（DoS Attack Resistance）：抗 DoS 攻击要求系统中的共识节点具有抵抗 DoS 攻击的能力。基于工作量证明的共识协议具有抗 DoS 攻击的能力，而基于权益证明和基于拜占庭的共识协议并不具备。遭遇 DoS 攻击意味着所有诚实的共识节点都会宕机，没有处理交易的能力。现有的基于权益证明和基于拜占庭的共识协议会通过安全地更换系统的共识节点来抵抗 DoS 攻击，如 Ouroboros Praos、Algorand 和 ByzCoin。

实际上，经典的共识协议在分布式系统中已经被广泛研究，它们与区块链共识协议的区别在于它们只考虑封闭系统的共识问题。在安全的角度上，这些共识协议中的恶意节点可分成两类，即故障节点和拜占庭节点。具体来说，故障节点指那些因为进程失败或机器宕机而引发错误的节点，而拜占庭节点可以恶意地执行错误的指令或阻碍消息的发送。在经典的共识协议中，Paxos 协议只能抵抗故障节点的错误，而 PBFT 可以抵抗拜占庭节点的错误。

8.2　共识协议安全假设

共识机制提供了一种可以去除第三方可信机构的数据共享机制，给构建在区块链上的应用层提供去中心化的公共账本支持。共识层是区块链架构的核心，主要负责确保区块链网络中的各个节点可以共享一份有效的区块链视图。根据共识协议算法的不同，可以将共识机制划分为两大类：基于 PoW/PoS 协议的共识机制和基于 BFT 等分布式共识协议的共识机制。目前，衡量共识协议的安全指标主要包括链质量、激励相容度、作恶收益、审查敏感性。

(1) 链质量(Chain Quality)：描述在主链挖矿的诚实区块链矿工数量。例如，比特币中 51%安全代表工作在主链上诚实矿工的数量占总参与节点矿工的数量为 51%。

(2) 激励相容度(Incentive Compatibility)：衡量区块链中诚实矿工获得区块奖励的最小百分比，主要是为了衡量对自私挖矿攻击的抵抗能力。

(3) 作恶收益(Subversion Gain)：表示恶意的矿工在每个区块生成间隔的平均值内能够获得的区块奖励加上双重支付奖励的最大值，用来衡量区块链抵抗双重支付攻击的能力。

(4) 审查敏感性(Censorship Susceptibility)：表示诚实的节点因为拒绝审查者请求而导致奖励损失的最大百分比。例如，在主链中产生了 5 个诚实区块，但是其中 3 个区块成为孤块，则审查敏感性为 3/5。该指标用于衡量矿工产生的区块成为孤立块的百分比。

8.2.1　PoW/PoS 协议的安全性

现代密码体制下提出的密码学方案的安全性评估一般依赖于是否能将方案归约到某个公开的数学困难问题上，如 RSA 算法可以归约到大整数分解问题以及 ElGamal 算法可以归约到椭圆曲线上的离散对数问题。共识层的共识机制无法归约到某一数学困难性问题，如基于 PoW/PoS 协议共识机制安全是依赖所有诚实节点占有区块链中 51%算力或者权益。为了进一步阐明 PoW 协议和 PoS 协议的安全假设，下面分别对基于 PoW 协议共识机制和基于 PoS 协议共识机制进行详细讨论。

(1) 基于 PoW 共识机制：在基于 PoW 共识机制的区块链中，节点想要获得出块权力必须提供一份“工作量证明”，即解决某个特定的数学问题。PoW 的安全假设是所有诚实节点占有区块链中 51%算力。如图 8.1 可以很好地说明区块链中汇集的算力资源越多，恶意的攻击者控制区块链的难度就越高。算力安全假设提供了 PoW 协议所需的安全性，但需要消耗大量的算力资源。

71	72	73	74	75	76	77	78	79	80
61	62	63	64	65	66	67	68	69	70
51	52	53	54	55	56	57	58	59	60
41	42	43	44	45	46	47	48	49	50
31	32	33	34	35	36	37	38	39	40
21	22	23	24	25	26	27	28	29	30
11	12	13	14	15	16	17	18	19	20
1	2	3	4	5	6	7	8	9	10

攻击者想要逆转54号区块的交易，必须重做 54~79 号区块的生成工作，同时要在诚实节点产生80号区块前完成

诚实节点都在80号区块上工作

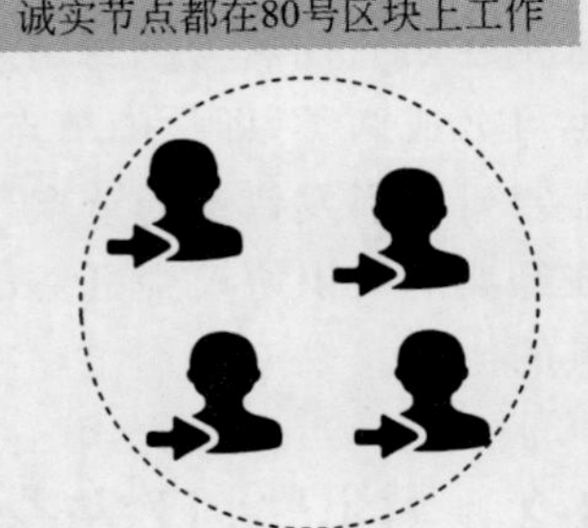

图 8.1 攻击者攻击说明图

(2) 基于 PoS 共识机制：解决基于 PoW 共识机制中计算资源浪费的问题，最早使用基于 PoS 共识机制的数字货币是 PPcoin，以节点持有的数字货币的数量以及持有的时长来计算出币龄。节点持有货币的时间越长权益就越大，获得出块权的可能性就越大。与 PoW 共识机制类似，基于 PoS 共识机制的安全假设是所有诚实节点占有区块链中 51% 权益，同样以最长链为准。

基于 PoW/PoS 共识机制的安全假设实质上都是假设诚实节点共同维护区块链的能力远大于攻击者破坏区块链的能力。共识机制存在的问题主要体现在如下 3 方面。

(1) 一致性不稳定：基于 PoW/PoS 共识机制在共识的过程中可能出现短暂的分叉，需要等待后续更多区块生成后才能判定前面生成的区块是否获得了大多数链上节点的认可。因此，基于 PoW/PoS 共识机制下的共识机制只具备弱一致性。

(2) 可扩展性差：扩展性主要用来衡量区块链中的处理交易的性能。早期的 PoW/PoS 共识机制的区块链存在交易吞吐量低的问题，例如，比特币平均约每 10 分钟产生一个区块，而且包含的交易有限，与传统情况下的银行交易系统的交易吞吐量和交易确认时间相比都有很大的差距。

(3) 重构困难：共识机制使区块链系统具有去中心化的性质，这一性质保证了区块链可以在不需要可信第三方的维护下正常工作。但是在没有第三方维护的情况下，一旦发生安全假设被打破的情况就无法自动恢复到安全假设被打破前的状态。基于 PoS 共识机制的以太坊就曾发生过共识机制的安全假设被打破需要恢复到安全状态的情况。以太坊为了恢复安全状态，采取了所有节点共同投票进行硬分叉的措施，以恢复被盗取的以太币。硬分叉严重破坏了区块链的不可篡改性，因此当时出现了不少争议。所以，PoW/PoS 共识机制下的区块链存在重构问题。

8.2.2 BFT 协议的安全性

拜占庭容错(Byzantine Fault Tolerance，BFT)是一种解决拜占庭问题的理论方法。由于区块链的共识问题和拜占庭将军问题相似，所以基于 BFT 理论可以延伸出适用于区块链共识层的多种共识机制。现将区块链共识问题类比于拜占庭将军问题，每个参与节点充当将军的角色，参与节点之间传递消息的过程相当于将军的信使交换消息的过程。在这一过程中，产生并传递错误信息给其他节点的故障节点称为拜占庭节点，传递正常消

息的节点称为非拜占庭节点。假设分布式系统中有 n 个节点,整个系统中的拜占庭节点不超过 m 个($n\geqslant 3m+1$)。除了上面的安全假设,在分析拜占庭问题时,还会考虑如下 4 种假设。

(1) 拜占庭节点的操作不受控制并且可以实施合谋。

(2) 拜占庭节点之间的错误行为是不具备相关性的。

(3) 拜占庭节点之间的通信不是同步的,可能存在消息丢失、延迟等问题。

(4) 拜占庭节点之间的消息传播不是通过秘密通道进行的,即传播中的消息是可以被攻击者窃听盗取的,但是传播的消息是不可以被篡改或者伪造的。

在 BFT 共识机制下,需要考虑两个安全指标,即安全性和活性。

(1) 安全性:分布式系统下已经完成的请求不可被更改,并且可以查询和追溯已经完成的请求。对应到区块链系统中则是,已生成的区块不可被篡改以及区块中包含的交易可以被 BFT 协议下的区块链任意节点查询。

(2) 活性:在分布式系统下,其他故障因素不会影响非拜占庭节点的服务请求被正常接收和执行。也就是说,在区块链系统中,系统需要稳定持续地生成新区块,节点的交易服务要被正常处理。

8.3　可扩展共识协议

目前,区块链系统受扩展性的限制,即系统处理交易的吞吐量不随着共识节点数量的增多(计算力或股权益的增多)而增大,可扩展共识协议致力于解决这一困境。现有的可扩展共识协议包括基于混合方式(Hybrid-based)、基于变种链结构(Variant Chain-based)以及基于分片(Sharding-based)的共识协议。这类协议继承原有协议的安全假设(见 8.2 节),但需要引入更强的安全假设来换取性能上的提升。

1. 基于混合方式的可扩展共识协议的安全性

基于混合方式的可扩展共识协议是在保留原区块链协议安全性的基础上引入更快的交易处理构建组件来提高共识协议的可扩展性。新加入的构建组件往往通过牺牲分布式特性或安全性来换取更快的交易处理速度,因此,此时的共识协议的安全假设相比于原有的更强。例如,基于比特币的可信模型 Bitcoin-NG,将选取块生成者和处理交易的过程分离,选取块生成者的方式沿用比特币中的选取方式,但选中的块生成者在下一个块生成者出现之前有权利持续向主链添加交易,从而提高了交易处理速度。但是,Bitcoin-NG 只保证概率性的活性。活性是共识协议的重要安全特性之一,它指系统的共识节点最终都会处理每笔有效的交易,而概率性的活性体现在 Bitcoin-NG 概率性地处理有效的交易,这一定程度上会降低系统的安全性,例如,财务系统有一笔清算交易需要完成最终确认以降低系统用户的账户风险,如果该财务系统采用了 Bitcoin-NG 协议,而该笔交易一直没有被确认,从而威胁到系统用户的账户安全。闪电网也是在比特币的基础上允许验证者线下验证交易的正确性,只将多笔线下交易的结果发布到链上,加快两方之间交易的处理速度。但为了确保线下交易结果是正确的,闪电网引入非标准的数字签名方案,因此增加了密码方案的安全假设来保证系统的安全性。

2. 基于变种链结构的可扩展共识协议的安全性

基于变种链结构的可扩展共识协议继承了比特币的安全假设,即存在大多数的共识节点承认主链上的区块。它们通过重定义区块链协议来提高可扩展性,通常是重定义原区块链协议的共识链的结构。例如,Ghost 协议和 Spectre 协议。Ghost 协议在不影响原区块链的前提下承认有效的分叉区块,因此不同于比特币的单链结构,Ghost 协议以树状结构组织区块。在主链选择方面,它选择树状结构中权值最大的路径作为主链,其中路径的权值定义为该路径上区块的深度。但相比于比特币中每个矿工挖到新块的概率与其算力成正比不同,Ghost 协议中网络延迟小的矿工更有优势挖到新块,因此,矿工挖到新块的概率并不严格地与矿工的算力成正比。同样地,Spectre 协议允许挖矿过程中有多个区块产生,从而使原有单链在某一时间节点上的一个区块变成 DAG 区块,从而提高区块链的可扩展性。

3. 基于分片方式的可扩展共识协议的安全性

分片技术是用于提高区块链可扩展性的关键技术之一,该技术使得区块链的性能随着节点的增多而线性增强。分片技术将区块链的共识节点划分为多个不交叉的分区,这些分区节点并行地处理区块链的交易,提高了交易处理速率,从而提高可扩展性。在提高性能的同时,共识协议还需要保证区块链的分布式特效和安全性,为了平衡好这 3 点,协议在设计上会引入如下 3 个安全假设。

(1) 系统大多数共识节点是诚实的,一个分区至少 33%共识节点是诚实的。具体地说,协议采用不可预测且公开可验证的随机性协议,如 RandHerd 协议,来分配分区的共识节点。同时,采用密码抽签协议周期性地替换分区内的共识节点,使得分区中诚实和恶意的共识节点形成合理的比例,如 OmniLedger 协议。

(2) 共识节点之间存在认证的通信通道。目前的协议虽然利用传统的 BFT 协议来实现分区内交易的共识,但对共识节点的通信假设相比于原来更强。

(3) 系统的用户具有激励性。有些协议(如 OmniLedger 和 RSCoin 协议)在处理跨分区交易时是用户驱动的,它们要求用户有激励性去封锁和解锁相应的交易,以确保跨分区交易被正确地执行。假如用户故意封锁交易,不进行解锁操作,这类协议相当于遭遇 DoS 攻击。

8.4 共识层安全威胁

针对区块链共识机制的攻击手段有多种形式,攻击者主要针对共识机制中存在的安全假设不可靠和一致性不稳定问题来实施攻击。其中,基于安全假设不可靠的攻击包括 51%攻击、贿赂攻击、币龄累计攻击等。基于一致性不稳定的攻击包括女巫攻击、芬尼攻击以及 Vector76 攻击等。近年来,攻击者对共识层实施的攻击已经引起了严重的经济损失。2016 年,51% Crew 组织对基于以太坊的数字货币 Krypton 发起了 51%攻击并最后损失了21 465个KR代币。

为了进一步了解攻击者是如何实施针对共识层的攻击的，下面将对目前常见的5种攻击手段进行介绍。

8.4.1　贿赂攻击

贿赂攻击(Bribery Attack)指的是参与区块链共识的节点会被恶意攻击者使用数字货币或者法币所贿赂，使得这些节点工作在特定的区块或者分叉上，从而产生对恶意攻击者有利的分叉链。通过这种攻击方式，攻击者不需要掌握51%算力也可以实现双重支付。贿赂攻击是将博弈论模型应用在区块链中的一种攻击方式。定义以下名词可以帮助理解贿赂攻击的原理。

(1) 非协作选择模型：该模型下所有参与节点都不存在与任意其他参与节点合作的动机，虽然参与节点可能形成群组，但是却无法形成拥有大多数节点的群组。

(2) 协作选择模型：指系统的参与节点都为一个共同的动机进行合作。

贿赂攻击者模型是一个非协作选择模型，即相当于在现实商业社会中的恶意收购者。恶意收购者是指在不经过被收购者同意而希望直接取得被收购者所拥有的资源的控制权。在贿赂模型下，攻击者拥有的资源如下。

(1) 预算：攻击者拥有的贿赂其他参与者执行特定行动的资金总额。

(2) 成本：攻击者实际支付给其他参与者的资金总额。将攻击者模型实例化到区块链中就是存在一个贿赂者利用自己拥有的足够多的资源对其他参与者进行贿赂，使得他们在区块链共识的过程中能够采取对贿赂者有利的行为。

贿赂攻击对基于PoW共识机制、基于PoS共识机制和基于BFT共识机制的安全性都会造成威胁。

(1) 基于PoW共识机制：基于PoW共识机制的区块链允许区块链节点自由地加入或者退出区块链，并且都有机会参与共识。因此，攻击者可以通过贿赂攻击对区块链中参与共识的节点进行贿赂，从而产生对攻击者有利的区块链分叉。

(2) 基于PoS共识机制：基于PoS共识机制的区块链共识节点需要拥有一定份额的股份权益，所以攻击者可以针对用于股份收益的节点进行贿赂。

(3) 基于BFT共识机制：基于BFT共识机制的区块链拥有$3f+1$个共识节点，其中可以容纳f个节点出错。因此，攻击者只需要贿赂$3f+1$个节点中的$f+1$个节点就能使区块链停止正常出块。为了获得有利于攻击者的区块，攻击者需要贿赂至少$2f+1$个节点。

8.4.2　币龄累计攻击

币龄累计攻击(Coin Age Accumulation Attack)指在PoS共识机制下攻击者根据币龄计算节点权益的机制来计算币龄总消耗，进而确定有效的区块链。币龄累计攻击主要实施于使用PoS共识机制的区块链，而不能实施基于PoW共识机制的区块链。在PoS共识机制下，矿工挖矿成功的可能性与矿工账户上持有的数字货币的数量以及持有货币的时间长度相关。在购买一定数量的数字货币并持有足够长的时间后，攻击者就可以利用自己的币龄优势控制区块链出块,从而控制整个网络。以最早采用 PoS 共识机制的数字货币 Peercoin 为例,矿工获得出块权的难度与矿工持有的数字货币总额以及持有货币的时间长度有关。也就是说,矿工计算的哈希值需要满足以下公式

$$H(H(B_{prev}), A, t) \leqslant \text{balance}(A) \cdot m \cdot \text{Age}(\text{coins}) \tag{8.1}$$

式中,A 是账户地址;B_{prev} 是上一个区块;t 是时间戳;balance(A)是账户余额;Age(coins)是持有货币的时间长度。在 Peercoin 的最初版本中,拥有所有硬币 5%的攻击者可以将他拥有的数字货币通过交易分成多个 UTXO,直到拥有的 UTXO 的年龄比平均年龄高 10 倍。之后,攻击者可以利用这些币龄较高的 UTXO 来实现出块或者其他恶意操作。假如存在多个用户试图发起此攻击,则会导致网络质量严重恶化。为了防范攻击者通过长期持有数字货币获得较高币龄,区块链系统可以对矿工的持币总量和持币时间设置最大值约束,并且在达到预设的预警值时进行奖励清算来清空持币时间。

8.4.3 长距离攻击

长距离攻击(Long Range Attack),指具有足够计算能力的攻击者通过从第一个区块开始重新构建另一个区块链。由于基于 PoW 共识机制的区块链消耗了大量的计算资源,因此难以实施。例如,攻击持续 1000 个区块的比特币至少需要 400 万美元,而且,与短距离攻击不同,这种攻击非常容易被发现。然而,PoS 共识机制与 PoW 共识机制不同,PoS 共识机制必须引入时间概念来替代原来的计算资源消耗机制。目前,长距离攻击主要分为 3 类。

(1) 向前腐化攻击(PoSterior Corruption Attack):通过控制曾经占有 50%权益的货币所有者重新构建区块链。由于这些早期持币者已经花费了他们手中的货币,不再承担持有这些货币贬值的风险,攻击者可以很容易地贿赂他们,让他们利用原来持有过的权益对区块链进行分叉。

(2) 权益流血攻击(Stake Bleeding Attack):在向前腐化攻击中,攻击者需要控制 50%的权益。攻击者通过建立只有自己节点的区块链并在上面进行挖矿工作来获得挖矿奖励。虽然,最开始时,攻击者的链并不比公有链长,但只要它们隐藏的时间足够长,并积累使得攻击者隐藏的链拥有的权益超过 50%,那么最终攻击者工作的私有链就会成为最长链。

(3) 权益粉碎攻击(Stake Grinding Attack):攻击者利用自身的权益优势来获得计算出块所需哈希值的优势,从而拥有更高的出块机会。然后,再经过一段更长的时间后获得比诚实节点更长的链,实现对原有区块链的分叉。

抵抗这种攻击的方式是引入检查点机制,即选择区块链中一些节点并每隔一段时间生成一个获得这些节点认证的区块,通过这样来确保这个区块所在的链原有的数据不会被撤销。

8.4.4 自私挖矿攻击

自私挖矿(Selfish-Mining)攻击,指矿工通过延迟区块的公布时间来获得出块优势。实施该攻击的核心是诚实矿工在会被淘汰公共分支上浪费算力。攻击者通过有选择地公

开他们开采出来的区块链来获得后续区块的出块优势，从而对公开分支实现分叉，最终使诚实矿工的工作失去价值。在自私挖矿攻击算法中，攻击者实质上维护两个区块链，包括一个私有链及一个公有链。私有链与公有链最初是一致的，一旦攻击者挖有效的区块后先加入私有链上而不进行广播。在这种情况下，攻击者就可以领先其他人一个区块的优势，然后在私有链上继续挖矿。即使公有链上的其他节点开采出区块，攻击者还是可以迅速地广播私有链的区块，那么还是有 50％的概率会被其他节点承认挖出的区块。实现攻击的情况可以分为下面两种。

（1）公有链长度大于私有链长度。恶意矿工需要拥有超过全网其他矿工的算力才可以通过在私有链上工作来超越公有链。由于恶意矿工拥有的算力较小，因此在这种情况下恶意矿工无法获得利益。

（2）私有链长度大于公有链长度一个区块。恶意矿工在私有链上进行工作会出现两种情况：①公有链中的诚实矿工在公有链中得到下一个区块，恶意矿工失去优势，此时恶意矿工主动广播私有链上的最新区块与公有链的区块进行竞争；②私有链上的恶意矿工开采出新的区块，此时私有链的长度优势得到保持。

目前研究者提出了两种方案来防止在区块链网络中发生的自私攻击。①发生分叉时，区块链网络把矿工随机分配到不同分支，来防止自私矿工把算力集中在较容易出块的分叉上。②网络上的矿池设置阈值限制，这将阻止自私的矿工获得比网络上运行的其他矿工更大的优势。自私挖矿攻击流程的程序代码如下：

```
Algorithm 1: 自私挖矿过程
(1) 初始化
公有区块链(public chain)←公开已知区块
私有维护链(private chain)← 公开已知区块
私有维护链领先长度 privateBranchLen←0
在私有维护链上进行挖矿
(2) 自己矿池中找到新区块
Δprev←length(private chain)-length(public chain)
将新块添加至私有维护链中
privateBranchLen←privateBranchLen+1
if Δprev=0 and privateBranchLen=2 then
  将私有维护链上的区块全部公开
  privateBranchLen←0
继续在更新的私有维护链上进行挖矿
(3) 其他矿池中找到新区块
Δprev←length(private chain)-length(public chain)
将新块链接到维护的公有区块链上
if Δprev=0 then
    private chain←public chain
    privateBranchLen←0
else if Δprev=1 then
    公布私有维护链上的最后一个区块
else if Δprev=2 then
```

```
    公布私有维护链上的所有区块
    privateBranchLen←0
else (Δprev>2)
    公布目前私有维护链上的首个未被公开的区块
在私有维护链上进行挖矿
```

8.4.5 双重支付攻击

双重支付攻击(Double Spending Attack)是指通过对区块链数据的篡改达到对同一代币重复支付的目的。目前已知的实现双重支付攻击的手段有5种方式：51%攻击、种族攻击、预计算攻击、芬尼攻击和Vector76攻击。

1. 51%攻击

51%攻击指攻击者利用算力优势在区块链上产生分支链。这类攻击主要发生在PoW共识机制中，拥有51%算力的矿工可以通过自己的算力优势在新的分支链上生成新区块，使得分支链成为主链从而撤销在原主链上的交易记录。如图8.2所示，攻击者可以先在原主链(白色标识)上提交一笔交易，然后等待接收者确认后，攻击者在分支链上提交一笔接收地址不同但是花费的是同一比特币的交易，最后攻击者利用算力优势把分支链(灰色)扩展为主链，实现双重支付攻击。为了避免该攻击，一般建议用户要在收到 k 个区块确认后才能认定交易有效且不可更改，k 的设定与安全强度和平台有关。

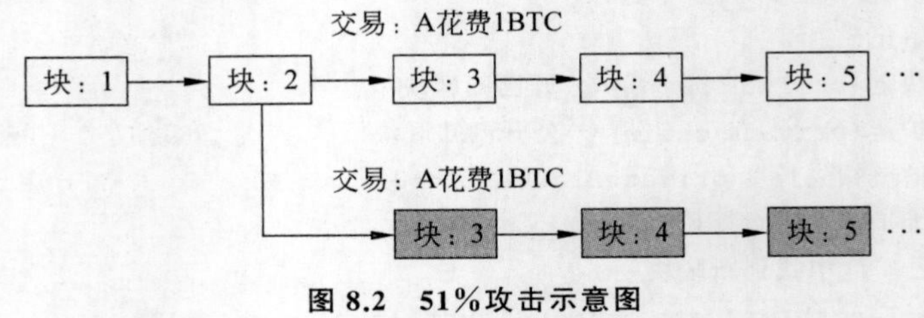

图8.2 51%攻击示意图

2. 种族攻击

如图8.3所示，种族攻击(Race Attack)主要针对只收到0确认就认定交易有效的用户。攻击者可以创建两个冲突的交易事务，并把第一笔交易发送给受害者，受害者接收到付款发送产品后，攻击者立刻发送相同数量的冲突交易并广播到区块链中，使得第一笔交易无效。在比特币中具体实施该攻击的过程如下：攻击者首先利用一个UTXO直接向接收者发送一笔支付交易，然后再利用该UTXO加上较高的交易费用进行广播，由于矿工一般优先选择具有较高交易费的交易进行确认，因此较高的手续费导致后者很快被其他矿工确认写入新的区块，使得接收者对应的交易被作废。

3. 预计算攻击

预计算攻击(Precomputing Attack)的实施基于一个事实，就是在基于PoS共识机制

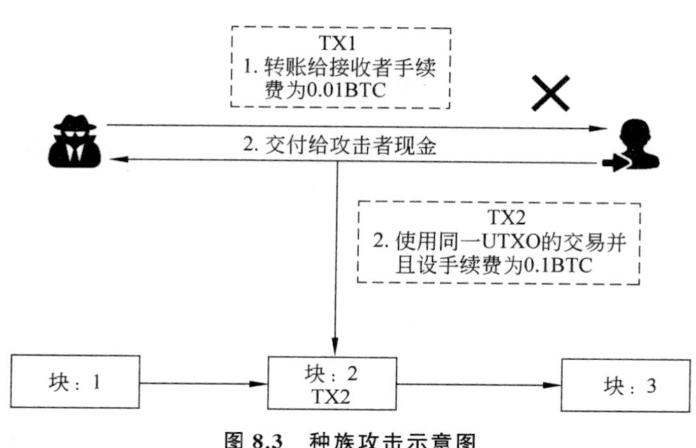

图 8.3　种族攻击示意图

的区块链中，矿工挖块时需要解密一个取决于前一个区块的哈希值。于是，攻击者可以利用拥有的算力和权益优势在产生第 i 个区块的过程中，通过随机试错的方式控制第 i 个区块的哈希值获得第 $i+1$ 个区块的出块优势。利用这种出块优势，攻击者可以发起双重支付攻击并获取相应的区块奖励。

4. 芬尼攻击

图 8.4 为芬尼攻击(Finney Attack)，这类攻击和种族攻击所针对的对象都是收到 0 确认就认定区块不可更改的用户。不同于种族攻击，采用芬尼攻击的攻击者是已经挖到一个区块而暂时没有广播。攻击者创建一笔交易把代币转移到自己的另一个账户，并把这笔交易记录到区块中，然后再把同一代币发给接收者。如果接收者在收到转账信息后立刻认定交易有效，那么攻击者可以广播自己挖到的区块来覆盖发送给接收者的交易。具体的攻击过程如下：①攻击者开采出一个区块 1 包含一笔由地址 1 向地址 2 转 a 个 Token 的交易，其中，地址 1 和地址 2 都属于攻击者拥有的交易地址；②攻击者构造一笔由地址 1 转到诚实用户的地址 3 的交易；③商家获得攻击者在②中构造的交易后发出商

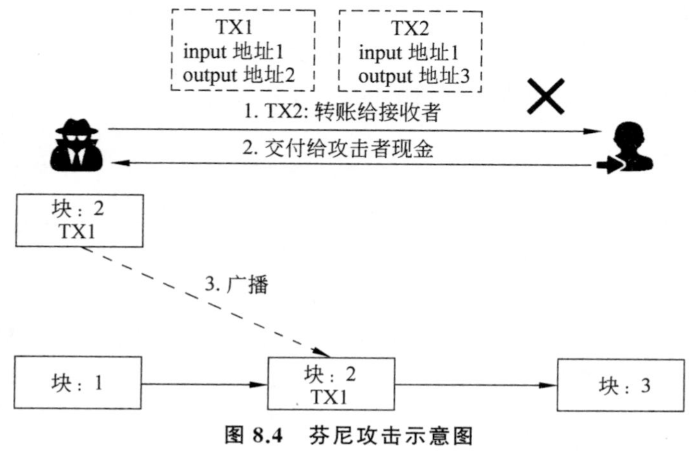

图 8.4　芬尼攻击示意图

品；④攻击者广播区块 1，利用区块的广播时间对同一个 Token 发起双重支付攻击。

5. Vector76 攻击

Vector76 攻击也称一次确认攻击，是种族攻击和芬尼攻击的组合攻击形式。利用该攻击，使得交易所在的区块即使已经有过一次确认（即一个区块的延长），该交易依然可能被回滚和撤销。然而，这种攻击对攻击者而言会消耗其一次挖矿奖励的机会。如图 8.5 所示，钱包一和钱包二为攻击者所产生的两个钱包，托管电子钱包为攻击者在托管机构中的存款钱包。攻击者通过控制全节点 A 和全节点 B 来发起 Vector76 攻击，其主要的流程如下。

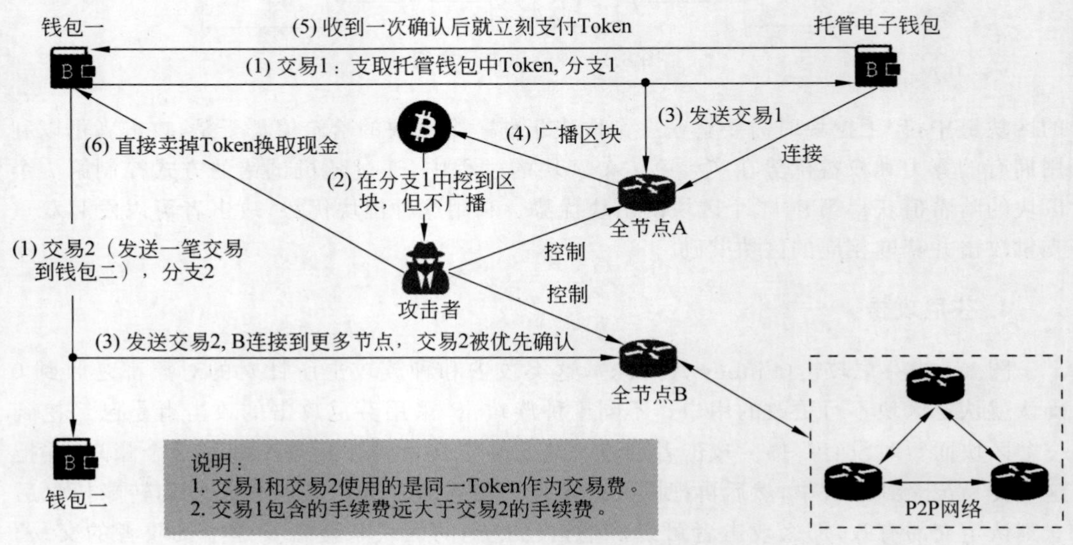

图 8.5　Vector76 攻击过程示意图

(1) 攻击者通过两个钱包客户端来创建起两个分支，即分支 1 和分支 2。在分支 1 中，钱包一客户端发起交易向托管电子钱包要求支取其中的数字货币（以 Token 表示），标识为交易 1。攻击者将这笔交易创建后不进行广播。与此同时，在分支 2 中，攻击者利用钱包一向钱包二客户端发送同一 Token，标识为交易 2。

(2) 攻击者把交易 1 打包进新创建的区块，并在分支 1 上继续挖矿，挖到区块后先不进行广播。

(3) 在分支 1 具有一定优势后，攻击者通过全节点 A 将交易 1 发送至网络，同时也通过全节点 B 发送交易 2，由于全节点 B 连接到更多节点，交易 2 会被优先确认。

(4) 攻击者通过全节点 A 将包含交易 1 的区块广播到网络中。

(5) 托管机构假定在收到一次确认后就立刻支付 Token。

(6) 攻击者在收到 Token 后直接卖掉换取现金，由于在网络中最终被确认的是交易 2，因此交易 1 成为无效交易，从而实现 Vector76 攻击。

8.5　本章小结

共识协议是区块链的核心机制之一，分布式节点通过共识协议来达成对最终信息的一致性。本章对区块链中主要的共识协议进行阐述，如 PoW、PoS、BFT，并讨论了可扩展的共识协议中潜在安全问题。为了了解共识协议中可能存在的安全威胁，本章通过对贿赂攻击、币龄累计攻击、长距离攻击、自私挖矿攻击以及双重支付攻击的原理进行分析，并简要概述了防患以上攻击的主要方法。

8.6　练习

1. 区块链共识层中的安全目标主要包括哪几方面？

2. 衡量共识协议安全性的指标包含哪些方面？简述每个指标的具体含义。

3. 简述拜占庭共识协议的原理和运行过程。它的安全性假设是什么？

4. 基于混合方式的可扩展共识协议的主要特点是什么？

5. 攻击者在具备什么条件下可以完成对区块链系统的自私挖矿攻击？

6. 双重支付攻击时，区块链共识层中面临的主要威胁，可以导致双重支付攻击的方式有哪几种？简述每种攻击的攻击流程。

7. 详细描述一种基于 PoS 共识机制的数字货币共识过程？并说明 PoS 共识机制与 PoW 共识机制的主要区别。

8. 加密数字货币如果设置过短的确认时间会更容易导致什么出现？

9. 简单对比目前主流区块链使用的算法，如比特币、以太坊、超级账本、量子链等，至少列举 5 种常见区块链，并且从共识机制、特点、是否支持智能合约等进行简单对比。

10. 拜占庭将军问题解决了什么问题？

第9章 网络层安全

网络层是系统节点之间进行数据交互的组成部分，目前大多数区块链网络层采用的是分布式 P2P 组网架构，依赖 P2P 组网架构，区块链节点可以无须依赖可信的第三方节点来完成通信。在公有链中，网络中任何的节点都可以加入区块链的共识过程中，然而不同节点的安全防护意识和能力相差各异，导致攻击者可以有针对性地对部分防护能力较差的节点进行攻击，甚至会导致全网节点趋向于延长非正确链条。本章将针对网络层中的安全问题进行介绍，学习网络层中存在的 5 种典型攻击，同时介绍网络层中隐私保护的技术——混淆协议。

9.1 网络层安全概述

区块链网络层的主要功能是为共识层提供可靠、对等和安全的网络结构及通信环境。通常恶意者对网络层发起攻击的主要目的包括去匿名性和获取经济利益。针对去匿名性的手段包括收集用户线上、线下的信息分析出用户的交易流向，找出用户真实身份信息。攻击网络层达到获取经济利益的目的主要是通过阻断节点与正常区块链网络的通信连接实现的，使得正常节点收到异常信息或错误信息，进而影响交易数据的正确性。网络层的安全风险与网络的拓扑结构、网络节点(用户)行为以及通信策略等因素相关，主要分为 3 个层面的安全问题：点对点(P2P)网络、传播机制和验证机制。

(1) P2P 网络：点对点网络是指两个或多个对等节点之间直接共享文件的网络架构，在区块链网络中各个节点无主次之分。由于区块链数字加密货币交易的需要，节点之间会在区块链 P2P 网络中传播自身 IP 地址等信息。安全性不高的节点很容易受到攻击者的直接攻击从而带来隐私数据的泄露。目前存在多种威胁网络层安全的攻击方式，如日蚀攻击、边界网关协议(Border Gateway Protocol，BGP)劫持攻击、窃听攻击和拒绝服务攻击等，同时也引发了不少安全事故。例如，2018 年 3 月，闪电网络由于遭受拒绝服务攻击而导致大量节点下线。

(2) 传播机制：指建立连接的节点之间进行广播通信。在区块链网络中每个新加入的节点都需要先与网络中现有的其他节点进行通信以获得在网络中广播区块链相关信息的资格。当收到来自其他节点的信息后，会按照约定的机制验证信息，最后将确认无误的信息进行广播转发。针对传播机制常发起的攻击方法包括交易延展性攻击等，2014 年 8 月，Silk Road 2 因遭到交易延展性攻击而引起了严重的经济损失，最终导致价值 260 万美元的比特币被盗。

(3) 验证机制：由于数字签名的完整性和不可抵赖性两个特点满足区块链验证机制的需求，因此选择数字签名作为区块链的验证机制。验证机制的主要作用是保证节点传播和写入区块信息的真实性。攻击者对于验证机制最主要的攻击方式是绕过验证，在比特币中就曾发生过此类攻击带来的安全事故。2010 年 8 月，攻击者在第 74 638 个比特币上创建了一笔恶意交易，导致接近 2000 亿个比特币被非法发送到两个比特币地址。后来发现是攻击者利用大整数溢出漏洞，绕过了节点的有效性验证。

作为区块链的底层之一，网络层的安全性十分重要，区块链网络层安全目标包括匿名性和抗 DoS 攻击。此外，对于攻击者，在网络层中发起攻击一般需要事先知道网络的拓扑结构，因此网络的拓扑结构信息通常会被保护起来使得攻击者难以获取。即使攻击者可以在不知道网络拓扑结构的前提下发起攻击，但这种情形下需要耗费更多的资源来完成攻击过程。总体而言，网络层中主要的安全目标可以围绕 3 方面：匿名性、抗 DoS 攻击、拓扑结构隐藏。

接下来将介绍网络层中几种常见的攻击形式，包括拒绝服务攻击、日蚀攻击、BGP 劫持攻击、女巫攻击等，此外还会对网络层攻击的防御手段进行介绍。

9.2　网络层安全威胁

近年来，发生在网络层的安全事故数量在逐年上升。主要的安全事件如表 9.1 所示，其中 DDoS 攻击是典型的攻击形式，攻击者针对交易所、矿池和区块链应用系统等进行攻击，导致服务中止，甚至可能导致区块链网络的安全性受到损害。2014 年，攻击者采用 DDoS 方式对 LocalBitcoins 交易所发起了大规模攻击，导致其服务停止 40 分钟；Blockchain.info 服务平台遭受 DDoS 攻击，导致服务中断，用户无法正常访问；AntPool、CKPool 和 GHash.io 等矿池也遭到了 DDoS 攻击，导致矿池服务中断。

表 9.1　网络层安全事故统计

时　间	攻　击	事　件	经济损失
2014 年 8 月	交易延展性攻击	黑客使用交易延展性攻击入侵在线黑市 Silk Road2	价值 260 万美元的比特币被盗取
2015 年 3 月	DDoS 攻击	NiceHash、CKPool 等著名矿池遭遇 DDoS 攻击	导致矿池无法提供服务以及全网算力下降
2018 年 4 月	DNS 劫持攻击	黑客对 MyEtherWallet 进行 DNS 劫持攻击	许多用户钱包被清空，价值 13 000 美元的比特币被盗取

网络层中主要的安全威胁来自 P2P 网络、传播机制和验证机制这 3 个区块链网络层机制中存在的安全漏洞，例如，P2P 网络中的 DDoS 攻击，传播机制中交易延展性攻击，验

证机制中整数溢出漏洞。网络层中的攻击通常是应用层中发生安全问题的根源,例如恶意者通过发起 Sybil 攻击和 DDoS 攻击切断用户与正常区块链网络的联系,造成可能的双重支付攻击,进而获取经济利益。

9.2.1 拒绝服务攻击

拒绝服务(Denial of Service,DoS)攻击的定义是:攻击者故意地利用网络协议实现的缺陷或直接通过暴力手段耗尽被攻击对象的资源,使得攻击对象无法提供正常服务的行为。采用这样的手段,不仅可以使得目标计算机或网络无法提供正常的服务以及资源访问,还可以让目标系统的服务停止响应甚至崩溃。在实际情况中,由于攻击者所面临的网络带宽限制问题,较小的网络规模或者较慢的网络速度可能导致攻击者无法发出过多的请求。于是,攻击者可能使用两个或两个以上的物理终端向网络上的一个或多个目标系统发起拒绝服务攻击,实现分布式拒绝服务(DDoS)攻击。如图 9.1 所示,攻击者通过控制网络一台傀儡设备,攻击与之相连的其他设备,使其在攻击者的控制下,利用多台傀儡设备同时向远程的其他服务器发起攻击,攻击者可以通过使网络过载、阻断用户访问系统或者在较短时间向系统提交大量请求使受害者超过负荷。根据统计,目前绝大多数的交易客户端都曾遭受过 DDoS 攻击。

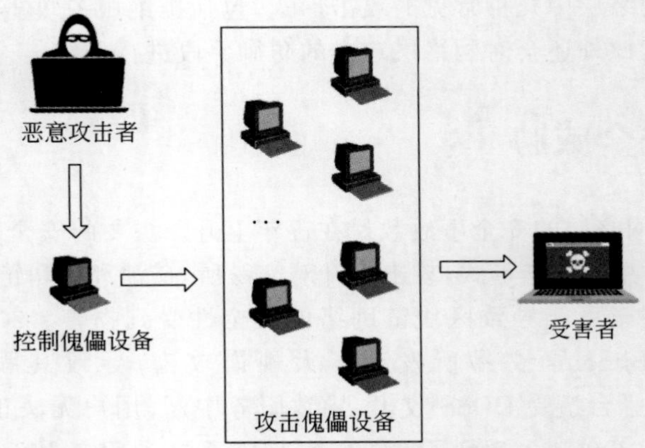

图 9.1 DDoS 原理示意图

具有代表性的 DoS 攻击的方式主要有以下 4 种。

1. SYN Flood 攻击

SYN Flood 攻击是拒绝服务攻击的一种。在正常的三次握手协议中,首先用户端会尝试与服务器建立 TCP 连线,在这个过程当中,用户端与服务器端会交换的信息如下。

(1) 用户端传输 SYN 同步信息到服务器端,请求建立连线。

(2) 服务器响应 SYN-ACK 消息给用户端,表示应答。

(3) 用户端发送应答 ACK 给服务器端,建立连线。

如图 9.2 所示是 TCP 三次握手协议。

如图 9.3 所示,在 SYN Flood 攻击中,攻击者通过发送大量 SYN 请求给服务器端,由于服务器会不断响应，并相应地回复消息 SYN-ACK，但是攻击者不对接收到的信息进行回复，或者攻击者在 SYN 里采用假的 IP 地址对服务器端进行欺骗，让服务器发送 SYN-ACK 到攻击者伪造的虚假地址，这导致了服务器端不可能收到 ACK。当正常用户想要进行 TCP 连接时，服务器端就会由于无法响应，而拒绝服务。

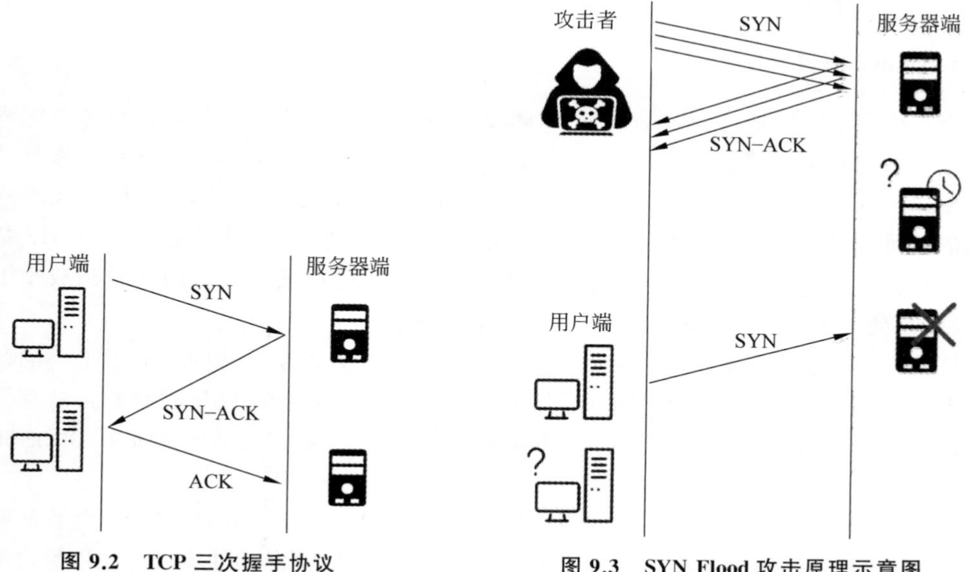

图 9.2　TCP 三次握手协议　　　图 9.3　SYN Flood 攻击原理示意图

2. UDP Flood 攻击

UDP 是一种不需要使用任何程序建立连接来传输数据的无连接协议。针对该协议的攻击常见的情况是利用大量 UDP 数据小包冲击服务器。攻击者可发送大量的小 UDP 包给目标主机，并且这些 UDP 包的源 IP 地址都是伪造的，由此可以实现 UDP Flood 攻击。

3. IP 欺骗攻击

IP 欺骗即攻击者用他人的 IP 地址伪造成自己的 IP 地址，并用于欺骗目标主机。IP 欺骗攻击建立在主机之间正常信任关系之上。例如，对于网络上的任意两台计算机 A 和 B，假设 B 可以利用远程登录工具，不需要口令验证就可以登录 A 主机。此时，主机 A 和 B 之间的信任关系是基于 IP 地址而建立，所以当攻击者冒充 B 的 IP 地址，就可以不需要任何口令验证，从而远程登录 A。这就是 IP 欺骗攻击的原理，其攻击的步骤如下。

(1) 攻击者攻击被信任的主机，使其网络暂时瘫痪，以免对后续的 IP 欺骗攻击造成干扰。

(2) 攻击者为猜测 ISN 基值和增加规律需要连接目标主机的某个端口。

(3) 攻击者把其源地址伪装成被信任的主机，发送 SYN 消息包，向目标主机发起连接请求。

(4) 攻击者需要等待目标主机发送响应的 SYN-ACK 包给被信任的主机,此时攻击者可能无法看见目标主机是否已经响应,需要对响应时间进行预判。

(5) 攻击者把其源地址伪装成被信任的主机,向目标主机发送 ACK 消息包,此时发送的消息为预测的目标主机的 ISN+1。

(6) 攻击者与目标主机连接建立发送命令。

4. Smurf 攻击

Smurf 攻击的原理是同时采用 IP 欺骗以及 ICMP 回复方法,目的是让目标系统被大量无意义的网络数据填满,使得目标系统拒绝其他主机的正常请求,并无法提供服务。

Smurf 攻击的具体过程:攻击者发送伪装的 ICMP 数据包,目的地址设为任意一个网络的广播地址,源地址设为要攻击的目标主机。因此,网络上的所有收到此 ICMP 数据包的主机都将对目标主机发出一个回应数据包,目标主机在某一段时间内收到成千上万个数据包,使得被攻击主机崩溃,并且无法提供服务。

DDoS 攻击已发生在针对大型公司的 Web 服务器,例如银行、电商,甚至主要的政府和公共服务等生活场景中。不仅如此,任何设备、服务器,或者连接互联网的设备都可能是 DDoS 攻击的潜在目标。近年来,随着加密货币的发展,加密交易所已成为 DDoS 攻击日益流行的目标。

如图 9.4 所示,2017 年 10 月 24 日,比特币黄金(Bitcoin Gold,BTG)作为新加密货币,已经正式从比特币区块链中分离出来,作为一种免费的开源软件项目。此项目之后就遭到了 DDoS 攻击,BTG 团队注意到每分钟有 1000 万次点击阻塞了其网络流量请求,最终导致其官方网站中断并拒绝服务多个小时。

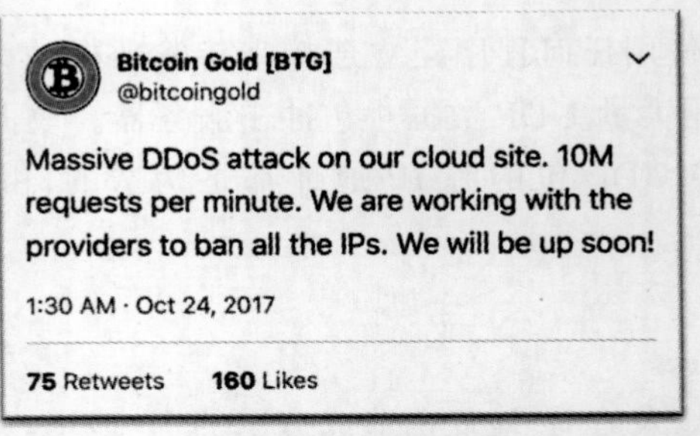

图 9.4 BTG 官方宣布遭受 DDoS 攻击

尽管各类加密交易所已经成为 DDoS 攻击的主要目标之一,但是区块链的分布式特点为抵御 DDoS 和其他网络攻击提供了强大的保护。当任意多个节点无法通信或脱机时,区块链也能够保证继续操作和验证交易。当受干扰的节点设法恢复并恢复工作时,它们将重新同步并获取未受影响的节点提供的最新数据。因此,对于区块链网络,DDoS 和其他网络攻击造成破坏的可能性要小得多。工作量证明(PoW)共识机制可确保所有网络数据均受到加密证明的保护,这使得要更改以前验证过的块变得不现实,因为更改比特币区块链需要逐条记录地分解整个区块链结构。因此,针对区块链的拒绝服务攻击,至多只可能在短时间内修改最近的几个区块上的交易。此外,如果攻击者设法控制了区块链中超过50%的网络节点用于执行51%攻击(多数攻击),底层协议也会进行快速更新,便以响应攻击。

除了区块链网络本身的性质外,还可以通过一些策略来抵御DDoS攻击。

(1) 增强协议容忍性:当发生SYN Flood攻击时,能够让TCP中一些未完成的半打开连接被随机释放;增加SYN Cache和SYN Cookie功能,当发现或者怀疑有攻击存在时启用,这样的操作可以增加DDoS攻击的难度。

(2) 提高系统和网络的安全性:对网络进行流量控制,关闭不需要的服务或者端口,定期对系统进行补丁更新,对端口进行扫描,可以及时发现异常流量情况,定期进行攻击测试和病毒防护。

(3) 端口过滤:端口过滤包括两部分,即入口过滤和出口过滤。其中,入口过滤指的是合理排列、编写防火墙和路由器访问控制列表,可以用于合理过滤数据流量,并且要合理配置边界路由;出口过滤指的是配置用户网络的边界路由,使得源IP地址是非法的数据包可以被及时阻塞,以免流出外网。

以上的防御策略需要根据网络的具体情况进行具体配置。

9.2.2　日蚀攻击

在区块链系统中,在一个节点与其他节点之间建立TCP连接需要消耗资源。在比特币场景中,为了减少对网络资源的消耗,节点对外连接的数量是有限的。具体地说,比特币节点可以接收117个对内连接、对外发起8个连接。日蚀攻击的实施就是基于这一特点,这种攻击手段是通过占用受害者的点对点连接的间隙,使得该节点停留在一个隔离的网络中,这样的攻击让被攻击节点和实际的区块链网络中建立了一个中继,使得被攻击节点收到的消息都是来自攻击者设定的消息,而且这种攻击手段的成本非常低,只需要购买少量的云服务来构造一个僵尸网络就可以实施这种攻击。如图9.5所示,攻击者节点成为受害节点连接P2P网络的唯一节点,将受害节点隔离到一个网络中阻止新的区块信息进入受害节点,攻击者可以成功以低于全网算力资源50%的攻击能力进行51%攻击。

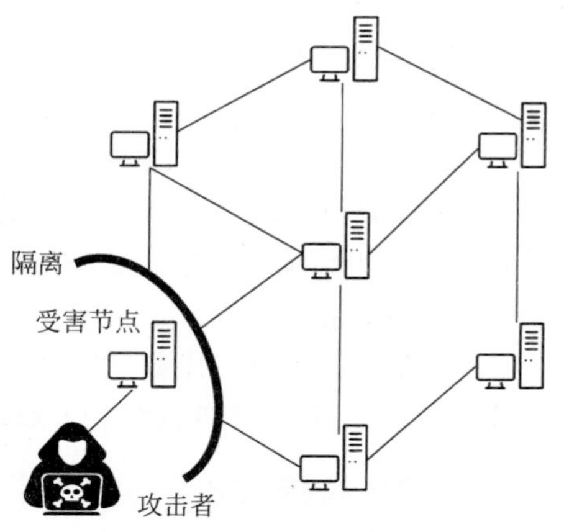

图9.5　日蚀攻击示意图

日蚀攻击是一种用于攻击分布式网络的常用攻击方式,比特币网络作为分布式节点网络的典型代表,成为日蚀攻击的主要目标。如图9.5所示,在日蚀攻击中,攻击者试图隔离并攻击特定用户,而不是攻击整个网络。日蚀攻击发起成功后,使潜在的恶意参与者能够隔离并随后阻止其目标获得真实网络活动和当前分类账本状态的真实情况。

在分布式网络中,不允许网络中的节点同时连接网络上的所有其他节点,因此,为了提高效率,分布式网络中的一个节点只连接其选择的其他节点组,这些节点组内的节点又连接它们自己所在的节点组。正是因为有这样的特性,使得日蚀攻击成为可能。例如,比特币网络中的一个节点有 8 个传出节点。恶意攻击者的目的是劫持该节点所有的传出连接。实现此目标的难易程度因网络的构造、规模和性质而异,但通常,攻击者必须控制主机节点的僵尸网络,并把相邻节点转化为潜在的攻击目标。下一次受害节点注销并重新加入网络(重置其连接,并迫使它们找到要连接的新节点集)时,攻击者很有可能控制受害节点的所有连接。

截至 2018 年,已经有研究表明,比特币网络和以太坊网络均可能遭受日蚀攻击的影响。在区块链网络中,攻击者可以通过日蚀攻击的方式,逐步控制足够数量的 IP 地址,使得受害者和所有其他节点之间的有效连接断开,即对被攻击者进行垄断;在以太坊网络中,攻击者可以通过日蚀攻击的方式,垄断受害节点的所有输入和输出连接,从而将受害节点与网络中其他正常节点隔离,这也导致了受害者无法查看正确的以太坊交易细节,攻击者可以诱骗卖家在交易其实还没有完成的情况下就将物品交出。

为了防止日蚀攻击,在以太坊网络中可以采用以下 4 种方式。

(1) 进行随机节点选择,以太坊节点发现机制采用了 Kademlia 算法,它由分散式杂凑表进行实现,用于非集中式 P2P 计算机网络。Kademlia 算法用于规定网络的结构,以及规定通过节点查询进行信息交换的方式。Kademlia 的网络节点之间的通信方式为 UDP。所有参与通信的节点通过一组数字进行身份标识,并且形成虚拟网。但是,Kademlia 不会对新连接的节点进行随机化搜索,因此,攻击者可以创建由受害者选择的节点。将这种选择与分布在网络中的对等点随机化,将使攻击者更难猜测他们应该创建哪些节点来针对受害者。

(2) 对每个 IP 地址或机器的节点数进行限制,这也是最容易解决的缺陷之一。

(3) 对节点进行信息存储,节点在遇到其他节点时会存储有关它们的信息,这样使得在节点离开并重新加入网络之后保持此信息可访问性,将确保它们可以在找到其他合法对等节点之前连接一些合法对等节点。

(4) 尽量增加节点连接数,尽管此数目不能为无穷大,否则会减慢网络速度,但是允许的连接节点越多,带来的优势是节点连接合法用户的可能性越大。

9.2.3 BGP 劫持攻击

边界网关协议(BGP)是一种自治系统的路由协议,运行于 TCP 之上,作为互联网组成的关键一环,可以用于处理不同自治系统之间路由信息的交换。BGP 是目前用来处理如同互联网大小的网络的协议,而且可以妥善处理好不相关路由域间的多路连接的协议。因此 BGP 被广泛应用于比特币网络中。BGP 系统的主要功能是和其他的 BGP 系统交换网络可达信息。网络可达信息包括列出的自治系统(AS)的信息。这些信息有效地构造了 AS 互联的拓扑图并由此清除了路由环路,同时在 AS 级别上可实施策略决策。

BGP 劫持攻击是指攻击者通过恶意修改数据的传输路线来截取和篡改数据,劫持的过程好比攻击者恶意篡改一段高速公路上的路标,使汽车无法找到正确的出口。一般要实现在区块链网络中运行 BGP,需要控制 BGP 路由器,然后使用它给周围节点发送它拥有更短路径的通知,而其他节点收到通知后会把流量定向到这个 BGP 路由器中,由于这样的原理,攻击者可以通过错误地向路由宣布他们对某个 IP 地址组(称为 IP 前缀)的所有权,但实际上攻击者并不拥有、控制或路由这个 IP 地址组,从而实现 BGP 劫持攻击。

如图 9.6 所示,AS3 的 BGP 路由器声明有到达的更短路径,导致本来应该从 PC 端流向 AS4 的服务请求信息被 AS3 的 BGP 路由器劫持。由于 BGP 劫持,区块链网络中的流量可能被非法监控和拦截。另外,BGP 劫持可以作为中间人攻击的中间步骤,用于把数据导向恶意节点,达到破坏区块链交易以及共识机制的目的。由于大多数节点都托管在少数互联网服务提供商(ISP)中,即 60%的流量都会经过这些少数的 ISP,这样的机制为 BGP 劫持攻击的实现提供了可能性。

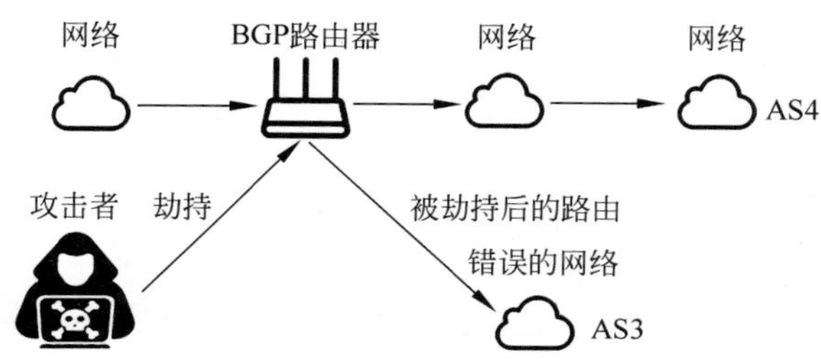

图 9.6　BGP 劫持攻击实现图

具体而言,在 BGP 劫持攻击中,攻击者需要控制或者破坏连接一个 AS 和另一个 AS 的启用 BGP 路由器,这样的操作增加了 BGP 劫持攻击的难度。攻击者完成 BGP 劫持攻击需要以下两个步骤。

(1) 攻击者需要为路由器提供一个更具体的路线,在其他 AS 前宣布一个较小范围的 IP 地址。

(2) AS 的运营商或已经破坏 AS 的威胁者发布通知到更大的互联网的 BGP 路由器,为某些 IP 地址块提供更短的路由。

攻击者通过 BGP 劫持来实现路由误导或者拦截流量等目的。目前,在区块链网络中节点的流量一旦被控制,则有可能对整个网络造成巨大的影响,如共识机制、交易等各种信息被破坏。具体而言,攻击者可以利用 BGP 劫持,将区块链网络中的节点划分成两个或多个无法通信的独立网络,此时,区块链则会分叉为两条或多条并行链,然后即可在并行的分叉的链上进行消费或者转账,在 BGP 劫持攻击行为停止后,区块链会以最长的链为主链,进行重新统一,并将其他的分叉丢弃,使得被丢弃的链上的交易全部无效,这样的行为很可能导致双重支付的发生,造成双重支付攻击,如图 9.7 所示。

针对这些需要保护的区块链,建立其专用的网络,不再让互联网服务提供商代理网络。这个网络同样需要做到去中心化,减少被单点劫持发生的概率。同时需要设立算力监控中心,实时汇报全网算力变化,算法发生显著变化时则需要及时检查该节点和其他节点之间的通信。

9.2.4　女巫攻击

女巫攻击(Sybil Attack)是指攻击者可以通过少量节点伪装出大量的节点身份标记

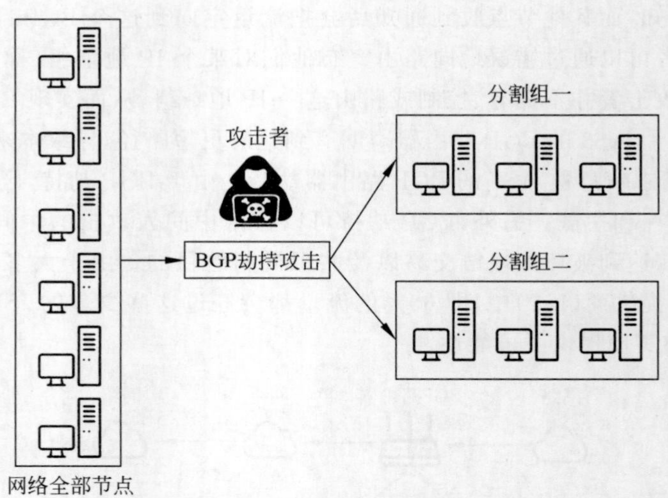

图 9.7 区块链网络中 BGP 劫持方式

来欺骗在区块链网络中的其他节点,把数据备份到少量的真实节点中,从而只需要控制这些节点就能破坏系统的数据备份功能。在区块链中,每个节点可以拥有多重身份标签,攻击者利用这一特点来达到削弱控制系统中的数据备份的效用。换句话说,女巫攻击是在对等网络中的一种攻击,其中网络中的节点同时主动操作多个身份并破坏信誉系统中的权限(权力)。攻击的主要目的是在网络中获得多数影响,以在系统中执行非法(相对于网络中设置的规则和法律)行为。单个实体(计算机)具有创建和操作多个身份(用户账户、基于 IP 地址的账户)的能力。对于外部观察者,这些假身份似乎是真正的唯一身份。

针对区块链或文件传输网络的 Sybil 成功攻击将使不良行为者对网络进行不成比例地控制。如果这些伪造身份获得了网络的认可,它们可能代表各种建议进行投票或中断网络中的信息流。这些身份可能显示为不同的用户,但实际上都在某一方的控制下。一旦它们生成足够多的身份,会最终对网络产生控制性影响,而其他用户甚至都无法察觉。这是女巫攻击的基础,它打开了许多潜在的攻击媒介,举例如下。

(1) 攻击者阻止来自其他方的交易,因为该攻击者控制着其他节点所连接的节点。

(2) 破坏私人交易,由于大多数节点已经被攻击者控制,因此可以告诉这些交易如何路由以及它们源自何处。

(3) 主导角色仅传输他们创建的块,这会将其他块放置在单独的网络中(因此容易受到双重支付攻击)。

女巫节点可能围绕并尝试影响到达网络上其他节点的信息,从而逐渐影响分布式账本或数据库。常见的女巫攻击的类型主要有以下两种。

(1) 在直接攻击中,诚实节点直接受到 Sybil 节点的影响。

(2) 在间接攻击中,与 Sybil 节点直接通信的节点攻击诚实节点。由于该中间节点受到女巫节点的恶意影响,因此受到威胁。

比特币网络为了证明添加到区块链的任何区块的真实性,可以使用工作量证明

(PoW)共识算法。这项工作需要大量的计算能力,这可以激励矿工做诚实的工作,而对错误的工作则没有激励作用。每个节点都将验证交易,如果块中包含错误的交易,则将其视为无效。由于矿工数量众多,在比特币网络中实际上很难实现一种称为51%攻击的女巫攻击,对于一个组织,控制51%的矿工是非常困难的。一般防止女巫攻击的方法主要有以下3种。

(1) 向不同成员赋予不同权力:这是基于声誉系统的。不同的声誉级别将分配给具有不同权限级别的成员。

(2) 创建身份的成本:为防止网络中出现多个假节点,可以要加入网络的每个节点支付成本。

(3) 验证身份:包含两种验证方式,即直接验证和间接验证。其中,直接验证是指对已经建立的成员验证网络的新加入者进行验证;间接验证是指既定成员将验证其他一些成员,这些成员进而可以验证其他新的网络加入者。当验证新加入者的成员由已建立的实体进行验证和确认时,相信新加入者是诚实的。

9.2.5 窃听攻击

窃听攻击(Eavesdrop Attack)指攻击者利用区块链节点的标识与其IP地址进行关联来追溯用户的隐私信息,包括用户所处的居住地址等。例如,在比特币网络中,节点可以通过连接区块链中现有的服务节点来加入网络中,加入网络后节点获得一组入口节点以执行后续区块链交易。节点执行交易时,需要通过入口节点广播交易到区块链网络,攻击者可以通过监听入口节点来识别对应的用户节点。当用户节点通过这些入口节点将交易扩散到区块链网络后,攻击者通过对这些交易进行分析和对入口节点进行监听就可识别出某一交易是否是来自被识别的某一用户节点。

网络层是区块链网络结构中密不可分的一部分,因此,防御网络层面临的攻击也是一个重要的研究内容。目前,网络层的防御手段针对以下3方面:P2P网络、传播机制和验证机制。其中,包括以下安全防御手段。

(1) 恶意节点检测机制:在区块链公有链机制中任何节点都可以申请接入网络,其中可能存在恶意节点,虽然区块链中不能限制节点的接入,但可以引入恶意节点监测机制,对节点的行为进行检测,一旦发现节点在恶意搜集信息就申请把该节点加入黑名单。

(2) 限制接入:在区块链私有链和联盟链中,为了保障节点的安全性,对于接入网络中的节点,必须先经过授权,没有得到授权的节点无法搜集链中的交易信息和区块信息。目前这种防御手段只适用于私有链和联盟链场景中,因为在公有链场景中不允许存在进行授权的节点。

(3) 数据加密传输:在P2P网络中,数据可以使用可靠的加密算法进行加密后再广播,这样就可以避免恶意节点随意截取更改网络中的数据。

(4) 完善数据验证机制:部署更新区块链相关代码时,要进行大量且完备的测试和安全审计工作,避免攻击者利用整数溢出、权限设置不当等漏洞绕开验证攻击。

9.3 网络层隐私保护协议

在 9.2 节的介绍中可知攻击者在网络层发起攻击的主要目的之一是为了对用户去匿名性,来获取用户的身份隐私。在比特币系统中隐私性受到威胁的主要原因在于用户常用的交易地址被探知,使得攻击者可以有规律地追溯用户之间的联系。例如,假如一个交易包含来自同一个用户的多个输入,攻击者可以利用这一特征来跟踪比特币的流向以及地址之间的联系,最后将地址与现实中的用户身份联系起来,在某种程度上打破了匿名性。为了解决区块链在身份隐私保护方面的问题,相应的隐私保护技术被提出,其中,经典的解决方案包括混淆协议、基于零知识证明的隐私保护方案。混淆协议是网络层中进行隐私保护的主要方案之一,目前包括 MixCoin、CoinJoin 和 CoinShuffle。MixCoin 是比特币系统最早的混合方案,通过引入第三方将满足固定金额条件的用户交易进行混合,是一种中心化的混淆方案。具体地说,假设同时存在多笔交易,每组交易的用户只有一个输入地址和输出地址,MixCoin 为了将这一组交易进行混淆,会依托一个第三方服务器来完成混淆过程,不可避免地会存在中心化带来的风险和威胁,而另外两种协议(CoinJoin 和 CoinShuffle)属于去中心化的混淆方案。本节将从特性、流程等方面来介绍这两种方案。

9.3.1 混淆协议 CoinJoin

在软件工程领域,有一种针对程序代码进行隐私保护的技术,称为程序混淆(Program Obfuscation)。为了避免攻击者恶意阅读程序源代码,提出使用程序混淆技术将源代码经过混淆使其不能被攻击者或者其他未获得有效授权的用户查看。通过这种方式避免攻击者对源代码进行反编译操作,这种方式帮助软件开发者保护其软件及源代码的版权。程序混淆的这一功能使其成为软件知识产权保护的重要工具之一。

一般混淆过程首先要找到一种方式来混淆程序 P。通过混淆器(Obfuscator)产生另一程序 O(P)=Q,其中 P 和 Q 在相同的输入情况下虽然输出相同但是 Q 不会泄露任何与 P 构造有关的信息。这一特性帮助 Q 在将密码等私密信息隐藏在程序结构内部并且程序中可以在隐私保护的状态下使用这些信息。通俗地说,程序混淆就是将一个程序代码通过某种方式生成另一个不同的程序,但是两个程序在使用相同输入时也能够得到相同的输出结果。

多年来研究者一直致力于对程序混淆的研究,其中,美国加州大学的 Sahai 教授等人在研究中证明了对于普遍功能程序的完美混淆的不可实现性,同时提出了另一种混淆相关的概念,即不可区分混淆(Indistinguishability Obfuscation,IO)。混淆的主要特性包括以下 3 个。

(1) 功能保持:原电路与混淆后电路的功能能够保持一致。

(2) 多项式递减:原电路的运行时间的多项式大小大于经过混淆后的电路。

(3) 虚拟黑盒特性:对比于给出电路黑盒入口的情况,混淆电路的有效计算结果将与其保持一致。

不可区分性混淆技术能够应用在智能合约中保护智能合约代码的隐私。由于不可区分混淆技术强大的功能，使其受到密码学界以及工业界的广泛研究。混淆器是使用混合协议(Mixing Protocol)来混淆交易资金去向的匿名服务提供者。在混淆过程中，用户的资金被分成较小的部分。这些部分随机与其他用户的部分随机混合，最终将会得到全新的代币，流向接收地址。这有助于打破用户和其接收或支付的代币之间的联系。各种混淆服务被大量使用，以增强系统的匿名性和无关联性。

为了保护交易数据的隐私性，比特币核心贡献者 Gregory Maxwell 提出了面向数字加密货币的混淆技术 CoinJoin，主要的思想就是分割用户输入地址和输出地址之间的关系，将用户的交易混合隐藏在多个交易中，进行混淆之后的用户交易，外部观察者无法看到地址和地址之间的对应关系，从而保护交易流向的隐私。在 CoinJoin 中聚集了同时产生的多个交易，每个交易的用户通过共同的签名来创建一笔交易，比特币系统将这些聚集的交易当作一笔交易，在这笔交易中包括若干不同用户的输入地址以及输出地址。对于外部观察者，整个交易里的单个输入地址与输出地址之间看不出明显关联，也就无法将某个用户的输入地址和输出地址联系起来，从而通过交易图对网络中的交易数据进行分析。

CoinJoin 协议中需要混淆交易参与者来生成一笔共同创建的交易，为了实现输入与输出的不可链接性，每个用户都独立地完成自己交易的签名，在所有用户完成签名之后，CoinJoin 交易可被区块链网络认定有效。如图 9.8 所示，通过 CoinJoin 协议之后，原本两个独立的交易生成了一笔混合的交易，这笔交易的输入地址包含原来独立交易的两个输入地址，在保证总的输出金额小于或等于输入金额的前提下(多余的金额被当作交易费)，外界用户无法关联到 Bob 和 Carl 的交易具体对应哪个输入地址(找零地址可以随机)。

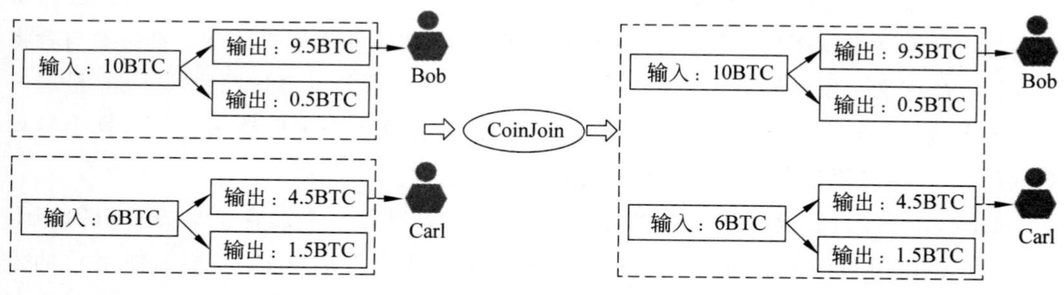

图 9.8　CoinJoin 示意图

CoinJoin 可以为交易的匿名性提供保护，但同时也存在一些问题：首先，当某笔交易中参与混淆的用户比较少时，比特币仍存在被追踪的风险，例如在图 9.8 中，外界用户有比较大的概率猜出交易之间的对应关系。主要原因在于 CoinJoin 目前在区块链中并未作为主要的交易方式，截至 2018 年，该方案在比特币交易支付中的使用率仅为 4.09%。由于在某一时间内可能只有少量用户产生交易到混合池中，这导致匿名集合较小无法达到有效的交易混淆作用。因为在交易数量少的集合里，仍然可以很容易推测交易的输入地址与输出地址之间的联系，并且通信开销增加。另外，CoinJoin 引入一个第三方节点进行寻找参与混淆用户的过程，这样在一定程度上破坏了区块链去中心化的特性。参与混淆的用户之间也无法保证都是诚实可信的，可能泄露对方的隐私。

9.3.2 混淆协议 CoinShuffle

CoinShuffle 主要思路是基于 CoinJoin 混淆来隐藏输入地址和输出地址之间的关系，主要的区别在于引入了纠缠机制。不同于 CoinJoin，CoinShuffle 协议中不需要引入第三方来辅助完成混淆过程。因此，CoinShuffle 被认为是一种允许去中心化的 CoinJoin 交易的技术，可以在没有第三方的参与下创建交易。同时，除了知道自己的输入和输出地址外，任何一方都不知道如何取消对 CoinJoin 的混合。此外，此协议能够与比特币很好地兼容，没有混合费用。

具体来说，CoinShuffle 协议中需要一组用户来共同生成一笔混合交易（Mixing Transaction），每个用户都可以确认在这笔混合交易中自己所需要交易金额的有效性，否则可以不进行签名。每个参与者需要产生一次性密钥对，并把公钥广播出去。CoinShuffle 协议主要包括 3 部分：公告（Announcement）、混淆（Shuffling）、交易验证（Transaction Verification）。

首先，在公告过程中，每个参与者需要生成新的比特币地址，在混合交易中指定其为输出地址。其次，参与者将新生成的输出地址以一种遗忘的方式进行洗牌，其类似于解密混合网络的方法。具体地说，每个参与者（如预先定义的洗牌顺序中的参与者 i）使用其他参与者 $j>i$ 的加密密钥来创建其输出地址的分层加密。参与者依次进行洗牌，从参与者 1 开始：每个参与者 i 希望从参与者 $i-1$ 那里得到参与者 $i-1$ 的密文。在接收时，每个参与者从密文中剥离出一层加密，添加自己的密文，然后随机地打乱结果集。参与者将经过打乱的密文集发送给下一个参与者 $i+1$。如果每个参与者都按照协议操作，最后一个参与者执行的解密将得到输出地址的无序列表，并将这个列表广播出去。在这个过程中，前一个参与者无法得知其他参与者的输出地址。

如图 9.9 所示，假设存在 3 个参与方 A、B、C 想要发起一个混合交易的 CoinShuffle 协议。A 将使用 C 的公钥加密 A 的目的地址，并将此消息发送给 B。B 然后使用 C 的公钥加密 B 的目的地址，并将这两个消息发送给 C。C 现在可以解密这两个消息并知道所有 3 个目的地址。C 可以设置交易并签名，然后将其传递给 A 和 B 进行签名。只有当交易包含正确的目的地址时，各方才会签字。

CoinShuffle 具有安全性、健壮性并且与现有的比特币系统完美兼容。CoinShuffle 坚持比特币的意识形态，是完全去中心化的，既不需要任何第三方，也不会为用户引入任何额外的匿名费用。

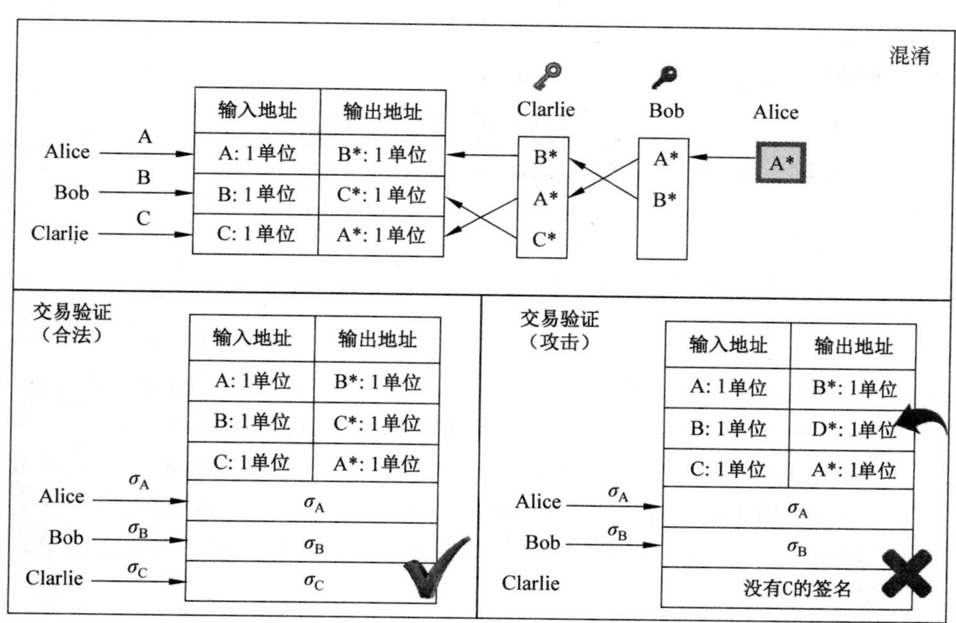

图 9.9　CoinShuffle 流程

9.4　本章小结

本章主要阐述了区块链网络层中的安全问题与威胁。网络层是支持区块链节点之间进行数据交互和通信的关键环节，恶意者可以通过拒绝服务攻击、日蚀攻击、女巫攻击等方式对区块链节点发起攻击，来达到双重支付、去匿名性等目的。基于工作量证明共识协议在一定程度上可以防止拒绝服务攻击的发生，因此比特币网络遭受拒绝服务攻击的频率并不高，但是比特币的交易匿名性保护仍然不足，为此本章还介绍了基于混淆协议的匿名保护方案 CoinJoin 和 CoinShuffle，支持不同用户交易生成一笔混合交易来保护用户的匿名性。

9.5　练习

1. 简述区块链网络层中主要的安全威胁来自哪些方面。
2. 攻击者对网络层发起攻击的主要目标是什么？
3. 简述网络层中拒绝服务攻击的主要流程。
4. 简述网络层中日蚀攻击的主要流程以及主要危害。
5. 区块链在网络层进行匿名性保护的方案主要有哪几种？
6. 简述 CoinJoin 协议的核心思想及其流程。
7. 相比于 CoinJoin，CoinShuffle 主要在哪些方面进行了改进？CoinShuffle 分为哪几个阶段？简述每个阶段的过程。

第10章 数据层安全

数据层主要指区块链中相关的交易、区块、链式结构等数据结构，同时包括用户的地址、密钥等数据信息。数据层的安全是其他四层安全的基础，主要通过密码学相关技术来保障数据的安全性和有效性。本章将重点介绍在数据层中会发生的恶意信息攻击、交易延展性攻击等多种攻击形式，以及描述相关攻击的应对措施。此外，还会介绍基于零知识证明的隐私保护和基于环签名的隐私保护。

10.1 数据层安全概述

2016 年，中华人民共和国工业和信息化部提出的《中国区块链技术和应用发展白皮书》里，把区块链解释为“区块链技术是利用块链式数据结构来验证与存储数据，利用分布式节点共识算法来生成和更新数据，利用密码学的方式保证数据传输和访问的安全，利用由自动化脚本代码组成的智能合约来编程和操作数据的一种全新的分布式基础架构与计算范式”，从中可以看出区块链安全的关键在于如何安全可靠地存储和管理数据。

区块链数据层的组成包括区块链中的数据块、保证数据安全存储和传输的数据加密技术以及时间戳技术，它是区块链技术的基石，一旦出现安全问题就会影响整个区块链的安全运行。数据层采用的密码学机制大多是经过多年研究同时拥有相应的安全等级证明的，这些密码学算法相对比较安全。但是随着密码学研究的不断发展和深入，特别是量子计算机的发展，使得一些传统的非对称密码算法存在被攻破的可能。另一方面，区块链开发者在编写代码实现这些算法时，也有可能因为对算法理解不透彻和存在误差而导致代码中存在陷门等安全问题。另外，还存在一些攻击者会利用区块链数据不可篡改和删除的特性进行攻击，而这两方面的特性会导致数据源的部分敏感信息暴露。

目前，发生在区块链数据层的安全事故相对较少，例如以太坊的 Ropsten 测试链在 2017 年 2 月接收到由攻击者发送的千万级别的垃圾交易信息，最终导致测试链网络瘫痪。虽然这些安全事故是发生在测试网络中，受影响的用户较少，但是这也给区块链研究者敲响了警钟，意识到区块链数据层的技术也存在不可忽视的安全漏洞。目前，区块链数据层中发生的攻击主要是针对区块数据以及交易签名与加密算法等，主要目的是破坏区块链的信息完整性、认证性和不可抵赖性。

10.2 数据层安全威胁

数据层的安全威胁主要分为两类：数据的安全威胁以及数字签名、加密等算法的安全威胁。区块链数据指记录在区块链节点上的区块数据，包括区块中的交易、时间戳、区块头等信息。节点之间通过共识机制来共同维护数据的一致性和完整性，使得记录在最长链中的数据无法被单个节点删改，但是此特性也给区块链生态带来了其他的安全威胁。

10.2.1 恶意信息攻击

恶意信息攻击是指攻击者利用区块链数据的不可篡改性，把一些病毒特征码、虚假敏感信息通过交易形式写入区块中，区块链不可逆转地记录着信息、图片等各种数据，而且每个分布式全节点都保存了本地复制完整的区块链，通过点对点方式将危害信息进行快速传播。通过对比特币、以太坊平台中的交易进行分析发现，当前存储在区块链的文件中至少含有数百个涉及政治敏感话题、病毒特征码等非法信息的文件，这些数据量的增多会威胁到区块链生态未来的生存和发展，数十亿数字货币的价值也会因此大打折扣。德国亚琛工业大学和法兰克福大学的一个研究小组指出，在添加到区块链的1600个文档中，有59个文件包含指向非法儿童照片、具有政治敏感性的内容或侵犯隐私的链接。虽然这些交易中只有少数包含非法或不适当的内容，但是即使是少量的非法或不适当的内容也会使参与者面临风险。

在恶意信息攻击中常见的攻击方式即为内容插入，内容插入服务依赖于通过低级数据插入方法来添加内容，如插入文档或图像到区块链。下面分析4种不同概念的内容插入服务，并给出它们的协议。

(1) CryptoGraiti：该服务是基于网络的服务，从比特币区块链读写信息和文件。它通过单个交易中的多个P2PKH输出脚本添加内容，最多存储60KiB的内容。如果要检索以前添加的内容，CryptoGraiti至少需要扫描包含90%可打印字符或包含图像文件的交易。

(2) Satoshi Uploader：Satoshi Uploader使用具有多个P2X输出的单个交易插入内容。该服务将插入的数据、字段长度及CRC32校验和一起存储，以便于对内容进行解码。

(3) P2SH Injectors：通过细微调整的P2SH以输入脚本来插入内容。它们将文件的块存储在P2SH输入脚本中。为了确保文件的完整性，P2SH转换脚本包含并验证每个块的哈希值。

(4) Apertus：该服务允许使用任意数量的P2PKH输出脚本在多个交易上分割内容。随后，这些片段将被存储到区块链上，作为存档被引用，该存档用于检索和重新组装这些片段。所选编码允许使用注释、文件名或数字签名来扩充内容。

总之，区块链提供了各种选择，可以插入任意的恶意数据。这些选项的范围包括从活动采矿者专用的小型数据插入方法到允许任何用户存储任意长度文件的服务。这种广泛的数据插入选择引发了一个问题，即在比特币区块链上存储数据会带来的好处和风险。

尽管区块链中的数据有潜在的好处，但插入恶意内容会使区块链网络的所有参与者都面临风险，因为这些内容是不可更改的，并且区块链网络的每个对等方都将其作为良性数据在本地复制传播，给区块链的健康生态带来严重影响，以下为列出的4类常见恶意信息攻击行为。

(1) 著作权侵犯：随着文件共享网络的出现，盗版数据已经成为版权所有者面临的巨大挑战。为了解决这个问题，版权所有者主要针对那些肆意传播盗版数据的用户运用法律武器。例如，德国的律师事务所起诉了那些通过文件共享网络传播受版权保护内容的用户，要求他们代表版权所有者缴纳罚款。近年来，检察官还判定下载盗版数据的人有罪。法国曾暂停用户的互联网接入，随后转而对其处以高额罚款。当用户将他们的区块链副本分发给新同行时，区块链上受版权保护的内容可能因此引发版权侵权的法律纠纷。

(2) 恶意软件：恶意信息攻击的一个主要威胁是可以传播恶意软件，这会引发严重的后果。恶意软件可以破坏敏感文件，使设备无法操作，从而造成经济损失。此外，区块链恶意软件会严重影响用户的使用满意度，因为它导致杀毒软件拒绝访问重要的区块链文件。例如，微软公司的杀毒软件在区块链上检测到一个非功能性病毒签名，必须手动修复，而病毒签名在区块链中又是无法被篡改的，导致杀毒软件持续地发出警告信息。为了解决此问题，微软公司将区块链相关的数据加入MSE免检列表中，但是这相当于给恶意病毒提供了有利的生存空间，加速了病毒的传播。

(3) 侵犯隐私：通过披露敏感的个人数据，可能泄露自己和他人的隐私，这种威胁在个人故意侵犯他人隐私的情况下达到顶峰。例如，在区块链上公开受害者的敏感数据从而威胁甚至敲诈受害者，此外还有未经对方同意发布私人照片或视频，或恶意向公众泄露他人身份等。

(4) 政治敏感话题：政府部门机密信息的泄露，如国家机密或其他危害国家安全的信息。揭发者在链上揭露腐败等令人不快的事情，而其他所有区块链用户会强制同步保留一份泄露材料的副本。根据不同的司法管辖区，故意披露或仅仅拥有这些内容可能都是非法的。例如，美国政府通常倾向起诉故意盗窃或泄露国家机密的行为。

总而言之，如果区块链数据中存在着大量的非法内容，显然会对区块链生态造成直接伤害。与社交媒体平台、文件共享网络或在线存储等系统不同，这些内容可以匿名且不可撤销地存储在链上，造成永久性的破坏。常见的恶意信息攻击通常出现在数字货币产生交易(如比特币的Coinbase交易)的过程中。

具体地说，在区块链系统中，如比特币，每块会包含一笔Coinbase交易，它通过向系统中引入新的数字货币，来激励矿工参与共识以维持区块链。Coinbase交易的输入脚本为100B，由一个可变长度的字段组成，该字段对区块链中新块的位置进行编码，声明一个比整个脚本长度更大的空间允许将任意数据放置到产生的间隙中。此外，通过输出脚本的可变值来插入数据。标准金融交易有4种经过批准的模板：P2PK和P2PKH交易将货币发送到一个专用的接收者，该接收者由来自其私钥的地址标识，用于支付接收到的任何资金。类似地，多签名(P2MS)事务需要n个私有密钥中的m个来授权支付。支付到脚本哈希(P2SH)交易是指使用脚本而不是密钥来启用复杂的支出条件。各自的公钥

(P2PK、P2MS)和脚本哈希值(P2PKH、P2SH)可以替换为任意数据,因为在后续输入脚本引用它们之前,对等的比特币无法验证它们的正确性。

由于区块链的去中心化、不可篡改等特性,应对恶意信息攻击带来的危害一直是比较困难的研究课题,加强对上链数据的监管,是构建区块链安全生态的必要前提。

10.2.2　资源滥用攻击

资源滥用攻击指攻击者通过不断向区块链网络中发送大量垃圾信息,不仅使得真实交易信息得不到及时确认,而且会给区块链节点的存储造成极大压力,这种直接耗费区块链中的资源而使得区块数据发生爆炸式增加,导致区块链中的节点因为无法存储大数据级的区块数据而无法加入区块链系统中。通过这种攻击方式,使得区块链中可以正常运作的节点不断减少,最终导致区块链失去中心化的性质。整个区块链被控制在少数节点中,使其不再具有可靠、安全的特性。2017 年 2 月,攻击者将千万级别的垃圾交易信息发送到以太坊公开测试链 Ropsten 中,直接阻塞了网络的正常运行,实现了资源滥用攻击。

10.2.3　长度扩展攻击

长度扩展攻击(Length Extension Attack)是指攻击者在已知一个消息的哈希值和该消息长度的情况下可以计算在该消息基础上延长由攻击者选择的任意位消息的哈希值,而不需要知道该消息的任一位信息。即攻击者知道 $H(m_1)$ 及 m_1 的长度就可以计算 $H(m_1||m_2)$,其中 m_2 是由攻击者任意选择的。基于 Merker-Damgard 构造的 MD5、SHA-1 和 SHA-2 等哈希算法都容易受到此类攻击。

Bitcoin 的基于工作量证明协议就是采用了基于 Merker-Damgard 构造的 SHA-256 算法,其中 SHA-256 算法属于 SHA-2 算法的类别,因此比特币采用了双重哈希来抵抗长度扩展攻击,即 SHA256(SHA256(·))。

为了更好地理解长度扩展攻击的原理,本节以基于 Merker-Damgard 构造的 SHA-256算法在消息验证码(Message Authentication Code)的应用为例展示该攻击的危害。图 10.1 展示了长度扩展攻击的基本原理,消息在输入 Merker-Damgard 构造器之前需要分成固定长度的分块,最终由 Merker-Damgard 构造器输出消息的哈希值,攻击者在获得原消息 m_1 的哈希值后,可以将其作为 Merker-Damgard 构造器的中间输入值,继续输入由其选择的消息 m_2,就可以获得原消息 m_1 连接 m_2 的哈希值 $H(m_1||m_2)$。在现实应用场景中,假设一个客户端可以向服务器发出包含参数"?name=bitcoin&wallet=zhangsan"的请求和该消息的消息验证码 H(?name=bitcoin&wallet=zhangsan),如果攻击者知道该消息验证码且请求消息的长度,就可以构造请求"?name=bitcoin&wallet=zhangsan&wallet=lisi",即便不知道消息验证码的密钥,攻击者也可以生成该请求的有效消息验证码 H(?name=bitcoin&wallet=zhangsan&wallet=lisi),并发送给服务器。

实际上,在抵抗长度扩展攻击方面,除了采用双重哈希的方法,算法还可以采用无长度扩展攻击隐患的 SHA-3 算法。

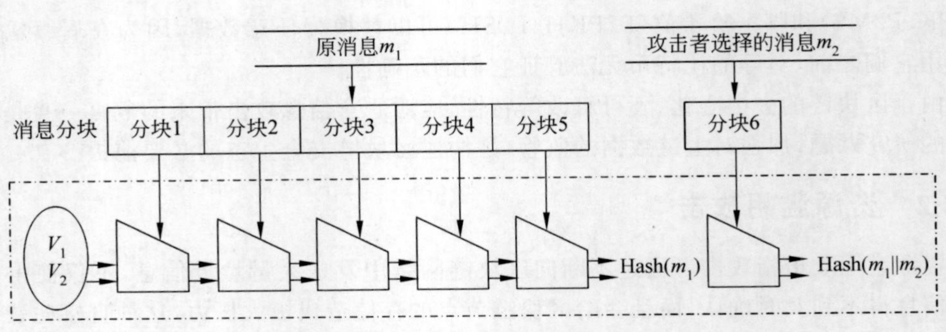

图 10.1 长度扩展攻击的基本原理

10.2.4 差分攻击

在区块链中，哈希函数得到了广泛使用，是不可缺少的一环，通过将前一个区块的哈希写入新块中来确保区块之间的链接，形成链式结构，目的是如果任何人尝试更改区块中的内容，就必须更改其后的所有区块中的哈希值，并同时在大量节点上执行此操作，但显然这样操作极其困难且代价巨大。

然而，哈希函数是把任意长度的字符串映射到定长的字符串，不可避免地会产生碰撞。例如，把 32 位的二进制字符串映射到 16 位二进制字符串。32 位字符串有 2^{32} 种组合方式，而 16 位字符串只有 2^{16} 种结果，那么就会出现不同的 32 位字符串的哈希值相同的情况，这就是碰撞。针对哈希函数的内在结构缺陷，可以利用某些特定攻击算法对哈希函数进行攻击。差分攻击就是针对哈希函数的一个有效攻击方法。

差分攻击是一种选择明文攻击方式，攻击者首先分析具有某些特定区别的明文，然后再通过加密后产生的变化来攻击加密算法。例如，密码学者王小云教授利用差分攻击，根据 MSB（最高位）不能尽快充分混淆的这个特点找到有效的差分和差分路径，有效地找出了 MD5 函数的碰撞攻击，成功破解了 MD5、SHA-0 和 SHA-1。

避免差分攻击的办法是使用能够抵御差分攻击的哈希函数，例如，比特币使用的哈希函数是 SHA-256。SHA-256 的结构是迭代型的，迭代轮数的增加和迭代算法的雪崩效应使得整体碰撞复杂度非常大，无法找到整体碰撞，所以它能够抵御现有的差分攻击。

10.2.5 交易延展性攻击

交易延展性（Transaction Malleability）攻击主要是指比特币支付交易发出后，在未被确认之前可以被修改（或称为伪造复制）。具体来说，在对交易数据进行签名时，大多数区块链系统的程序是用 Openssl 库来校验用户签名的，但是 Openssl 可以兼容多种编码格式，数字签名依旧是有效签名，交易中所有的数据（包括签名信息）生成的哈希值都会成为数据的唯一标识符，对编码格式的简单调整会导致交易的 ID 发生变化，进而使得用户难以找到曾经发送的交易。而在签名被公钥验证之前，攻击者故意添加的那部分内容刚好会被丢弃，不会被验证。这样即使签名被修改，也能被验证通过。攻击者利用这一性质，对交易的哈希值进行篡改，从而导致拥有错误的哈希值的交易被写入块中。目前，该攻击已经发生在闪电网络中，给闪电网络的正常运作带来了非常严重的影响。

2014 年 2 月，曾经是比特币最大的交易所的 Mt.Gox 停盘，宣布倒闭，其主要原因就在于遭到了交易延展性攻击，其攻击过程简述如下。

（1）用户 Bob 自己创建一个账号，同时在 Mt.Gox 交易所开通一个账号，Bob 将自己的比特币转入 Mt.Gox 交易所的账户中。

（2）Bob 申请提现，即将自己的比特币取回，此时 Mt.Gox 交易所会在区块链中发起一笔交易 T_1。

（3）在交易 T_1 还未被成功写入区块之前，Bob 在看到这笔交易之后，对其 scriptSig 签名的格式做了稍微修改，生成了一笔新的交易 T_2，T_1 和 T_2 的交易 ID 是不同的。

（4）新的交易 T_2 被区块链网络确认后写入区块中，Bob 向 Mt.Gox 交易所投诉没有收到转账，交易所根据交易 ID 去查找 T_1 交易，发现确实找不到，此时只能再次向 Bob 转账，相当于 Bob 进行了两次（甚至多次）的提现操作。

为了抵抗交易延展性攻击，比特币开发者设计了隔离见证（Segregated Witness）协议，该方法得到比特币核心的支持，并于 2017 年 8 月启用。如图 10.2 所示，隔离见证将签名与交易内容分开存放，即不再对签名进行哈希，只对交易信息进行哈希。这样只要交易信息没有变，即使签名被改变，也不会影响哈希值。为了验证签名，需要另外构造一个包含数字签名和交易哈希值的数据结构，验证签名时会根据哈希值在这个结构里找到对应的数字签名，下面就可以通过执行椭圆曲线签名算法来验证签名的合法性。

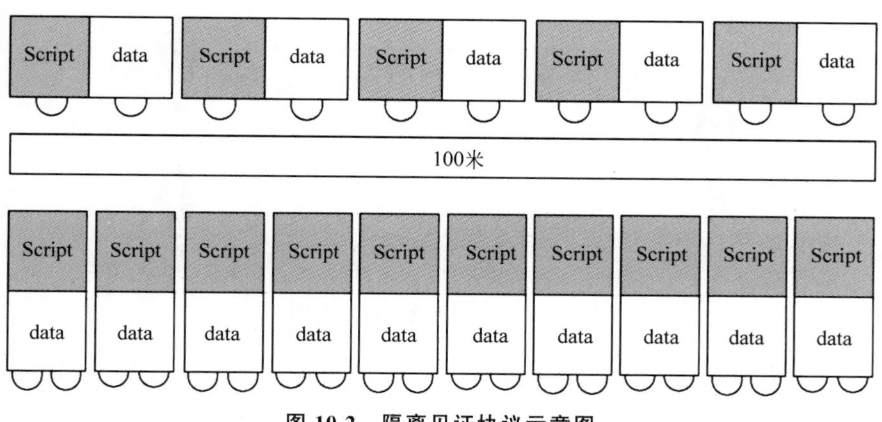

图 10.2 隔离见证协议示意图

10.2.6 交易关联性分析

匿名性（即身份的隐私性）是一些区块链系统所宣称其具备的特性，但实际上有多种攻击方式，通过对交易的分析来破坏其身份隐私性，典型的攻击方法包括多输入交易分析、零钱地址分析、多交易处理分析。

（1）多输入交易分析：如图 10.3 所示，通常情况下，同一笔交易中的多个输入地址被认为是同一人所有。例如，当用户钱包中的每笔 UTXO 输入都达不到应付总额时，就需要多个 UTXO 共同作为输入进行交易。即用户选择一组 UTXO，使得总价值大于或等于需要支付的金额。这种情况下，很容易就能推测出该交易中的输入地址都是属于同一用户。

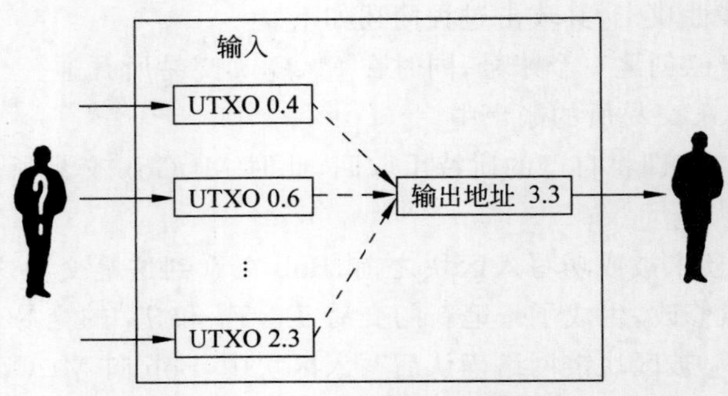

图 10.3 多输入交易分析示意图

(2) 零钱地址(Change Address)分析：如图 10.4 所示，比特币交易中，一笔 UTXO 无法单独拆分进行支付，如果输入的 UTXO 总额大于需要支付的金额时，就会产生一笔新的零钱地址。此时，通过检查输出地址是否在其他交易中出现过来验证该地址是否为零钱地址，从而将输入地址用户和零钱地址用户关联起来。在实际应用中，某些钱包客户端将零钱地址作为输出的第一个地址，可以很容易地推断该地址和输入地址隶属同一用户。

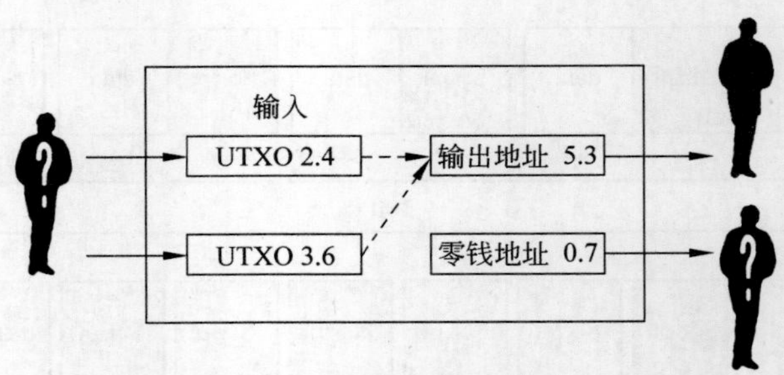

图 10.4 交易地址分析示意图

(3) 多交易处理分析：如图 10.5 所示，在一段时间内，如果存在多个账户在同一段时间内向某个地址进行转账，也可以一定概率猜测这些账户地址隶属同一个用户，从而完成这几个地址的关联性分析。

基于上述 3 种方法，同时追踪其输入地址所有发生的其他交易，可以挖掘出更多地址之间的关联性。用户的一些交易行为习惯也会不自觉地泄露自己的隐私。总体来说，基于公有链的区块链系统并未对用户关心的隐私数据(时间、金额等)进行保护，如果应用到现实生活中，这些数据属于高度敏感的信息，用户并不想公开地放在交易信息中。即使对于联盟链，各联盟节点之间也存在不想泄露给对方的敏感数据，例如多个公司之间进行贸易交易，商品的销售价格、销售数量、资金流向等信息都属于公司的商业机密。在纸币的使用过程中，个人的消费记录有时也是难以被追踪的。

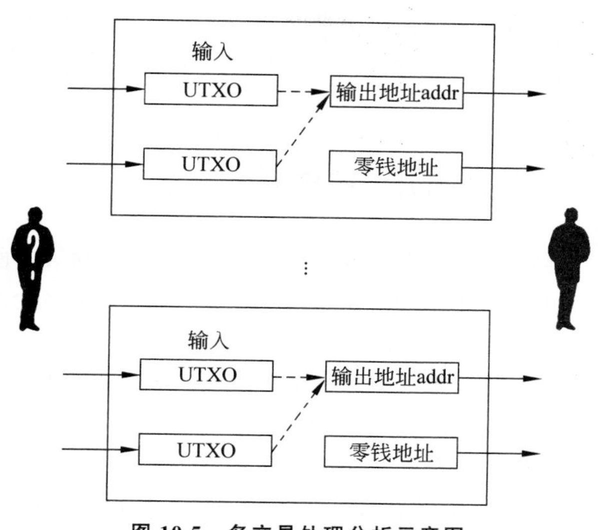

图 10.5 多交易处理分析示意图

10.3 数据层安全防御

数据层是区块链的底层技术，其安全运作关系着区块链系统的正常运行。因此，对数据层安全威胁和防御手段的研究变得十分重要。在设计区块链系统的过程中，对相关代码的编写要进行完善的安全性测试和审查，避免由于代码实现的漏洞而带来不必要的安全事故。具体来说，区块链研究者针对 10.2 节提到的攻击手段，提出了以下防御技术。

(1) 限制区块数据大小：这个防御方法主要是为了抵抗资源滥用攻击，主流的区块链平台都采用限制区块大小的方法，以此避免区块链数据快速增长。例如，在比特币区块链中，把每个区块数据限制在 1MB，使得比特币数据增长速度呈线性，根据比特币现有的速度估计，到 2029 年，区块数据的总量不会超过 1TB。但是限制数据大小的抵御方式会影响区块链上交易的确认时间，目前在比特币上确认一笔交易至少需要 1 小时。

(2) 增加权限验证：针对恶意信息攻击，在提交数据记录到哈希表时要进行权限验证，设置一般用户提交数据的数据量限制参数。这种防御手段可以暂时限制攻击者的攻击能力，另一种更有效的方式是重建哈希表，如加上限制链表长度等。

(3) 双重摘要：一个解决长度扩展攻击的简单方法是对已经摘要后的消息进行再次摘要，即 HMAC 算法。其主要原理：MAC＝H(secret＋H(secret＋message))，先对 secret 和 message 实施一轮哈希函数，然后再用得到的哈希值和 secret 进行一轮哈希，通过这种方式攻击者就无法通过拼接等手段猜出 message。这种防御手段目前已经被广泛应用于带有长度扩展攻击缺陷的各种摘要函数中。另一种解决这种攻击的方法是把 secret 值放在消息末尾，然后再求哈希值。

(4) 量子链：量子计算机的快速发展给区块链安全带来了新的挑战和威胁，因此除了探索传统攻击的防御手段，还应该考虑针对量子计算机的防御方式，有研究者提出可以使用量子网络构建区块链的方式。由量子网络构造的区块链称为量子链,其使用具有时间缠绕特性的量子粒子来创建区块链。但是这种防御技术仍停留在理论层面,目前还没有具体可实施的构建方案。

10.4 基于零知识证明的隐私保护

随着区块链技术不断普及和应用在多个领域,各种攻击方法被不断提出,区块链用户的隐私性受到了极大挑战,其面临的隐私泄露问题也越来越突出。为此,各种新的隐私保护方法也应运而生,区块链系统中的匿名性通常包含两层含义。

(1) 不可链接性:指区块链系统中同一个用户接收到的两个(或多个)交易无法被无关节点知晓这些交易是发送给同一个用户的。

(2) 不可追踪性:指区块链系统中无关节点无法知晓交易发送者的具体身份。

传统的区块链系统并不满足以上两个特性,针对区块链中现存的一些隐私性泄露问题,本节将从交易数据隐私和身份隐私两方面来阐述隐私保护技术,主要介绍基于零知识证明的数据隐私保护技术——zk-SNARK。在10.4节中,将介绍基于环签名技术的身份隐私保护技术。

10.4.1 Zerocash 协议与 Zcash

2013年,为了解决比特币交易过程中用户隐私可能遭受泄露风险的问题,约翰·霍普金斯大学 Matthew D. Green 教授及其研究生 Ian Miers 和 Christina Garman 共同提出了 Zerocoin 协议,其解决方案能够隐藏交易的发送者地址,同时通过零知识证明协议来保护发送交易方的身份隐私。同年,Matthew D. Green 教授在 Zerocoin 协议的基础之上,进一步提出了 Zerocoin 协议的新版本——Zerocash 协议。Zerocash 协议不仅实现了隐藏接收者和交易金额的功能,同时提高了算法的运行效率。在 Zerocash 中,如果一笔交易小于1kB,那么只需要不到6s就可以完成确认。相比于 Zerocoin,Zerocash 把花费一个币的交易大小减小了97.7%,花费交易需要的确认时间减少了98.6%。Zerocash 隐藏用户的交易金额,允许随机金额的匿名交易,用户付款后直接能够到达某个固定的收款地址。

Zerocash 协议是基于 zk-SNARK 实现的一种数字货币,将零知识证明作为交易中的一种验证方式。在具体的 Zerocash 转账过程中可以理解为,证明者是 Zerocash 交易发送者,验证者是区块链维护节点,需要验证的消息是交易转账信息。发送者提供一个证明,其他用户无法通过这个证明推测出转账信息(发送者地址、交易金额),但是区块链节点依然能够验证该笔交易转账的合法性。零币(Zcash)是一个基于 Zerocash 协议实现的数字货币系统。相比于比特币,Zcash 的主要性质包括以下3方面。

(1) 加密数字货币:作为最早在数字货币系统中广泛应用 zk-SNARK 的 Zcash,它旨在使用加密技术为用户提供隐私保护性更强的数字货币,解决交易被追踪进而用户身份隐私泄露的问题。

(2) 基于零知识证明机制的区块链系统:Zcash 可提供完全的支付保密性,同时仍能够使用公有链来维护一个去中心化网络。Zcash 的核心概念与比特币是一脉相承的,其继承了比特币的交易模型。

(3) 隶属比特币分支：Zcash 保留了比特币原有的模式，它是基于比特币 0.11.2 版代码修改的一种数字货币。与比特币相同的是，Zcash 的总量也是 2100 万个。另外，Zcash 能够提供隐藏交易地址和交易金额的功能供用户自由选择。

此外，Zcash 将交易类型分为两种。

(1) 透明地址交易(T-address Transaction)：透明地址交易中的输入输出直接是未隐藏的可见信息。

(2) 隐藏地址交易(Z-address Transaction)：隐藏地址交易的输入输出，以及输入输出的地址和金额都是隐藏的。

如图 10.6 所示，以上两种地址可以组合成 4 种转账方式：公开交易(T-address 之间发起交易)、加盾交易(T-address 向 Z-address 发起交易)、除盾交易(Z-address 向 T-address 发起交易)和隐私交易(Z-address 之间发起交易)。

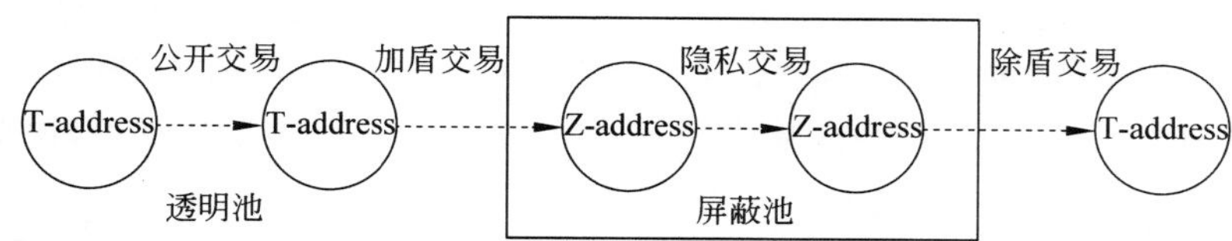

图 10.6　Zcash 的 4 种转账方式

在 Zcash 中，T-address 和 Z-address 分别存储于透明资金池(Transparent Pool)和屏蔽资金池(Shielded Pool)中。Zcash 中公开交易与比特币中结构一样，交易信息在区块中全网可查。隐私交易中被保护的信息无法被其他人获取。Zcash 区块链中记录数据只显示隐私交易是一笔有效交易，除此之外不会显示任何隐私数据。

然而，Zcash 仍然存在一定的局限性。首先，Zcash 依赖于初始参数的设置，初始参数一旦设置之后就会被销毁，同时无法检测。其次，由于交易时间比较长且占用用户较大的内存空间，导致 Zcash 还无法满足实际的使用过程。Zcash 虽然提供了安全级别较高的加密算法，但相比于其他数字货币，在支付性能上并没有明显的优势。尽管如此，Zcash 在区块链中实现的数字货币的隐私保护强度为区块链的其他安全项目提供了技术参考和指导。

接下来将介绍 Zerocash 协议的基本构造。需要说明的是，由于 Zerocash 本身是一种非常复杂的安全协议，涉及的数据构造、算法流程需要具备较深的密码学基础，本书主要通俗易懂地让读者对 Zerocash 协议有基本理解。

Zerocash 协议基于零知识证明和承诺(Commitment)方案，构造了一个去中心化的匿名支付方案。其中，承诺方案可以简单理解为对某个消息的承诺，假定存在一个随机数 r 和消息 m，对消息 m 的承诺用 COMM 表示，假如承诺的方式是采用对消息的哈希，即 $\mathrm{cm}=\mathrm{COMM}(r,m)=H(r||m)$，将 cm 进行公布。用户可以通过披露 r 和 m 来验证承诺的有效性，即 $H(r||m)$ 是否等于 cm。

Zerocash 协议允许任意金额的匿名支付，弥补了比特币在隐私保护方面的不足。Zerocash 协议能够与任意基于分布式账本技术的数字货币系统兼容。为了更好地理解，首先定义一个数字货币 c,它主要包含了以下4部分。

(1) 币的承诺：表示为 $\mathrm{cm}(c)$,一旦有一个新的币生成,就会产生这样一串字符。

(2) 币的价值：表示为 $v(c)$,它的大小在0和最大值 $v_{\max}$之间。

(3) 币的序列号：表示为 $\mathrm{sn}(c)$,这是一个和 c 相关的唯一字符串,用来防止双重支付攻击。

(4) 币的地址：表示为 $\mathrm{addr}_{\mathrm{kp}}(c)$,代表拥有币 c 的账户地址。

在上面这种简单的 Zerocash 协议构造过程中,币 c 是按如下步骤产生的。

(1) 用户 u 选择一个随机序列号 $\mathrm{sn}(c)$ 和一个陷门值 r,计算对该币的承诺 $\mathrm{cm}:=\mathrm{COMM}_r(\mathrm{sn}(c))$,并设置 $c:=(r,\mathrm{sn},\mathrm{cm})$。此时,产生一笔交易 $\mathrm{tx}_{\mathrm{Mint}}$,其中包含 cm 值,但不包含 r 和 $\mathrm{sn}(c)$,然后这笔交易被发送到账本上。如果用户已经支付了1个比特币到第三方交易池,这笔交易就会被加入账本,发币交易就相当于用户的存款证明。

(2) 构建一个列表 CMList。CMList 中包含账本上所有数字货币的承诺集合。如果用户 u 想要创建一个交易 $\mathrm{tx}_{\mathrm{Spend}}$ 花掉币 c,则 $\mathrm{tx}_{\mathrm{Spend}}$ 中需要包含该币的序列号 sn,以及一个零知识证明的证据 π 来佐证“我知道这样一个 r 且 $\mathrm{COMM}_r(\mathrm{sn})$ 存在于列表 CMList 中”。如果 sn 不存在于 CMList 中,则交易成功。如果 sn 已经在账本上出现过,说明这是双重支付,该交易被当作无效交易处理。

因为证据 π 是采用零知识证明进行验证的,用户匿名性能够得到保证。因为即使 sn 被公开了,也不会因此暴露出关于陷门 r 的任何属性数据。如果攻击者在 CMList 中找到了某个特定的交易 $\mathrm{tx}_{\mathrm{Spend}}$,等价于求解了 $f(c):=\mathrm{COMM}_r(\mathrm{sn}(c))$的逆,基于困难性假设(如哈希单向性),攻击者是很难成功的。

(3) 压缩币的承诺列表 CMList。在断言中,CMList 被直接作为币的承诺列表,这种直接的表示方法极大限制了方案的可扩展性,因为随着 CMList 的不断增长,大多数算法的时间和空间复杂度都呈线性增长。此外,由于交易的匿名性,使得已经花掉的数字货币无法被识别出来,导致已花掉币的相关承诺也不能从 CMList 中删除以减少开销。

为了解决此问题,Zerocash 构造方案中依赖于一个抗碰撞的哈希函数 CRH 来避免对 CMList 的直接表示。通过使用一种可更新、可添加的基于 CRH 的默克尔树方案来构造 CMList,如图10.7所示。其中,rt 表示树的根,默克尔树叶节点的插入会导致根节点 rt 更新的时间和空间复杂度与树的深度成相关关系。因此可以将时间和空间复杂度减小到与 CMList 大小的对数成比例。在此基础之上,将断言修改为“我知道这样的一个 r,存在$\mathrm{COMM}_r(\mathrm{sn}(c))$是默克尔树中的一个叶节点,它的根是 rt”。与简单的 CMList 构造相比,这种指数改进增加了一个给定的 zk-SNARK,它能够支持 CMList 的大小。例如,树的深度为64层时,Zerocash 协议能够支持 2^{64}个数字币。

(4) 将币扩展为能够实现直接支付的匿名货币。币 c 的承诺 cm 是对币的序列号 $\mathrm{sn}(c)$的承诺,当一个用户把币 c 转移给其他用户时,还会存在以下一些问题。假设用户 u_A 创造了币 c,并且把币 c 发送给用户 u_B。首先,u_A 知道 $\mathrm{sn}(c)$,那么当 u_B 把币 c 花出去的时候,u_A 通过监控整个网络的交易情况就知道 u_B 在使用这笔钱了,这样就无法保证 u_B 的身份匿名性。其次,如果 u_A 想要一次发送100个币给其他人,那么他需要创造100笔交易,这样会暴露交易金额。最后,协议不支持发送不是1个比特币的整数倍金额的

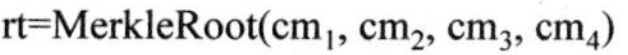

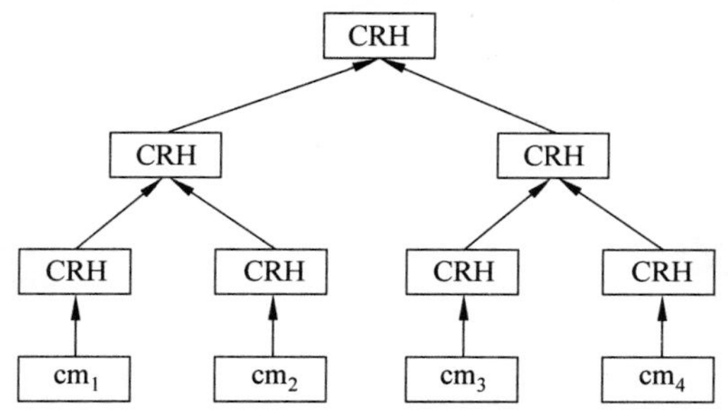

图 10.7 Zerocash 中默克尔树构造示意图

交易。

为了支持更丰富的功能，Zerocash 协议通过改进币的承诺方案，使用伪随机函数来定位付款和分发序列号来解决以上问题。Zerocash 协议使用了 3 个伪随机函数$PRF_x^{addr}(\cdot)$、$PRF_x^{sn}(\cdot)$和$PRF_x^{kp}(\cdot)$来定位付款和分发随机数，且假定PRF^{sn}还是抗碰撞的。

为了保证收款人的匿名性，Zerocash 协议使用了这样的地址，每个用户 u 产生一对公钥和私钥(a_{kp},a_{ks})，当用户 u 拥有 a_{kp}的数字货币时，只能使用相应的 a_{ks}花出去。具体地说，用户产生一个随机种子 a_{ks}，然后通过这个种子计算 $a_{kp}:=PRF_{a_{ks}}^{addr}(0)$。

(5) 重新定义发币交易。为了构造一个数值为 v 的币 c，用户 u 首先取一个秘密值 ρ 来决定一个币的序列号，相应的序列号 $sn:=PRF_{a_{ks}}^{sn}(\rho)$。然后，用户对三元组($a_{kp}$,$v$,$\rho$)进行承诺，分为两个阶段。

(1) 承诺(a_{kp},r,ρ)，$k:=COMM_r(a_{kp}||\rho)$。

(2) 承诺(v,k,s)，$cm:=COMM_s(v||k)$。

其中，s 是一个随机值。最终，得到一个新的币 $c:=(a_{kp},v,\rho,r,s,cm)$，以及一个发币交易 $tx_{Mint}:=(v,k,s,cm)$，通过验证$COMM_s(v||k)$是否和 cm 相等，任何人都能够验证 tx_{Mint}中的 cm 是否为交易金额为 v 的承诺，而且其他用户即使知道 a_{kp}也不能推测出发送者，知道 ρ 也无法推测出序列号 sn，因为这些值都被隐藏在 k 下。

通过以上逐步改进，Zerocash 能够满足隐藏交易发送者、金额以及交易接收者的功能。同时，它还支持匿名交易与公开交易之间的转化。

10.4.2 zk-SNARK 概述

零知识证明是指证明者(Prover)在不透露自己隐私数据的情况下，向验证者(Verifier)提供可证明其确实知道该数据的证据(Proof)的过程。验证者在不知道证明者所拥有的任何隐私信息情况下进行基于证据的验证计算，并给出一个判断结果。那么 zk-SNARK 与零知识证明有何种关系？zk-SNARK 的全称是 Zero-Knowledge Succinct Non-Interactive Argument of Knowledge，即零知识-简洁的非交互式知识证明。zk-SNARK 流程简单示意如图 10.8 所示，具有如下 4 个性质。

(1) 零知识(Zero Knowledge)：即证明者在证明过程中不会向验证者透露关于某个论

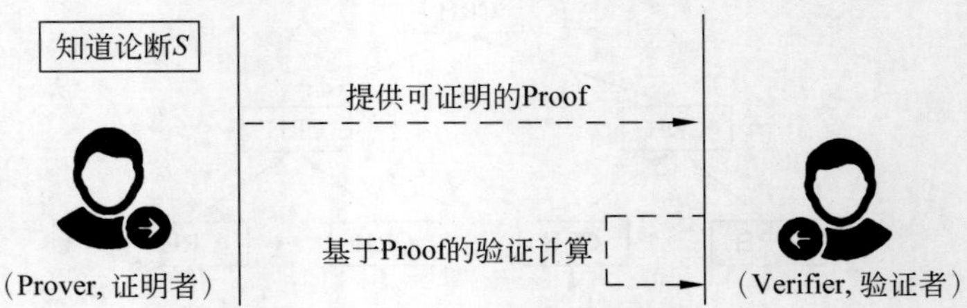

图 10.8 zk-SNARK 流程简单示意

断 statement(需要证明的数据)的任何信息,但依然能够向验证者证明该论断的有效性。

(2) 简洁性(Succinct):是指在验证交互过程中,证明者和验证者之间不涉及大量数据的传输,并且验证算法简单。

(3) 无交互(Non-interactive):证明者和验证者之间交互的过程称为"质询-响应"的过程,无交互是指证明者只需要提供 Proof,验证者收到 Proof 即可完成本地验证,无须向证明者"质询"。

(4) 知情证明(Argument of Knowledge):指证明者掌握拥有某个论断的证据 Proof,这是 zk-SNARK 中最核心的部分。

zk-SNARK 作为一种隐私保护技术被应用到区块链中有其自身的优势。首先,zk-SNARK 的构造非常简洁,可以做到在短短几毫秒内就得到验证结果,并且它的证据长度可以达到只有几百字节。在传统的零知识证明构造中,证明者和验证者需要来回交互才能完成验证,或者有的方案产生的证据长度非常长,由于区块链中的每笔交易、每个区块都是有大小限制的,因此很难适用到当前的区块链系统中,而 zk-SNARK 只需要证明者向验证者发送一次证据,无须交互,即可让验证者相信证明者的断言是可信的,因此 zk-SNARK 在区块链中应用较为广泛。

图 10.9 是关于 zk-SNARK 的总体技术架构图。从图中可以看到,zk-SNARK 本身和区块链一样,也是多种技术的融合,主要涉及 4 个流程。

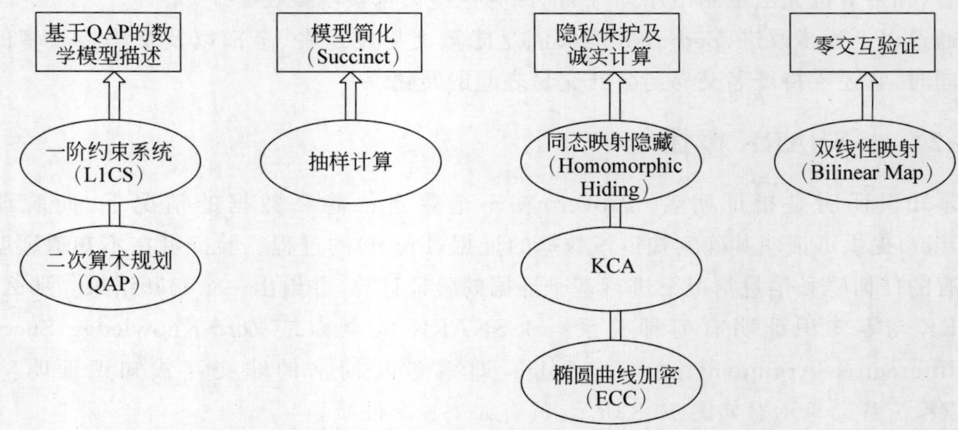

图 10.9 zk-SNARK 总体技术架构图

(1) 基于 QAP 的数学模型描述：主要指将待证明问题描述为正确的数学模型以及多项式的过程，以便实现安全高效的验证。

(2) 模型简化：通过上述数据描述之后，会产生较多的结果需要进行计算，本过程主要是通过抽样简化减少数据量，同样是为了方便证明者计算和验证者的验证。

(3) 隐私保护及诚实计算：该过程主要是为了实现如何设定约束使得证明者能够按照约定的协议进行计算，而不是进行任意的计算。

(4) 零交互验证：通过双线性映射来实现无需交互证明的验证过程。

下面将介绍 zk-SNARK 所用到的主要技术：一阶约束系统、二次算术规划、抽样计算及同态隐藏等。

10.4.3　一阶约束系统

为了在 Zcash 中确保零知识证明的隐私性，zk-SNARK 中编码的一些网络共识规则可以约束具有交易有效性的函数必须返回这个交易是否有效的结果，而不会透露函数执行计算过程中所依据的任何信息。在较高的层次上，zk-SNARK 的工作方式是将要证明的内容转换为某些代数方程的解的等价形式。那么如何确定有效交易的规则，即交易有效性函数转换成方程式，而不会向验证方程式的各方透露任何敏感信息。采用以下两个过程执行。

```
Computation→Arithmetic Circuit→L1CS
```

第一阶段是将交易有效性函数的逻辑步骤分解为最小的操作，进而创建一个运算电路，它类似于布尔电路，当程序被转换成算术电路时，它被编译成离散的、单个的步骤，例如逻辑运算操作 AND、OR 或 NOT。下面是计算表达式$(x\times y)\times(z-7)$的运算电路。

从图 10.10 中可以看出，4 个输入中 x 和 y 执行 Gate 1 的 AND 操作，z 和-7 执行 Gate 2 的 OR 操作，然后再对这两个结果进行 Gate 3 的 AND 操作，最后得到该计算表达式。换句话说，4 个输入值在电路上以自左向右的顺序，通过 3 个逻辑门，得到了表达式$(x\times y)\times(z-7)$。

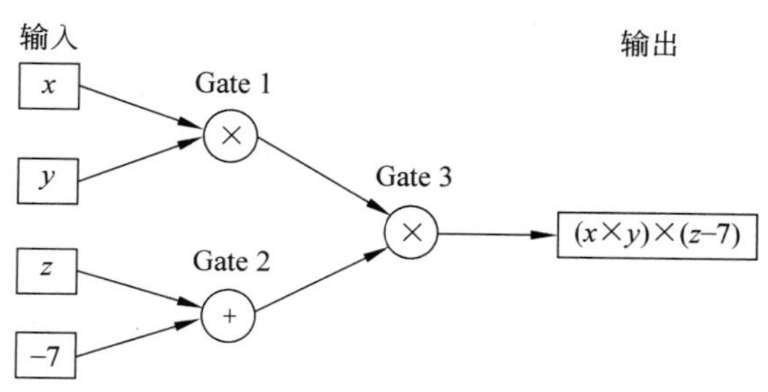

图 10.10　逻辑运算示意图

第二阶段是构建一阶约束系统(L1CS)，它是一个三元组向量$(\boldsymbol{a},\boldsymbol{b},\boldsymbol{c})$，解为 $\boldsymbol{s}$，使得

$$\boldsymbol{s}\cdot\boldsymbol{a}\times\boldsymbol{s}\cdot\boldsymbol{b}=\boldsymbol{s}\cdot\boldsymbol{c} \tag{10.1}$$

如式(10.1)这样的三元组向量$(\boldsymbol{a},\boldsymbol{b},\boldsymbol{c})$就定义为约束，需要找到 $\boldsymbol{s}$ 来满足上述约束。

简单来说，L1CS 是将第一阶段得到的简单算式转换为上述的约束方程。

接下来，本文将以一个简单例子来描述零知识证明的基本过程。假设证明者需要向验证者证明其知道 $x^3+x+5=35$ 的解(注意：此处假设验证者无法计算出该公式的解，因为实际的零知识证明中的这个公式的阶数非常高，在多项式有限时间以内无法计算出结果，但非常容易验证)，但是却不能直接将解为 3 告诉验证者，那么如何做到呢?

为了实现该过程，证明者将该问题转化为多项式的求解过程，假设能给出满足条件的多项式，就能够说明证明者知道该公式的解。这个多项式如下：

$$\boldsymbol{s}\cdot\boldsymbol{a}\times\boldsymbol{s}\cdot\boldsymbol{b}-\boldsymbol{s}\cdot\boldsymbol{c}=\boldsymbol{0} \tag{10.2}$$

其中，$\boldsymbol{a}$，$\boldsymbol{b}$，$\boldsymbol{c}$，$\boldsymbol{s}$ 代表的都是向量。

在零知识证明过程中，不管多复杂的计算，都可以由简单的加、减、乘、除来构成。该公式也是由基本的代数运算构成(简单代数操作包括“+、-、×、/”四种操作符)，通过引入中间变量，可以将 $x^3+x+5=35$ 转化为以下 4 个公式，即

$$m_1=x\times x \tag{10.3}$$

$$m_2=m_1\times x \tag{10.4}$$

$$m_3=m_2+x \tag{10.5}$$

$$\text{output}=m_3+5 \tag{10.6}$$

然后再定义一个向量，即

$$\boldsymbol{s}=\{\text{ONE},x,\text{output},m_1,m_2,m_3\} \tag{10.7}$$

为了满足 $\boldsymbol{s}\cdot\boldsymbol{c}=\boldsymbol{s}\cdot\boldsymbol{a}\times\boldsymbol{s}\cdot\boldsymbol{b}$，按照第一项 $m_1=x\times x$ 来计算，结果如下：

$$\begin{aligned}&\{\text{ONE},x,\text{output},m_1,m_2,m_3\}\cdot\{0,0,0,1,0,0\}\\=&\{\text{ONE},x,\text{output},m_1,m_2,m_3\}\cdot\{0,1,0,0,0,0\}\times\\&\{\text{ONE},x,\text{output},m_1,m_2,m_3\}\cdot\{0,1,0,0,0,0\}\end{aligned} \tag{10.8}$$

那么 $\boldsymbol{c}=\{0,0,0,1,0,0\}$，$\boldsymbol{a}=\{0,1,0,0,0,0\}$，$\boldsymbol{b}=\{0,1,0,0,0,0\}$。再逐一计算上面其他 3 个等式，总共可以得到 4 组向量，分别把每组向量合并在一起组成矩阵形式，即

$$\boldsymbol{A}=\begin{bmatrix}0&1&0&0&0&0\\0&0&0&1&0&0\\0&1&0&0&1&0\\5&0&0&0&0&1\end{bmatrix}\quad\boldsymbol{B}=\begin{bmatrix}0&1&0&0&0&0\\0&1&0&0&0&0\\1&0&0&0&0&0\\1&0&0&0&0&0\end{bmatrix}\quad\boldsymbol{C}=\begin{bmatrix}0&0&0&1&0&0\\0&0&0&0&1&0\\0&0&0&0&0&1\\0&0&1&0&0&0\end{bmatrix} \tag{10.9}$$

通过上述计算，就将向量转化为矩阵形式的描述，称为一阶约束系统(L1CS)。满足以下多项式的向量 $\boldsymbol{s}$ 就是待证明多项式的解，即

$$\boldsymbol{s}\cdot\boldsymbol{C}=\boldsymbol{s}\cdot\boldsymbol{A}\times\boldsymbol{s}\cdot\boldsymbol{B} \tag{10.10}$$

10.4.4 二次算术规划

二次算术规划(QAP)是在一阶约束系统基础上，将矩阵 $\boldsymbol{A}$、$\boldsymbol{B}$、$\boldsymbol{C}$ 转化为由多项式组成的向量过程，即将矩阵 $\boldsymbol{C}$ 转化为 $\boldsymbol{C}(n)=\{C_1(n),C_2(n),C_3(n),C_4(n),C_5(n),C_6(n)\}$。这里使用的是拉格朗日插值法。例如，当 $n=1,2,3,4$ 时求 $C_4(n)$，根据拉格朗日插值法，$C_4(n)$可以分解为 4 个部分的和，即

$$C_4^1(n)=\alpha(n-2)(n-3)(n-4) \tag{10.11}$$

$$C_4^2(n)=\beta(n-1)(n-3)(n-4) \tag{10.12}$$

$$C_4^3(n)=\gamma(n-1)(n-2)(n-4) \tag{10.13}$$

$$C_4^4(n)=\delta(n-1)(n-2)(n-3) \tag{10.14}$$

则 $C_4(n)=C_4^1(n)+C_4^2(n)+C_4^3(n)+C_4^4(n)$。

在 $n=1$ 时，$C_4^2(n)=C_4^3(n)=C_4^4(n)=0$，只有 $C_4^1(n)=1$，由此可计算 $\alpha=-1/6\approx-0.166$。同理可得 $n=2,3,4$ 时，$\beta=\gamma=\delta=0$，所以

$$\begin{aligned} C_4(n) &= C_4^1(n) \\ &= (-0.166)(n-2)(n-3)(n-4) \\ &= -0.166n^3+1.494n^2-4.316n+3.984 \end{aligned} \tag{10.15}$$

将 $n=1,2,3,4$ 代入上面进行验证。通过上述公式计算后，可以将矩阵 $\boldsymbol{A}$、$\boldsymbol{B}$、$\boldsymbol{C}$ 转化为由多项式组成的向量，即

$$\boldsymbol{A}(n)=\{A_1(n),A_2(n),A_3(n),A_4(n),A_5(n),A_6(n)\} \tag{10.16}$$

$$\boldsymbol{B}(n)=\{B_1(n),B_2(n),B_3(n),B_4(n),B_5(n),B_6(n)\} \tag{10.17}$$

$$\boldsymbol{C}(n)=\{C_1(n),C_2(n),C_3(n),C_4(n),C_5(n),C_6(n)\} \tag{10.18}$$

也就是说，将求解的问题再一次转化为在以下等式里求解向量 $\boldsymbol{s}$ 的过程，即

$$\boldsymbol{s}\cdot\boldsymbol{C}(n)-\boldsymbol{s}\cdot\boldsymbol{A}(n)\times\boldsymbol{s}\cdot\boldsymbol{B}(n)=0 \tag{10.19}$$

式(10.19)其实等价于在 $n=1,2,3,4,5,6$ 时成立(向量的长度为 6)，即

$$\boldsymbol{s}\cdot\boldsymbol{C}(n)-\boldsymbol{s}\cdot\boldsymbol{A}(n)\times\boldsymbol{s}\cdot\boldsymbol{B}(n)=\boldsymbol{H}(n)\times\boldsymbol{Z}(n) \tag{10.20}$$

$$\boldsymbol{Z}(n)=(n-1)(n-2)(n-3)(n-4)(n-5)(n-6) \tag{10.21}$$

通过上述的变换，在前面的例子中：证明者想让验证者知道她有 $x^3+x+5=35$ 的解的问题变成了根据不同取值，验证等式 $\boldsymbol{s}\cdot\boldsymbol{C}(n)-\boldsymbol{s}\cdot\boldsymbol{A}(n)\times\boldsymbol{s}\cdot\boldsymbol{B}(n)=\boldsymbol{H}(n)\times\boldsymbol{Z}(n)$ 是否成立的过程。此处为什么这两个问题是等价的呢？因为如果证明者 Alice 不知道 $\boldsymbol{s}$，在验证者 Bob 给出一些取值，让 Alice 计算 $\boldsymbol{P}(n)=\boldsymbol{s}\cdot\boldsymbol{C}(n)-\boldsymbol{s}\cdot\boldsymbol{A}(n)\times\boldsymbol{s}\cdot\boldsymbol{B}(n)$ 和 $\boldsymbol{H}(n)$，Alice 是无法计算出来的。这样 Bob 也就没办法成功验证 Alice 确实知道解 $\boldsymbol{s}$。

10.4.5　抽样计算

通过二次算术规划对问题进行转化，Alice 不再需要将解 $x=3$ 以明文的形式告诉验证者，让验证者相信她知道解，而是让 Bob 去验证以下等式是否成立，即

$$\boldsymbol{P}(n)=\boldsymbol{s}\cdot\boldsymbol{C}(n)-\boldsymbol{s}\cdot\boldsymbol{A}(n)\times\boldsymbol{s}\cdot\boldsymbol{B}(n)=\boldsymbol{H}(n)\times\boldsymbol{Z}(n) \tag{10.22}$$

$$\boldsymbol{Z}(n)=(n-1)(n-2)(n-3)(n-4)(n-5)(n-6) \tag{10.23}$$

证明者可以将 $\boldsymbol{P}(n)$ 和 $\boldsymbol{H}(n)$ 发送给 Bob，Bob 验证等式两边成立，也相信证明者知道解，但是问题在于 $\boldsymbol{P}(n)$ 是一个超级大的多项式(次数达到 2 000 000)，以这种形式发送给验证者，显然与 zk-SNARK 的简洁相违背。验证者是否可以随机选取一个值 $n=t$(t 可以不为整数，且等式两边不等于 0)发送给证明者，证明者计算 $\boldsymbol{P}(t)$ 和 $\boldsymbol{H}(t)$，由于 t 的取值范围非常大，如果抽样计算一次就验证通过，则验证者有很大的概率相信 Alice。

但存在这样一个问题：由于验证者是以明文的形式将 $n=t$ 发送给证明者，证明者即使不知道真正的解 $\boldsymbol{s}$，也可以构造一个 $\boldsymbol{P}^0(t)$，$\boldsymbol{H}^0(t)$，使得等式 $\boldsymbol{P}^0(t)=\boldsymbol{H}^0(t)\cdot\boldsymbol{Z}(t)$ 成立，这就达不到验证的目的。为此，验证者发送给证明者的取值 $n=t$ 必须隐藏，这就

是 10.4.6 节将介绍的,在不知道取值的情况下进行的安全计算——同态隐藏。

10.4.6 同态隐藏

同态隐藏(Homomorphic Hidings)是零知识证明中重要的组成部分,其含义是找到具有同态属性的一种映射关系来实现隐藏输入的需求。需要先了解关于同态加密的知识,同态加密可以看作是一种特殊的加密方式,它的一个显著特点是对密文进行特定运算得到的密文,对它的解密结果与对相应的明文进行相同的运算所产生的结果是相同的。换言之,这项技术使得人们可以在加密的数据中进行诸如检索、比较等操作,对结果进行解密后得出正确的操作结果,而在整个操作过程中不需要解密数据。具有同态隐藏属性的函数 $E(x)$具有如下属性。

(1) 对于大部分的变量 x,给定 $E(x)$也很难求解 x 的值。

(2) 对于不同的输入一定有不同的输出结果,即如果 $x \neq y$,那么 $E(x) \neq E(y)$。

如果知道 $E(x)$和 $E(y)$,则可以生成 x 和 y 的算术表达式的同态隐藏函数,例如,使用 $E(x)$和 $E(y)$来计算 $E(x+y)$,同理也可以是乘法同态或者全同态。

因此,验证者不再发送明文的 t 给证明者,而是经过同态隐藏的 $E(t)$,由于在计算 $\boldsymbol{P}(t)$和 $\boldsymbol{H}(t)$过程中涉及多阶运算,因此验证者需要发送给证明者的值实际为 $E=\{E(1),E(t),E(t^2),\cdots,E(t^N)\}$(为了安全性,$N$ 的取值是比多项式阶都大的整数)。Alice 收到 E 后,显然只能先求 $E(\boldsymbol{P}(t))$和 $E(\boldsymbol{H}(t))$,再发送给验证者让其验证 $E(\boldsymbol{P}(t))=E(\boldsymbol{H}(t)\times \boldsymbol{Z}(t))$是否成立即可。则验证过程变为如图 10.11 所示。

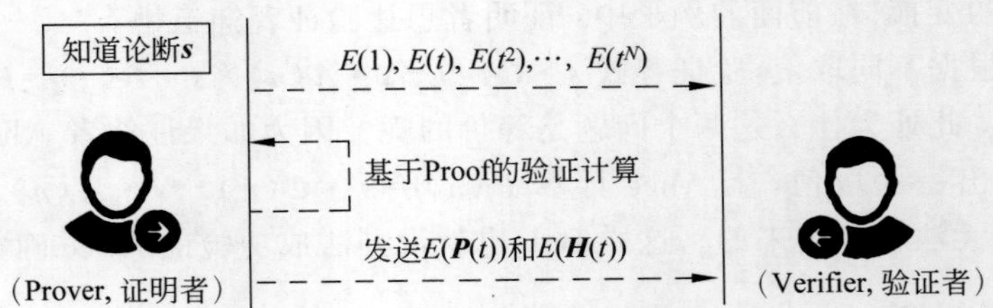

图 10.11 基于同态隐藏的用户交互过程

此外,还有一个非常重要的问题没有解决:验证者发送给证明者的这些隐藏值是让证明者在正确的 $\boldsymbol{A}(n)$、$\boldsymbol{B}(n)$、$\boldsymbol{C}(n)$上做计算的。也就是说,如果 Alice 并不知道 $\boldsymbol{P}(n)=\boldsymbol{s}\cdot\boldsymbol{C}(n)-\boldsymbol{s}\cdot\boldsymbol{A}(n)\times\boldsymbol{s}\cdot\boldsymbol{B}(n)=\boldsymbol{H}(n)\times\boldsymbol{Z}(n)$方程的解 $\boldsymbol{s}$,而是知道 $\boldsymbol{P}^0(n)=\boldsymbol{s}^0\cdot\boldsymbol{C}^0(n)-\boldsymbol{s}^0\cdot\boldsymbol{A}^0(n)\times\boldsymbol{s}^0\cdot\boldsymbol{B}^0(n)=\boldsymbol{H}^0(n)\times\boldsymbol{Z}(n)$的解,Alice 将 $\boldsymbol{P}^0(n)$和 $\boldsymbol{H}^0(n)$的值发送给 Bob,验证者发现验证也是正确的,这显然是不对的。

换句话说,如何让 Alice 在规定的系数 $\boldsymbol{P}(n)$和 $\boldsymbol{H}(n)$上做计算,而不是 $\boldsymbol{P}^0(n)$和 $\boldsymbol{H}^0(n)$。需要用到 10.4.7 节的 KCA,它约束证明者只能在 $\boldsymbol{P}(n)$和 $\boldsymbol{H}(n)$上做计算。

10.4.7 KCA 运算

KCA(Knowledge of Coefficient Test and Assumption)就是限制 Alice 在规定的系数 $\boldsymbol{P}(n)$和 $\boldsymbol{H}(n)$上做计算,在介绍其原理之前,先了解一个基本概念——α 对,即假设有

一对值(a,b)满足$b=\alpha\times a$，则称其为α对。在椭圆曲线加密(Elliptic Curve Crypto，ECC)中，已知a和b，求解α是非常困难的，这是ECC所用到的困难问题(不能把这个公式放到普通理解的公式中，而是要放在群、椭圆曲线的世界里)。假设验证者提供一系列的α对(α是隐私的，只有验证者知道)：$(a_1,b_1),(a_2,b_2),\cdots,(a_N,b_N)$，让Alice在这一系列$\alpha$对基础上，计算一个新的$\alpha$对$(a^0,b^0)$。显然，Alice可以通过线性组合的方式求得，即

$$a^0=\beta_1a_1+\beta_2a_2+\cdots+\beta_Na_N \tag{10.24}$$

$$b^0=\beta_1b_1+\beta_2b_2+\cdots+\beta_Nb_N \tag{10.25}$$

式中，$\{\beta_1,\beta_2,\cdots,\beta_N\}$是Alice随机选取的一些系数，这显然满足$\alpha$对的性质，验证如下：

$$\begin{aligned}b^0&=\beta_1b_1+\beta_2b_2+\cdots+\beta_Nb_N\\&=\beta_1(\alpha\times a_1)+\beta_2(\alpha\times a_2)+\cdots+\beta_N(\alpha\times a_N)\\&=\alpha\times(\beta_1a_1+\beta_2a_2+\cdots+\beta_Na_N)\\&=\alpha\times a^0\end{aligned} \tag{10.26}$$

再回到$\boldsymbol{P}(n)=\boldsymbol{s}\cdot\boldsymbol{C}(n)-\boldsymbol{s}\cdot\boldsymbol{A}(n)\times\boldsymbol{s}\cdot\boldsymbol{B}(n)=\boldsymbol{H}(n)\times\boldsymbol{Z}(n)$的问题，前面已经将$\boldsymbol{s}$的系数转化为多项式向量，即

$$\boldsymbol{A}(n)=\{A_1(n),A_2(n),A_3(n),A_4(n),A_5(n),A_6(n),\cdots,A_M(n)\} \tag{10.27}$$

$$\boldsymbol{B}(n)=\{B_1(n),B_2(n),B_3(n),B_4(n),B_5(n),B_6(n),\cdots,B_M(n)\} \tag{10.28}$$

$$\boldsymbol{C}(n)=\{C_1(n),C_2(n),C_3(n),C_4(n),C_5(n),C_6(n),\cdots,C_M(n)\} \tag{10.29}$$

$$\boldsymbol{s}(n)=\{s_1(n),s_2(n),s_3(n),s_4(n),s_5(n),s_6(n),\cdots,s_M(n)\} \tag{10.30}$$

式中，A_i、B_i、C_i、s_i都是n的多项式，M是向量$\boldsymbol{s}$的长度。令

$$\varnothing_A(n)=\boldsymbol{A}(n)\cdot\boldsymbol{s}(n)=\sum_{i=1}^{M}A_i(n)\cdot s_i(n) \tag{10.31}$$

$$\varnothing_B(n)=\boldsymbol{B}(n)\cdot\boldsymbol{s}(n)=\sum_{i=1}^{M}B_i(n)\cdot s_i(n) \tag{10.32}$$

$$\varnothing_C(n)=\boldsymbol{C}(n)\cdot\boldsymbol{s}(n)=\sum_{i=1}^{M}C_i(n)\cdot s_i(n) \tag{10.33}$$

因此，QAP方程可描述为$\varnothing_C(n)-\varnothing_A(n)\times\varnothing_B(n)=\boldsymbol{H}(n)\times\boldsymbol{Z}(n)$。同样按照抽样计算的方法，$Alice$提供在$n=t$时的同态隐藏值$E(\varnothing_A(t))$、$E(\varnothing_B(t))$、$E(\varnothing_C(t))$，证明者验证$E(\varnothing_C(t)-\varnothing_A(t)\times\varnothing_B(t))=\boldsymbol{H}(t)\times\boldsymbol{Z}(t)$是否正确即可。但与前面提到的证明者给出$E=\{E(1),E(t),E(t^2),\cdots,E(t^N)\}$不同，此处证明者给出3组、每组$M$个$\alpha$对，即

$$\begin{aligned}E_A=\{&(E(A_1(t)),E(\beta_AA_1(t))),(E(A_2(t)),E(\beta_AA_2(t))),\cdots,\\&(E(A_M(t)),E(\beta_AA_M(t)))\}\end{aligned} \tag{10.34}$$

$$\begin{aligned}E_B=\{&(E(B_1(t)),E(\beta_BB_1(t))),(E(B_2(t)),E(\beta_BB_2(t))),\cdots,\\&(E(B_M(t)),E(\beta_BB_M(t)))\}\end{aligned} \tag{10.35}$$

$$\begin{aligned}E_C=\{&(E(C_1(t)),E(\beta_CC_1(t))),(E(C_2(t)),E(\beta_CC_2(t))),\cdots,\\&(E(C_M(t)),E(\beta_CC_M(t)))\}\end{aligned} \tag{10.36}$$

Bob要求Alice在证明中基于$\{E_A,E_B,E_C\}$提供的α对，返回3对新的α对：$(E(\varnothing_A(t)),$

$E(\beta_A \varnothing_A(t)))$、$(E(\varnothing_B(t)), E(\beta_B \varnothing_B(t)))$、$(E(\varnothing_C(t)), E(\beta_C \varnothing_C(t)))$。本节一开始提到 Alice 只有通过已知的 α 对做线性组合才能完成，即

$$\begin{aligned} E(\varnothing_A(t)) &= E(\beta_1 A_1(t) + \beta_2 A_2(t) + \cdots + \beta_M A_M(t)) \\ &= \beta_1 E(A_1(t)) + \beta_2 E(A_2(t)) + \cdots + \beta_M E(A_M(t)) \end{aligned} \tag{10.37}$$

$$\begin{aligned} E(\beta_A \varnothing_A(t)) &= E(\beta_A \beta_1 A_1(t) + \beta_A \beta_2 A_2(t) + \cdots + \beta_A \beta_M A_M(t)) \\ &= \beta_1 E(\beta_A A_1(t)) + \beta_2 E(\beta_A A_2(t)) + \cdots + \beta_M E(\beta_A A_M(t)) \end{aligned} \tag{10.38}$$

式中，$\{\beta_1, \beta_2, \cdots, \beta_M\}$ 是验证者随机选取的一些系数，同理可以计算出 $(E(\varnothing_B(t)), E(\beta_B \varnothing_B(t)))$，$(E(\varnothing_C(t)), E(\beta_C \varnothing_C(t)))$。为了约束证明者在计算 $(E(\varnothing_A(t)), E(\beta_A \varnothing_A(t)))$，$(E(\varnothing_B(t)), E(\beta_B \varnothing_B(t)))$，$(E(\varnothing_C(t)), E(\beta_C \varnothing_C(t)))$ 过程中，都使用相同的系数向量 $\boldsymbol{\beta} = \{\beta_1, \beta_2, \cdots, \beta_M\}$，可定义多项式，即

$$D_i(n) = A_i(n) + B_i(n) + C_i(n) \tag{10.39}$$

$$\boldsymbol{D}(n) = \sum_{i=1}^{M} \beta_i D_i(n) = \varnothing_A(n) + \varnothing_B(n) + \varnothing_C(n) \tag{10.40}$$

关于 $\varnothing_A(n)$ 可能会有疑问：一会儿等于 $\sum_{i=1}^{M} A_i(n) \cdot s_i(n)$，一会儿等于 $\sum_{i=1}^{M} A_i(n) \cdot \beta_i$，其实这里并不冲突，上面只是为了描述验证的形式，验证是否具有相同的系数，则对于任意的取值 $n=t$ 如下：

$$\begin{aligned} E(\delta_i \boldsymbol{D}(t)) &= E(\delta_i \times (\varnothing_A(n) + \varnothing_B(n) + \varnothing_C(n))) \\ &= \delta_i \times E(\varnothing_A(n) + \varnothing_B(n) + \varnothing_C(n)) \\ &= \delta_i \times E(\varnothing_A(n)) + \delta_i \times E(\varnothing_B(n)) + \delta_i \times E(\varnothing_C(n)) \end{aligned} \tag{10.41}$$

$$E(\delta_i \boldsymbol{D}(t)) = E\left(\delta_i \sum_{j=1}^{M} \beta_j D_j(n)\right) \tag{10.42}$$

通过比较上面两个等式值是否一致，可以知道是否使用的同一个系数。

通过 KCA，可以保证验证者是在规定的系数上做计算，而不是随机选取的 $\boldsymbol{P}(n)$ 和 $\boldsymbol{H}(n)$，因为通过 α 对可以验证，没有使用证明者提供的一系列 α 对，验证者计算出的结果在 α 未知的情况下，肯定是不符合 α 对特性的。图 10.12 描述了 zk-SNARK 的交互过程。

从图 10.12 中可以看出，为了验证者和证明者之间的交互，很多的数据变成了公共参数字符串（Common Reference String，CRS），其数据量太大，实时传输不太现实，但实际上公开参数后，β、δ 对于证明者也变得未知了。在证明者进行验证过程中，首先需要计算 $E(\delta \boldsymbol{D}(t)) = \delta \boldsymbol{A}(t) + \delta \boldsymbol{B}(t) + \delta \boldsymbol{C}(t)$，然后再验证 $\beta_A E(\boldsymbol{A}(t)) = E(\beta_A \boldsymbol{A}(t))$，这两步中都需要知道 β、δ，但在 β、δ 未知的情况下如何完成？这就需要用到双线性映射将问题进行转化。

10.4.8 双线性映射

双线性映射（Bilinear Map）是由两个向量空间的元素，经过一个特殊的映射关系得到另一个向量空间上元素的线性函数。设 G_1、G_2、G_3 是 3 个阶为素数 p 的乘法循环群，在 G_1、G_2、G_3 上定义一个映射关系 $e: G_1 \times G_2 \rightarrow G_3$。假设 X，Y，Z 为分别来自 G_1、G_2、G_3 的 3 个元素，双线性映射即 $e(X, Y) = Z$，且在两个输入域上都满足线性特性：

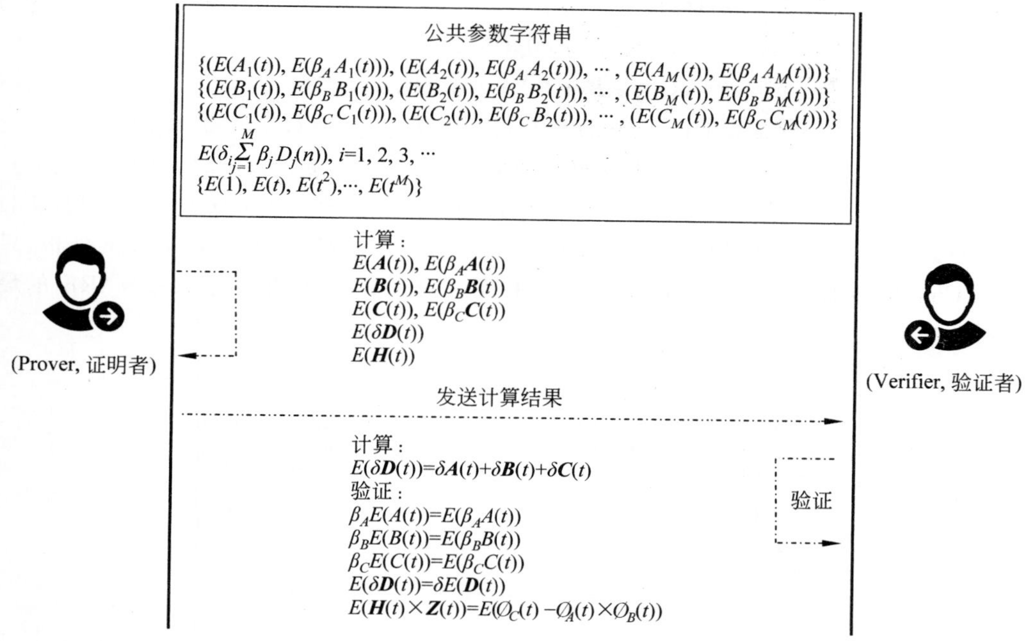

图 10.12　zk-SNARK 的交互过程

$$e(P+Q,R)=e(P,R)+e(Q,R) \tag{10.43}$$

$$e(P,Q+R)=e(P,R)+e(P,Q) \tag{10.44}$$

双线性：假设 $a,b\in \mathbf{Z}_p$，P 和 $Q\in G_1$，则 $e(P^a,Q^b)=e(P,Q)^{ab}$。

在前面的同态隐藏中，其特性是存在 x 使得 $E(x)=X$，在满足双线性映射条件下，假设 $x=ab=cd$，满足以下公式则称 $x\to X$ 是乘法同态映射，即

$$e(E(a),E(b))=e(E(c),E(d))=X \tag{10.45}$$

$$E(xy)=e(E(x),E(y)) \tag{10.46}$$

在 10.4.7 节中提到，由于 β、δ 未知，Bob 无法验证式(10.47)、式(10.48)和式(10.49)是否成立。

$$\beta_A E(\boldsymbol{A}(t)) \stackrel{?}{=} E(\beta_A \boldsymbol{A}(t)) \tag{10.47}$$

$$\beta_B E(\boldsymbol{B}(t)) \stackrel{?}{=} E(\beta_B \boldsymbol{B}(t)) \tag{10.48}$$

$$\beta_C E(\boldsymbol{C}(t)) \stackrel{?}{=} E(\beta_C \boldsymbol{C}(t)) \tag{10.49}$$

通过双线性映射特性，zk-SNARK 将上式的验证问题转化为

$$e(E(\boldsymbol{A}(t)),E^0(\beta_A))=e(E(\beta_A\boldsymbol{A}(t)),E^0(1)) \tag{10.50}$$

$$e(E(\boldsymbol{B}(t)),E^0(\beta_B))=e(E(\beta_B\boldsymbol{B}(t)),E^0(1)) \tag{10.51}$$

$$e(E(\boldsymbol{C}(t)),E^0(\beta_C))=e(E(\beta_C\boldsymbol{C}(t)),E^0(1)) \tag{10.52}$$

注意，这里用到两个映射 $E(x)$ 和 $E^0(x)$。这样就将问题进一步转化，即使 Bob 不知道 $\{\beta_A,\beta_B,\beta_C\}$，只要知道 $\{E^0(\beta_A),E^0(\beta_B),E^0(\beta_C)\}$、$E^0(1)$，也可以完成验证，同样是把这两项变为 CRS 即可。此外，为了验证 $E(\delta\boldsymbol{D}(t))=\delta E(\boldsymbol{D}(t))$，也可以变换为

$$
\begin{aligned}
E(\delta \boldsymbol{D}(t) \times 1) &= e(E(\delta \boldsymbol{D}(t)), E^0(1)) \\
&= e(E(\delta(\boldsymbol{A}(t) + \boldsymbol{B}(t) + \boldsymbol{C}(t))), E^0(1)) \\
&= e(E(\delta(\boldsymbol{A}(t) + \boldsymbol{B}(t))) + E(\delta \boldsymbol{C}(t)), E^0(1)) \\
&= e(E(\delta(\boldsymbol{A}(t) + \boldsymbol{B}(t))), E^0(1)) + e(E(\delta \boldsymbol{C}(t)), E^0(1)) \\
&= e(E((\boldsymbol{A}(t) + \boldsymbol{B}(t))), \delta E^0(1)) + e(E(\boldsymbol{C}(t)), \delta E^0(1)) \\
&= e(E(\boldsymbol{A}(t)) + E(\boldsymbol{B}(t)), E^0(\delta)) + e(E^0(\delta), E(\boldsymbol{C}(t))) \qquad (10.53)
\end{aligned}
$$

同样地，在 δ 未知的情况下，只需要知道 $E^0(\delta)$ 即可完成验证。通过上面的分析，只需要在 CRS 中增加一些公共参数，就能完成验证过程。图 10.13 描述了 zk-SNARK 的最终流程。

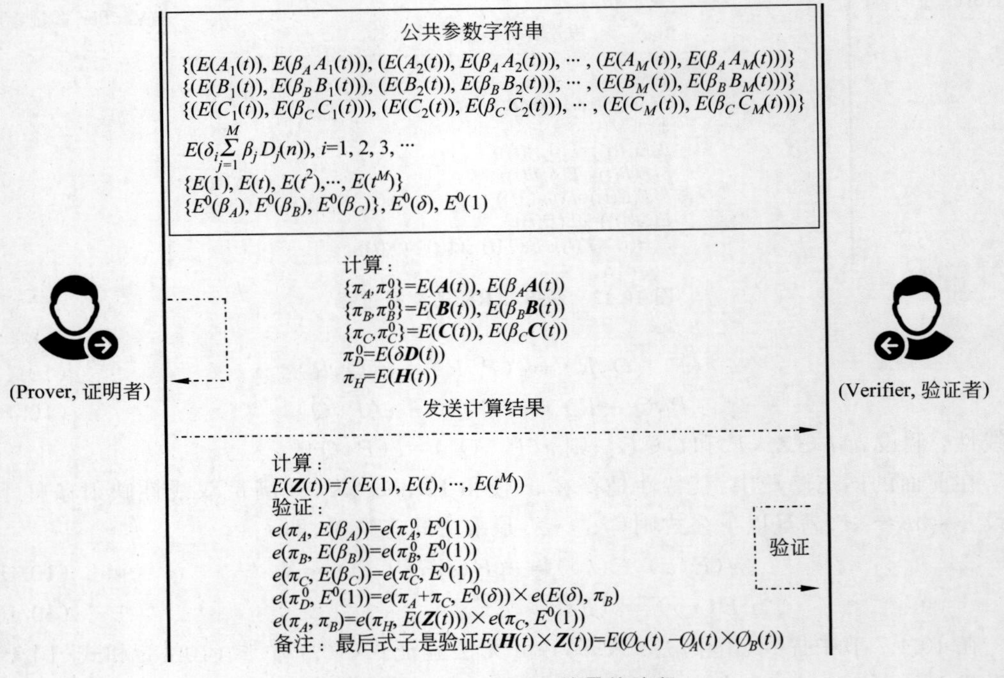

图 10.13　zk-SNARK 的最终流程

10.5　基于环签名的隐私保护

10.5.1　环签名概述

环签名(Ring Signature)作为一种特殊的数字签名方案，是群签名的一种演进技术，最初由 3 位著名密码学家共同发明设计。群签名是多个用户组成一个群组，包括一个管理员用户和若干群组成员。当需要对某个文件进行签名时，群组中任意一个成员都能够代表整个群组来签名，这时签名者的真实身份是隐藏在整个群组中的，外部人员或者用户只能确定该签名来自这个群组中的某个成员，而无法获知具体签名者的身份信息。管理员用户被当作一个可信第三方。当出现需要找出具体的签名者时，管理员通过系统权限查找出签名者的真实身份。

如图 10.14 所示，与群签名相比，环签名的特殊之处体现在系统中没有管理员用户，即一旦生成环签名之后，签名者的真实身份信息将无法追踪。因此，一个环签名方案是无条件匿名性的。一般系统中某个待签名者会临时选取一些成员构成一个集合，然后用自己的私钥以及集合中其他成员的公钥来共同生成一个环签名，他将自己的信息隐藏在其中，该过程无须其他成员的参与和帮助。除了这个属性，环签名也满足签名方案基本的属性：不可伪造性、可信性。随之又出现了新的变体方案。

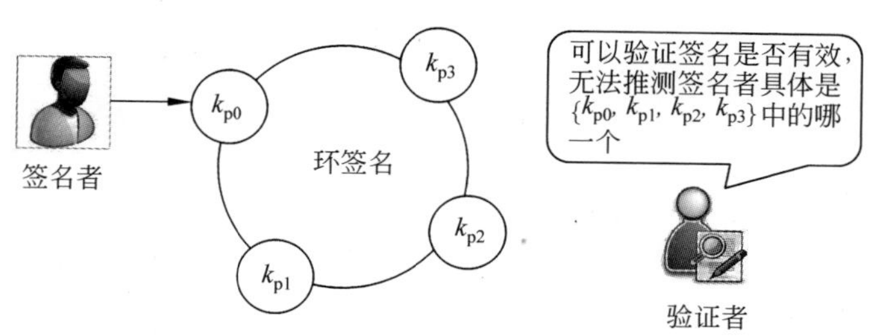

图 10.14　环签名方案示意图

(1) 基于门限的环签名(Threshold Ring Signature)方案：支持(t,n)门限的环签名，即在群组中有 n 个用户$\{u_1,u_2,\cdots,u_n\}$，其中的任意 t 个用户$\{u_1,u_2,\cdots,u_t\}$参与就可以生成一个环签名。

(2) 可链接的环签名(Linkable Ring Signature)方案：如果一个用户利用环签名匿名性进行多次签名(例如，选举投票)，可链接的环签名支持判断生成的环签名是否由同一个群组中的成员产生。

(3) 可追踪的环签名(Traceable Ring Signature)方案：同样地，为了防止一些用户利用匿名性来滥用数字签名，可追踪的环签名方案能够支持追踪到对同一个消息进行了两次或多次签名的成员，以此来限制过度匿名性。

(4) 一次性环签名(One-time Ring Signatures)方案：支持用户实现无条件的不可链接性(Unconditional Unlinkability)。

接下来，本节将介绍基于环签名技术的加密数字货币，通过构建支持环签名方案的 CryptoNote 协议来支持包括门罗币在内的多种加密数字货币应用。

如上所述，一次性环签名也属于环签名的范畴，它只是在一般的环签名方案基础上实现了无条件的不可链接性。下面介绍一个一次性环签名方案，主要包含以下 4 个算法步骤(GEN,SIG,VER,LNK)。

(1) GEN：密钥生成算法。选择一对公钥和私钥地址，并输出一个椭圆曲线密钥对(P,x)和一个公钥 I。

(2) SIG：环签名算法。选择一个消息 m，一个公钥集合 S'，一对密钥(P_s,x_s)，输出一个签名和一个公钥集合 $S=S'\cup\{P_s\}$。

(3) VER：环签名验证算法。输入公钥 I、一个公钥集合 S 和签名，输出验证结果为正确或错误。

(4) LNK：环签名链接算法。针对用户钱包里的一笔资金，算法输出链接或者独立，链接表示这笔资金在之前的交易中出现过，防止用户出现双重支付攻击问题。

如图 10.15 所示，一次性签名的主要思想在于：用户产生的签名结果可以由某个合法的公钥集合验证，而不是只能被唯一一个公钥验证。即使签名者再次使用同样的密钥对产生另外一个签名，其身份也无法从使用的公钥集合的用户中被分辨出来。此外，发送者的地址被隐藏起来，恶意的发送者可能尝试把同一笔资金多次发送给其他用户，这就带来了双重支付攻击的问题。

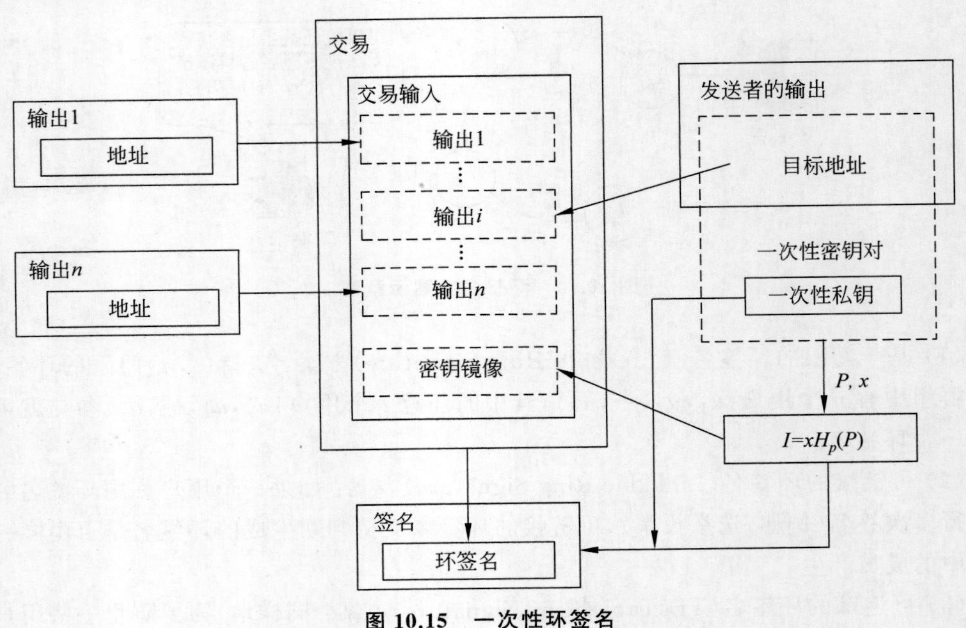

图 10.15　一次性环签名

10.5.2　CryptoNote 协议

在比特币区块链中，用户交易地址一旦公开，对于收款一方就会将交易关联到假名上。为了保证自己的身份信息不被泄露，接收者可以通过安全通道把自己的接收地址发送给发送者。如果用户希望接收多个不同的交易，并且不希望被公开地发现这些交易归属到同一个用户，那么他需要生成多个地址作为接收地址。显然，这样保护自身隐私的方式是非常费时费力的。

CryptoNote 是另一种用来实现隐藏发送者和接收者的地址以及交易不可链接性的数字货币，也是一种增强用户隐私保护的应用层协议，主要基于环签名方案来实现匿名性和交易之间的去关联性。在该协议中，发送者无须和其他用户合作或依赖于一个可信第三方来实现不可追踪性及无关联性。以下为 CryptoNote 协议的具体构造过程。

(1) GEN：签名者首先选择一个随机的密钥 $x\in[1,l-1]$，然后产生相应的公钥 $P=xG$。另外还需要计算另一个公钥 $I=xH_p(P)$，也称为“密钥镜像(Key Image)”，用来防止双重支付攻击。

(2) SIG：签名者通过非交互零知识证明技术生成一个一次性环签名。签名者首先在其他用户的公钥地址中选择一个大小为 n 的随机子集 S'，令某个 s 满足 $0 \leqslant s \leqslant n$，$s$ 是签名者在集合的私密索引。签名者从$(1,2,\cdots,l)$中随机选择$\{q_i \mid i=0,1,\cdots,n\}$，$\{w_i \mid i=0,1,\cdots,n,i\neq s\}$，然后做如下的转化：

$$L_i=\begin{cases}q_iG & i=s\\ q_iG+w_iP_i & i\neq s\end{cases} \tag{10.54}$$

$$R_i=\begin{cases}q_iH_p(P_i) & i=s\\ q_iH_p(P_i)+w_iI & i\neq s\end{cases} \tag{10.55}$$

下一步进行一个非交互的挑战：

$$c=H_s(m,L_1,\cdots,L_n,R_1,\cdots,R_n) \tag{10.56}$$

签名者计算响应 c_i，r_i 为

$$c_i=\begin{cases}w_i & i\neq s\\ c-\sum_{k=0}^{n}c_k \bmod l & i=s\end{cases} \tag{10.57}$$

$$r_i=\begin{cases}q_i & i\neq s\\ q_s-c_sx \bmod l & i=s\end{cases} \tag{10.58}$$

最终得到的签名就是 $\sigma=(I,c_1,\cdots,c_n,r_1,\cdots,r_n)$。

(3) VER：验证者收到签名后，判断该签名是否合法，执行以下逆转化：

$$\begin{cases}L'_i=r_iG+c_iP_i\\ R'_i=r_iH_p(P_i)+c_iI\end{cases} \tag{10.59}$$

如果满足 $\sum_{i=0}^{n}c_i=H_s(m,L'_0,\cdots,L'_n,R'_0,\cdots,R'_n) \bmod l$，则验证者执行下一步，即 LNK 算法，否则拒绝签名，输出终止。

(4) LNK：已有的签名结果存储在一个集合 J 中，验证者验证 I 是否在集合 J 中出现过，如果存在则说明两个签名是使用同一个私钥产生的。

协议的作用体现在，采用转换技术，签名者可以向其他人证明他至少能够找到一个 x，满足 $P_i=xG$。为了让这个证据不重复，因此引入了密钥镜像 $I=xH_p(P)$。签名者利用同一对系数(r_i,c_i)来证明：他能够找到符合条件的 x，使得存在 $H_p(P_i)=I\cdot x^{-1}$。如果映射 $x\rightarrow I$ 是一个单射，那么没有人能够从密钥镜像中恢复出公钥从而分辨出哪个是真正的签名者。对于相同的 x 和不同的 I，签名者无法产生两个不同的签名。

将上面介绍的两种方法：不可链接的公钥地址和不可追踪的环签名进行结合，使得方案可以在隐私保护方面达到更高级别。它要求用户只需存储一对密钥$(k_{\mathrm{p}},k_{\mathrm{s}})$并发布$(k_{\mathrm{p}},k_{\mathrm{s}})$以接收和发送匿名交易。在对交易进行验证时，接收者需要额外运行两次椭圆曲线算法程序，再对输出的结果进行一次加法运算，就能检查系统中的这些交易是否属于自己。同时对于每一次的输出结果，接收者能够计算一个一次性的密钥对(p_i,P_i)，并把它们存储在自己的钱包账户中。任何输入只有在单个交易中出现时，才能被证明具有相同的所有者。在使用了一次性环签名方案之后，单个交易中的输入地址被隐藏在多个地址

中间,那么外部观察者很难再通过将多个输入链接到同一个用户而追踪用户身份。

当接收者想要再次将这笔钱转移给其他用户时,同样可以利用环签名,有效地把自己的输入隐藏在和其他用户组成的群中,每个用户对这笔资金都享有相同的使用权。即使是这笔资金以前的发送者也没有比任何外部观察者更多的信息来推测出这笔资金是被某个人使用了。因此,这个一次性环签名方案能够保证用户匿名性。

在签署交易时,接收者把一个输出分成 n 份,在没有其他用户参与的情况下混合所有输出。和系统中的其他人一样,接收者也无法确定这笔钱是否已经被使用:因为输出结果可以作为一个模糊因素(而不是隐藏目标)加入多个签名中。接收者可以根据自身的实际需求,选择不同的模糊度 n,当 $n=1$ 时表示接收者花费这笔钱的输出概率为 50%,当 $n=99$ 时表示概率为 1%。随着模糊度 n 的取值增大,签名的大小呈 $O(n+1)$ 线性增加,因此接收者会增加匿名性成本带来的额外的交易费用。

一般当用户地址公开时,即使交易的发送者地址通过环签名技术进行了隐藏,但任何人都可以检查所有交易的接收者来追踪交易的流向。针对这种情况,为了防止接收者的信息泄露和交易之间可链接,需要产生一个新的地址,并将其秘密地发送给发送者,但是这样就失去了用户使用单个公开地址接收交易的便利性。为此,如图 10.16 所示,CryptoNote 协议采用一次性地址代替接收地址,达到隐藏接收者真实地址的目的,使得交易与交易之间无法建立良好的关联关系。为了减轻私钥管理的工作量,一次性地址不需要用户在每次产生一个交易时新建一个私钥地址,而是通过一个主密钥生成多个不同的一次性私钥。

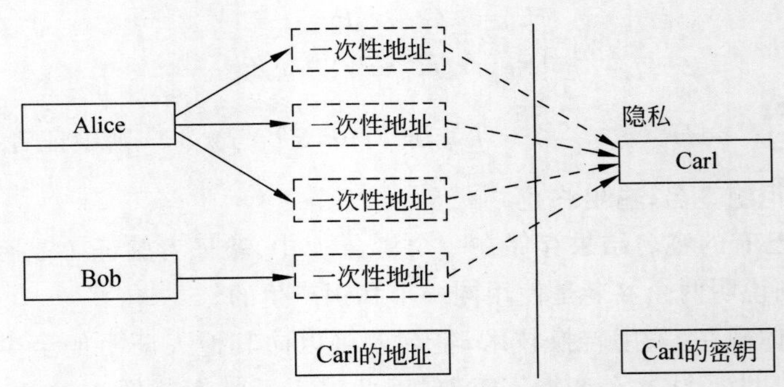

图 10.16 CryptoNote 密钥(交易)模型

为了解决密钥过多的问题,CryptoNote 协议通过公钥计算,为每笔交易自动创建多个一次性密钥。这样每个用户只需要掌握一对公开密钥对,不需要每次都产生一个新的地址作为交易的接收地址,它允许其他用户使用该公开密钥对来产生一个一次性地址作为接收地址。假设发送者将发送一笔交易给接收者,他选择接收者的公开地址对(k_p, k_s)以及随机值 r 计算产生该接收者的一次性接收密钥。对接收者而言,他利用自己相应的私钥在全网查找,通过对网络中所有的交易进行验证,最终能够找到那些接收地址属于自己的交易。接收者可以通过自己的私钥计算出该交易中的一次性地址所对应的私钥,因此他可以得到这笔交易中的货币,并且没有人能够推测出这个地址和接收者的公开地址对(k_p, k_s)之间的联系。

具体来说，在产生一次性地址的过程中，接收者需要有两个不同的密钥，首先发送者根据本地数据和接收者前 1/2 的地址信息，运行 Diffie-Hellman 交换协议计算出共享密钥，然后与接收者后 1/2 的地址进行计算产生接收者的一次性接收地址。因此，CryptoNote 地址的数据大小基本上是比特币钱包地址的两倍之多。

如图 10.17 以及图 10.18 所示，标准的交易流程如下。

（1）当 Alice 需要将一笔交易发送给 Bob 时，Alice 能够知道 Bob 的公开密钥对(A,B)。

（2）Alice 随机产生一个数 $r\in[1,l-1]$，然后计算一次性公钥 $P=H_s(rA)G+B$。

（3）Alice 设置交易输出的目标地址为 P，并把 $R=rG$ 加入交易里。

（4）Alice 将交易信息发送给 Bob。

（5）Bob 检测每个网络中的交易，利用自己的私钥对(a,b)，根据交易信息里的 R 计算 $P'=H_s(rA)G+B$，如果 P'与交易信息里的输出地址 P 相等，则可以判断 Alice 的交易是把 Bob 作为接收者。

（6）Bob 可以利用自己的私钥对(a,b)以及交易信息里附加的 R 恢复出相应的一次性私钥 x，其中 $x=H_s(aR)+b$，之后他就可以使用一次性私钥 x 签名来花掉这笔资金。

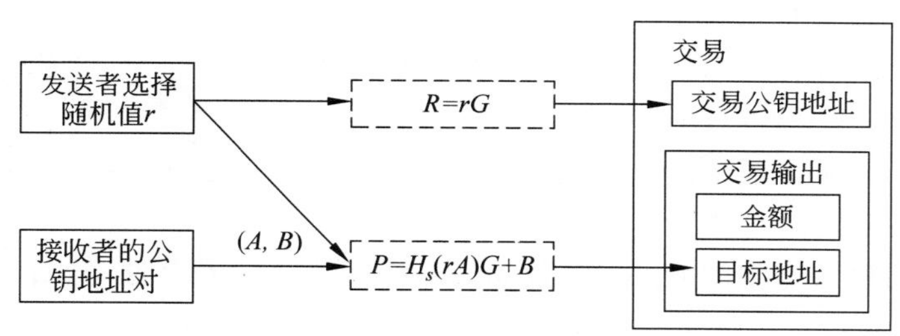

图 10.17　标准交易结构

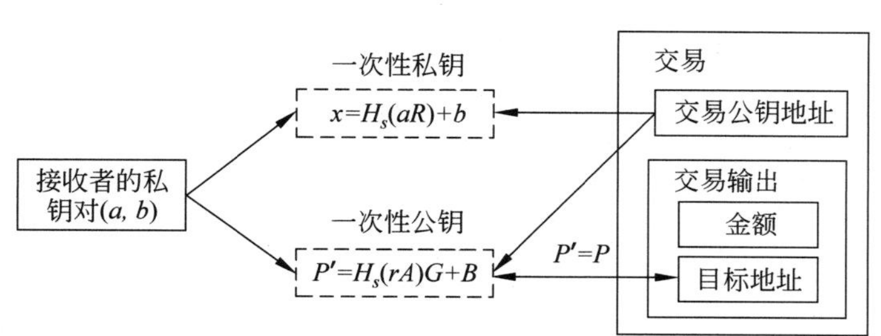

图 10.18　CryptoNote 协议交易确认

基于 CryptoNote 协议最典型的例子就是一种开源加密货币——门罗币，创建于 2014 年。它采用的是一次性环签名来实现保护用户的身份隐私性。

10.6　本章小结

区块链数据层包含区块链底层的数据结构，是保障区块链安全的基础。本章重点阐述了区块链数据层的安全性，从安全威胁的角度介绍了数据层中常见的 6 种攻击模式，如恶意信息攻击、资源滥用攻击、长度扩展攻击等,以及针对这些攻击相应的防御措施。此外,在隐私保护方面,介绍了基于零知识证明和环签名的隐私保护方案,解决用户的隐私泄露问题。

10.7 练习

1. 假设存在比特币矿工节点掌握全网 51%的算力,分析以下场景。

(1) 在比特币区块链中剩下的 49%的算力都用于主链的挖矿,并且主链已经延长到第 800 区块,而拥有 51%算力的矿工从第 200 区块开始挖矿,那么最终矿工的最大收益是多少?(分析他可以影响的区块)

(2) 基于题目假设,具体描述 51%攻击如何实现。

2. 说出 3 种抵抗 51%攻击的方式,并且详细描述其中一种攻击方式,可以使用文字说明或者流程图。

3. 说出 3 种流行的 DDoS 攻击手段,并且使用文字或者流程图详细说明其中一种攻击手段。

4. 比较以太坊和比特币技术架构的区别,从共识机制、发行量、智能合约以及各自优缺点等进行对比。

5. 女巫攻击是破坏区块链中数据冗余机制的一种攻击手段,详细说明一种解决区块链中女巫攻击的方式。

6. 详细说明区块链中的 nonce 字段如何保证区块链的安全性,分析该字段阻止了哪些攻击。

第11章

区块链安全应用

随着区块链技术在安全性、可扩展性等方面的不断完善，在实际应用中的探索和研究也如火如荼。以区块链技术为基础来构建的下一代价值互联网，将对人工智能、供应链金融、物联网和大数据共享等领域带来深远的影响。本章主要学习区块链在这些领域的安全应用和发展方向。

11.1 区块链与机器学习

11.1.1 应用背景

迄今为止，基于机器学习的算法在准确率及效率方面远胜过其他的算法，因此在数据挖掘、自然语言处理、人脸识别等领域得到了广泛的应用。机器学习是一种数据分析和挖掘技术，通过从大量样本中训练出有价值的数据模型，来让计算机执行人和动物与生俱来的活动。例如，对于一辆车的识别，不需要对机器学习描述一辆车的样式、形状等特征，只需要提供数百万张车辆的图片来训练它。机器学习算法可以在这些图片中找到重复的模式及特征，可以判定一张未训练过的图片是否包含车的成分。机器学习直接从大量数据中学习有价值的信息，并提取为知识，它不需要依赖于预定的方程模型，可以自适应地随着样本数增加而提高性能。

近年来，机器学习得到飞速发展的一个重要因素是具有大量的数据。随着互联网与通信技术的发展，人们进入了大数据时代，在商业、经济和文化等各领域中产生了庞大的数据，单一数据集的规模从几十太字节(TB)到几拍字节(PB)不等。针对大部分的机器学习算法，足够多的数据量会带来更精确的数据模型和识别准确率。因此，如何获取大量的数据集进行机器学习也是该领域发展的一个关键问题之一，其中主要涉及两方面的问题：①如何在大量的数据上进行学习。传统机器学习方法，需要把训练数据集中于某台机器或是单个数据中心里，但是一般数据所有者在数据产生和数据处理过程中是有一定成本的，企业或者个人很少会无偿地将自己的数据贡献出来进行机器学习，需要有效的激励机制来对数据所有者进行补偿。②大量的数据中包含个人或企业的敏感信息，如果将信息统一收集在中心化的第三方机构，会存在潜在的数据安全性问题，因此对这些数据的隐私性保护也是数据产生者本身非常关注的问题。

为了解决以上问题，通过引入区块链服务机器学习模型的训练过程中，其主要有两个优势。

(1) 数据管理机制：训练的数据不需要统一收集在中心化服务器，利用区块链技术来实现多方个体之间数据的安全共享与管理，打破数据孤岛，生成更为准确的训练模型。

(2) 激励机制：基于区块链设计的激励机制可以使机器学习系统获取最佳数据和模型，促使其变得更智能化。

在区块链与机器学习结合的混合模型下，任何个体都可以共享自己的数据，在保护数据的隐私前提下参与到机器学习的训练过程中，对于机器学习模型开发人员，可以基于智能合约设计的激励机制来获得学习中所需的最佳数据集。

11.1.2 基于区块链技术的机器学习

在机器学习过程中，通常分为3个步骤。

(1) 特征选取。良好的特征选取可以降低机器学习的难度，提升模型训练的性能和结果的准确性。一般特征的选取从原始特征中选出能够表征训练数据的特征子集，由于数据量大且特征的线性组合比较多，因此常常运用启发式学习的方法先生成子集，并对特征及对应的模型进行评估，将反馈信息作为模型优化的标准，并以此不断迭代，最终达到满足一定条件的特征子集即可。

(2) 模型训练。它将训练数据集作为输入，基于选定的机器学习算法，如聚类算法、神经网络、贝叶斯估计等，通过不断迭代调整模型权重，提高模型的准确性，满足一定规则训练结束，将训练后的模型参数作为结果输出。

(3) 模型测试。它采用测试数据集来评估训练模型的准确性。值得注意的是，为了解决输出的模型在测试数据集中来不断训练以干扰测试数据输出结果的有效性问题，将测试训练集分为两部分：验证集和测试集。验证集是用来确定模型的超参数，选出一个最优的模型，它可以被多次使用；测试集仅用于对训练好的最优函数进行性能评估，测试集必须保证是完全独立的，直到模型调整和参数训练全部完成前应该将测试集进行封存，以任何形式使用测试集中的信息都是一种窥探。

在基于区块链的机器学习模型下，主要包含3种用户角色：机器学习任务发起者、机器学习参与者、区块链矿工。前两个角色与机器学习任务相关，用户可以在应用层，通过区块链开放的远程调用接口与其进行对接；矿工主要维持区块链网络的稳定运行。

(1) 机器学习任务发起者(简称发起者)：为了获得特定的机器学习模型，发起者对所要进行的机器学习任务初始化，包括训练数据集地址、目标模型要求、奖励、截止时间等。发起者以交易的形式通过智能合约将机器学习任务发布出去。

(2) 机器学习参与者(简称参与者)：参与者通过区块链中查到所发布的合约内容，并决定是否参与到该机器学习任务中。如果参与，则从对应的地址中下载训练数据，利用本地的计算机资源来完成指定目标模型的训练任务。如果把一组具有相同机器学习模型训练目标的参与方称为合作组，则合作组中的每个参与者之间会将各自训练好的模型数据安全地共享出去，并从中获得一定奖励。

(3) 区块链矿工(简称矿工)：矿工负责维护区块链正常运行，基于区块链共识算法，矿工之间通过竞争来产生新块同时对交易进行确认，并获得其中的挖矿奖励和块交易费。

在加入机器学习任务之前，每个用户生成自己的公钥和私钥，以及对应的区块链地址，在学习过程中，用户可以使用匿名的方式，即不需要知道发起者或者参与者的真实身份信息，为了保证学习过程中发起者、参与者之间不存在违规的行为，如随意提交训练结果，或者学习完任务之后不提供奖励，需要利用区块链中智能合约的机制，来保障两方角色之间的公平性问题：对于发起者，如果提供了足够的奖励在智能合约中，则一定能获得满足预设条件的目标模型；对于参与者，如果提供了自己的计算资源进行机器学习训练，则一定能获得预设的奖励。如图 11.1 所示，一般基于区块链技术的机器学习主要包括以下 4 个过程：任务发布、任务训练、训练结果提交、任务评估与奖励发放。

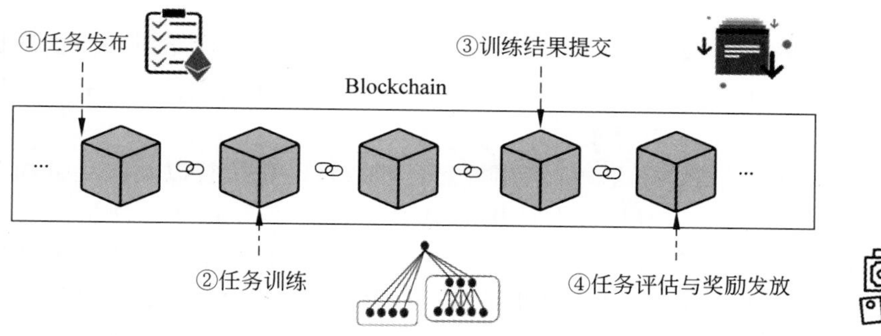

图 11.1　基于区块链的机器学习基本流程图

1. 任务发布

发起者创建一个面向特定机器学习任务的智能合约，在该合约中，包含训练数据集地址、训练结果评估函数和任务的奖励，发起者将合约的奖励存储在该合约地址中，在设定的时间期限内，即使有对应的私钥，该奖励也无法被发起者拿走。其中，包含合约可对外转账的条件，即参与者在提交满足要求的训练结果，通过合约验证并被区块链矿工确认后，才能从合约的账户地址中取走一部分金额作为训练奖励。为了保证该合约最终被区块链网络确认，参与者可以等待一定区块生成后再考虑是否加入该任务学习。

2. 任务训练

如果参与者愿意加入该任务的学习过程，则首先与合约达成一笔交易，将自己的地址信息记录在区块链中，同时为了保证参与者会按时提交训练结果，参与者也被要求放置一定的存款在智能合约地址中，该存款在用户训练提交结果之后会退还给参与者账户。各参与者完成存款操作之后，可以从发起者指定的链接地址下载训练数据集，利用本地的计算资源来训练出一个满足要求的机器学习目标模型。

3. 训练结果提交

参与者完成机器学习模型训练后，将其训练的结果并入合约中再发送到区块链。同样地，其他参与方也按照相同的方式提交训练结果。需要注意的是，该学习任务是指定时间的，参与者在提交交易时需要确保时间是在该时间之前，同时要提供一定的交易费，防止交易一直得不到确认而超出截止时间得不到奖励的情况。

4. 任务评估与奖励发放

在参与者提交完模型结果后，智能合约会自动发起参与者提交训练模型的评估，智能合约通过读取测试样本，并按照评估计算函数来对模型结果进行评估，合约依据评估结果来对用户发放奖励，没有满足条件的目标模型不会给予奖励，参与者自己的存款按照合约设置进行退还。在达到截止时间之后，发起者可以利用自己的私钥将合约中的奖金赎回。

11.1.3 训练数据的隐私保护

随着信息技术的发展，数据的隐私性越来越得到重视，尤其是大数据场景的数据泄露会受到公众的广泛关注。如何保护数据的隐私性是当今社会极为关注的问题。在机器学习领域，数据的隐私性保护也格外重要。

在基于区块链的机器学习流程中，利用智能合约的自动化执行以及区块链的公开验证机制，可以保障一个机器学习任务在区块链中顺利完成，但是由于区块链的公开透明性，交易中的数据可以被所有人获取，也即在训练结果提交时，其他矿工或者能够连接区块链网络的人都能拿到参与者训练的结果数据。此外，发起者的训练数据是明文形式公布在区块链中，任务人都能读取到该训练数据。在实际的应用中，发起者的训练数据有一定的商业价值，不会轻易地公布出去，而且数据中可能会暴露出该用户的敏感信息。因此，如果在区块链中无法有效地保障数据的安全性，会大大地降低发起者、参与者加入该生态系统的积极性。为了保护数据的隐私性，主要从两方面进行考虑：训练数据的隐私性保护和训练模型的隐私性保护。

1. 训练数据的隐私性保护

针对训练数据的隐私性，发起者的训练数据可以通过加密形式先保存在分布式系统中，例如星际文件系统（InterPlanetary File System，IPFS）、分布式哈希表（Distributed Hash Table，DHT），这些点对点的分布式存储系统可以保证数据完整性和可用性。为了保证加密的效率，一般采用混合加密技术，利用对称加密技术对数据进行加密操作，再利用公钥对对称加密密钥进行加密，只有对应私钥的用户才能解密。在区块链环境中，可以设定一些条件来筛选参与者，如基于信誉值的用户选择机制。让参与者在智能合约中达成协商并存储一定金额的数字货币作为押金，以达到促使参与者能够积极地参与到机器学习的训练任务，并按时提交结果的目的。此后，发起者可以利用参与者的公钥对对称加密密钥进行加密，这样只有符合条件的参与者才能解密训练数据。

2. 训练模型的隐私性保护

发起者也可以不用自己提供训练数据，而是依赖参与者自己所拥有的数据作为训练数据，这样训练数据不需要公开出去，参与者只需要本地训练好自己的数据并提交到区块链中进行处理，这种训练模式称为联邦机器学习（Federated Machine Learning）。联邦机器学习可以很好地契合区块链的场景，每个参与者用户之间是相互独立的，不需要使用相同的训练数据或者进行任何交互，只需要使用本地的训练数据即可，为学习联邦机器学习的过程，首先需要了解分布式随机梯度下降（Distributed Stochastic Gradient Descent，D-SGD）算法。

D-SGD 算法是为了实现不同节点在本地拥有数据集而进行的训练。如图 11.2 所示，基于中心化服务器（Server）来对不同参与者（计算节点）训练的结果进行汇总计算后，重新更新全部参数，节点之间并行地利用随机梯度算法来优化神经网络模型。在训练开始前，神经网络首先随机初始化一个全局渐变矢量 $\boldsymbol{W}_{\text{global}}$，然后在训练的每轮迭代中，基于训练数据集计算获得一个本地的渐变矢量 $\boldsymbol{G}_{\text{local}}$，$\boldsymbol{G}_{\text{local}}$ 发送到远端服务器中，远端服务器将收到的 $\boldsymbol{G}_{\text{local}}$ 用来更新全局渐变矢量 $\boldsymbol{W}_{\text{global}}$，其更新公式为

$$\boldsymbol{W}'_{\text{global}}=\boldsymbol{W}_{\text{global}}-\alpha\cdot\boldsymbol{G}_{\text{local}}(\boldsymbol{W}_{\text{global}};x_t,y_t) \tag{11.1}$$

式中，α 为步长或学习率（Learning Rate）；(x_t,y_t) 为随机参与者随机抽取的训练数据；$\boldsymbol{G}_{\text{local}}$ 为 (x_t,y_t) 所对应的经验损失函数关于当前模型 $\boldsymbol{W}_{\text{global}}$ 的梯度。新产生的 $\boldsymbol{W}'_{\text{global}}$ 会被广播给所有的参与者，参与者会更新本地的渐变矢量进行新一轮的迭代训练，这个过程不断重复，直到预定义代价函数的期望达到最小值。

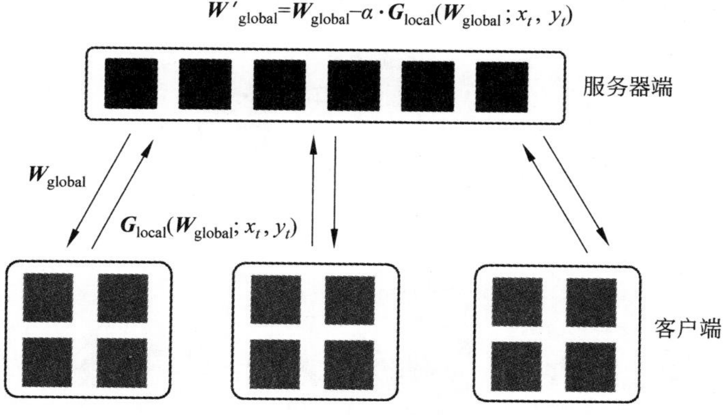

图 11.2　分布式随机梯度下降算法

依据节点之间的通信方式不同，D-SGD 分为两种模式：同步（Synchronous）通信机制、异步（Asynchronous）通信机制。

(1) 基于同步通信的分布随机梯度下降（Distributed Synchronous Stochastic Gradient Descent，DS-SGD）算法：在每轮的迭代过程中，Server 会等待所有节点完成这一轮的梯度计算任务后，将每个节点上计算的随机梯度进行汇总、平均并按照梯度更新公式来更新模型。服务器会将更新的全局模型发送给各个节点进行新一轮的迭代计算。由于 DS-SGD 算法要等待所有的节点完成梯度计算任务才开启下一轮的迭代，因此其效率与节点中运算效率最低的节点成正相关。

(2) 基于异步通信的分布随机梯度下降（Distributed Asynchronous Stochastic Gradient Descent，DA-SGD）算法：与 DS-SGD 算法相比，DA-SGD 算法在每轮迭代中无

须等待所有节点完成梯度计算任务，而是在每个节点计算完随机梯度值后，再进行全局模型更新。

相比而言，DA-SGD 算法的迭代效率比 DS-SGD 算法要快，可以满足实时性的需求，这也是其能够被广泛应用于深度神经网络训练的原因。但是，由于每轮迭代都是异步进行的，会存在梯度延迟的问题，这是由于节点进行梯度计算需要时间，在该节点传回给服务端进行全部模型更新时，该模型已经被其他节点更新了很多轮，导致每次所更新的全局梯度并非最新的梯度，进而影响最终模型的准确率，并且随着节点数的增加，准确率会下降得更多。

进一步地，联邦机器学习被提出，它主要是针对训练过程中参与方$\{P_1, P_2, \cdots, P_n\}$有各自本地的数据$\{\mathrm{data}_1, \mathrm{data}_2, \cdots, \mathrm{data}_n\}$，出于对数据隐私保护的目的，各参与方无须将自己的数据共享给其他参与方，而是利用不同参与方的数据来共同训练更精确的机器学习模型。例如，参与者 P_1 缺少有效的标签数据 data_2，参与者 P_2 缺少有效的特征数据 data_1，两方可以互为补充。为了解决这个问题，联邦机器学习进行模型训练时利用基于密码学的数据隐私保护机制，在密文的条件下完成对参数的更新操作，这样可以在不违背数据隐私保护需求的前提下，建立一个参与方共同维护的学习模型。

如图 11.3 所示，总共有 n 个参与者$\{P_1, P_2, \cdots, P_n\}$来共同参与学习，服务器端(Server)是一个半可信的云计算平台或者第三方机构，即该服务器会执行以下操作。

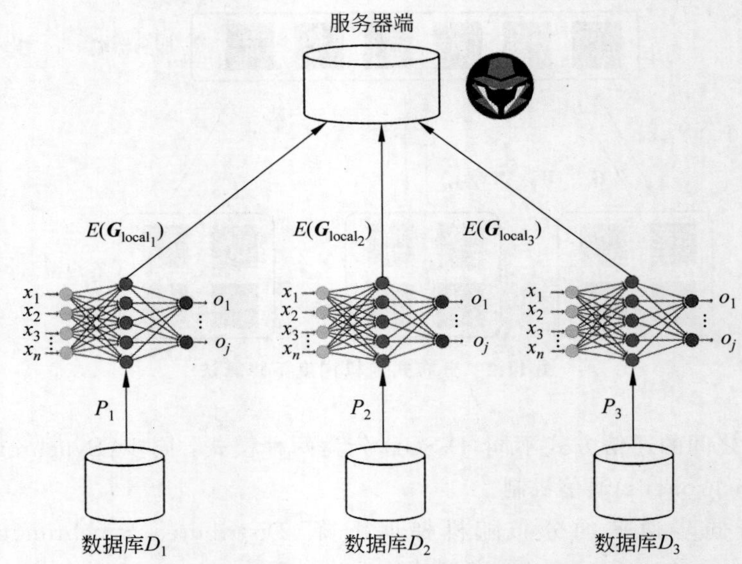

图 11.3 联邦机器学习示意图

(1) 诚实地存储外包数据且不对它进行篡改。

(2) 公正地按照约定的协议步骤进行执行且返回正确的计算结果。

(3) 试图获得用户隐私的明文信息(如训练中间结果、训练结果)。

在训练之前，所有的参与者共同来设定一对公钥和私钥(k_p, k_s)，即 k_s 对所有参与者都是可知的，每个参与者通过安全的 TLS/SSL 协议进行数据通信。详细的学习步骤如下。

（1）参与者 P_i（$i=1,2,\cdots,n$）利用自己本地数据 data_i（$i=1,2,\cdots,n$）训练一个梯度值 $\boldsymbol{G}_{\mathrm{local}_i}(\boldsymbol{W}_{\mathrm{global}};\mathrm{data}_i)$。将 $\boldsymbol{G}_{\mathrm{local}_i}$ 利用满足加法同态的加密方式进行加密 $E(\boldsymbol{G}_{\mathrm{local}_i})$，加密结果发送给服务器。

（2）服务器将收到的加密渐进矢量进行聚合计算，利用加法同态，即

$$E(\boldsymbol{W}'_{\mathrm{global}})=E(\boldsymbol{W}_{\mathrm{global}})+E(-\alpha\cdot\boldsymbol{G}_{\mathrm{local}_i}(\boldsymbol{W}_{\mathrm{global}};\mathrm{data}_i)) \tag{11.2}$$

由同态的性质可知，将在不同密文下计算的结果解密后，得到的值与在明文形式下的结果一样。

（3）服务器将更新的全局渐进矢量 $E(\boldsymbol{W}_{\mathrm{global}})$ 重新发送给每个参与者 P_i。

（4）参与者 P_i 利用私钥解密 $E(\boldsymbol{W}_{\mathrm{global}})$，继续使用本地数据进行训练。

（5）当 $\boldsymbol{W}_{\mathrm{global}}$ 满足最小定义的值时，则训练结束，否则回到第（1）步继续进行。

如图 11.4 所示，利用联邦机器学习的模式，各参与者在本地进行数据计算任务，将每轮迭代训练的结果进行加密并通过交易发送给区块链智能合约，基于图灵完备的智能合约来完成对不同训练结果的更新操作。智能合约中只需要对密文结果进行计算，无须了解明文内容，因此即使是在公开的区块链平台中（例如，以太坊），该方案也能支持训练数据以及训练模型的隐私性。

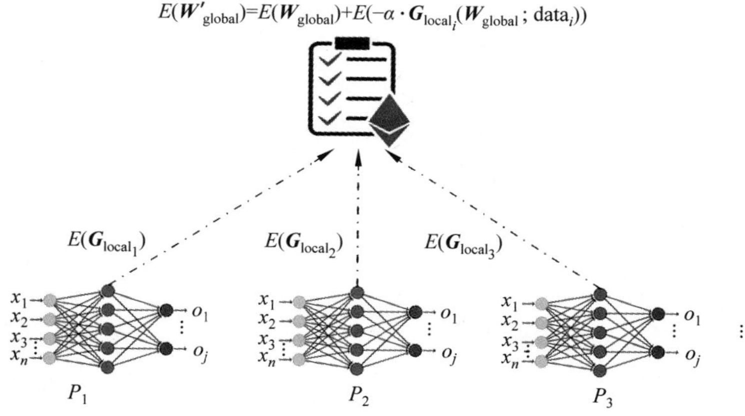

图 11.4　基于智能合约隐私保护的机器学习示意图

11.2　区块链与数据交换

11.2.1　应用背景

随着信息技术的高速发展，不同区域间的信息交流逐步增加，以互联网为主要载体的网络空间和物理世界不断交叉融合，催生出海量“人-机-物”数据。据 IDC 的 *Data Age 2025* 分析与统计，全球数据圈（被创建、采集或复制的数据集合）还在经历急剧扩张，将从 2018 年的 33ZB 增至 2025 年的 175ZB。数据作为新的生产要素，如何有效利用这些大数

据来产生社会价值和经济价值是关键,美国政府将大数据上升到新的高度,将其定义为“未来的新石油”,充分说明了数据资源在国家未来战略规划中的重要性。

为了发挥和利用大数据所带来的优势,首先需要打破“人人有数据,人人缺数据”的孤岛式困境,让数据在不同个体之间流通起来。数据共享(Data Sharing)作为一种实现数据流通和数据利用的重要技术,不仅能够降低数据收集的成本,而且可以在隐私保护的前提下实现数据分析利用的效益最大化。为了满足实际应用中对数据的迫切需求,谷歌、微软、华为、腾讯、百度等科技公司竞相推出自己的大数据平台,对外提供数据支撑服务。与此同时,在 2018 年 Code 大会上,互联网专家 Mary Meeker 在提到互联网未来发展趋势时指出,随着数据收集、提取、分析、利用等技术的不断优化,数据共享已经成为互联网和大数据发展的必然趋势,数据共享的方式也在不断地发生变化,成为了信息时代数据利用的重要方式。

为了实现跨个体、跨区域之间的数据共享,一般会遇到两方面的问题:隐私泄露和共享交易过程中的不公平性问题。一方面,数据包含了大量的敏感信息,如身份、位置、年龄等,这些都属于个人敏感隐私信息。数据共享是一种数据资产利用和使用的行为,在共享过程中不仅涉及物权的归属问题,同时也涉及个人信息和隐私数据等的保护问题。例如,将个人医疗病历、个人的交易消费记录开发成大数据资源,如果对这些数据的共享没有得到有效授权,就会侵害个人的隐私权。中国颁布的《中华人民共和国民法典》明确了“自然人享有隐私权。任何组织或者个人不得以刺探、侵扰、泄露、公开等方式侵害他人的隐私权。”欧盟也通过了被称为最严格的《通用数据保护条例》(GDPR),条例中明确了数据隐私保护的重要性,为解决数据滥用、保护数据隐私安全走出了重要一步。然而,现有条例的具体实施仍然需要新技术、新方案来支撑,只有通过条例和技术的共同结合才能让用户的隐私数据得到真正的保护。

另一方面,现有的数据共享模式中通常存在一个中心化的数据服务提供商,集中式地对用户的数据进行大量的聚合并对外提供数据服务,如图 11.5 所示。在这种中心化的数据管理模型下,用户向数据服务提供商让渡了数据的管理权,导致用户难以对其外包出去的数据进行有效审计和授权管理。为了追求更大的利益,数据服务提供商可能滥用数据,进一步侵犯用户对外包数据应该享有的知情权和选择权。此外,传统单点式管理的数据管理系统也容易成为恶意攻击者的目标。如何安全有效地对数据进行管理,让用户真正做到“我的数据我做主”是实现数据贡献的必要前提。

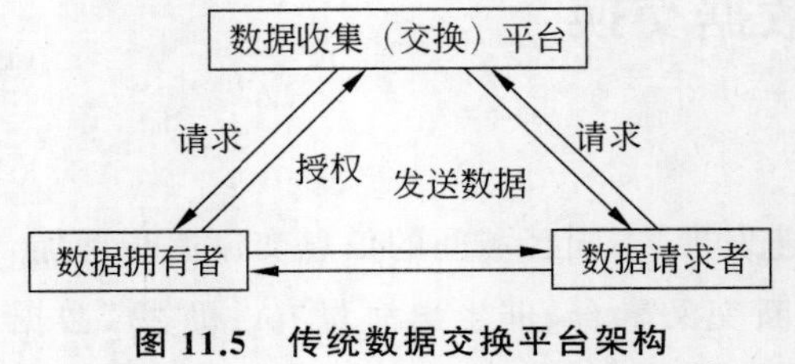

图 11.5 传统数据交换平台架构

在之前的研究工作中已经证明,在两方的数字交易场景中,没有一个可信的第三方机构帮助,交易的公平性很难保证。买卖双方在交易过程中总有先后顺序的问题,在这种情况下,买方可能在收到东西之后不给报酬,或者卖方在收到报酬之后不提供东西。然而,在比特币、区块链技术出现以后,公平交换可以在无须依赖可信第三方机构的方式下完成。

区块链技术在数据管理中可以作为访问控制的中间层,实现数据的安全存储和集体维护,包括债权、股权、版权等数据,它可以降低社会活动过程中的信任成本与审计成本。将区块链运用到数据共享中不仅可以解决过度依赖中心化机构的问题,而且能够实现用户对数据所有权的有效控制。然而,在将其直接用在数据共享场景中时仍然存在诸多问题。首先是区块链中用户的隐私保护问题,区块链中的交易数据是完全公开的,用户可以通过输入地址及输出地址之间的映射关系来溯源到相应的用户的身份隐私。因此,区块链虽然可以生成无数个公钥,无需个人身份证明,但这些措施依然无法达到匿名的标准。例如,比特币作为去中心化数字加密货币,没有中心化的身份认证管理机构,曾一度被认为是一种匿名货币。然而,已有大量研究表明,通过社会工程学技术,可以跟踪到比特币钱包的物理地址(如 IP 地址),再通过大数据分析的方式,可以将用户交易的比特币地址和具体身份信息关联起来,这显然对个人隐私构成了巨大的威胁。

此外,在传统的数据共享方案中,由第三方的服务提供商来为数据的共享交易提供保障,包括对数据的有效性进行验证。然而在区块链去中心化的架构模式中,如何保障在共享数据过程中的公平性问题是基于区块链的数据共享方案中需要重点解决的问题之一,即数据提供者提供有效数据之后能够获得应有的报酬,以及数据使用者在支付费用之后应获得有效数据。

11.2.2 基于零知识证明的数据公平交换

如图 11.6 所示,基于区块链的数据交换模型中主要包含两种角色。

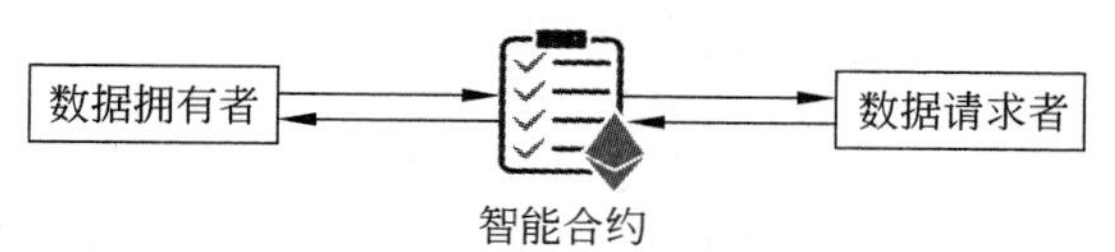

图 11.6 基于区块链的数据交换模型

(1) 数据拥有者:数据拥有者存储有价值的数据信息,该数据可以以有偿的方式发送给对方进行数据的使用和分析。

(2) 数据请求者:数据请求者没有数据,想通过购买的方式来获取有价值的数据。

在介绍基于区块链的数据交换流程前,首先来思考一个例子。

Alice 是一个对数学有着极大兴趣爱好的人,有一天一道数学难题难倒了她,思考很久之后没有答案,于是想求助其他数学高手。她把这道题公布在网上,并提供一定的奖励作为报酬。Bob 此时看到了这道题并解出了答案,他想把这个答案告诉 Alice,但是这里有一个问题:Alice 想要 Bob 先告诉她答案,这样她能验证答案是否正确,再把奖励给

Bob。而对于 Bob，他担心 Alice 拿到答案之后不给他奖励。

以上是非常经典的公平性交换问题，任何一方都不会主动在对方没有给自己想要的东西之前，交出自己的东西。为了解决这个问题，本节将学习如何在区块链中利用零知识证明协议来解决数据公平交换问题。

在上面的例子中，假设 Bob 解出的那道数学难题的答案为 a，这时，Bob 产生一个对称密钥 k，将答案 a 用对称加密方案加密得到 $e=E(a)_k$，然后用 SHA-256 哈希函数对密钥 k 进行处理得到 $s=\mathrm{SHA256}(k)$，这样 Bob 将 (e,s) 发送给 Alice，同时发送一个零知识证明 π，该证明表明 e 是答案 a 在密钥 k 下的加密数据且密钥的哈希值等于 s，即

$$\pi=\mathrm{ZKP}\{(a,k) \mid e=E(a)_k \wedge s=\mathrm{SHA256}(k) \wedge 1=\mathrm{Vry}(a)\} \tag{11.3}$$

式(11.3)表示在 (a,k) 未知的情况下，可以验证后面的 3 个式子 $e=E(a)_k$、$s=\mathrm{SHA256}(k)$ 和 $1=\mathrm{Vry}(a)$ 同时成立。其中，$\mathrm{Vry}(a)$ 函数是验证答案的正确性。Alice 收到 π 之后对其进行验证，如果符合条件则发送一笔交易在区块链中，该交易中明确 Bob 获得该笔奖励的条件是提供一个满足哈希值等于 s 的密钥 k。显然，只有 Bob 在解出答案给出该 k 值，这样他将 k 值通过交易的形式发送给区块链。为了防止其他用户拿着 Bob 发送的 k 值提前去兑换奖励(例如，通过提高交易费来使得其发送的交易提前确认)，可以采用数字签名的方式，即 Alice 与 Bob 达成链下的协商，并在交易中明确只接收 Bob 有效签名的交易才能兑换奖励，这样即可完成一个简单的数据交换过程。

虽然这种数据交换方案在理论上可行，但是仍然存在潜在的风险，主要的问题在于生成零知识证明过程需要一些公共参数字符串(CRS)，在以上的过程中，没有可信第三方，CRS 是由 Alice(数据买方)来生成的。但是，如果 Alice 在恶意或贪婪的情况下，通过精心设计，生成不安全的 CRS，使得在零知识证明 π 中会泄露 (a,k) 的一些信息，这对于方案的安全性是非常致命的。

11.2.3 基于门电路验证的数据公平交换

为了实现基于区块链的数据共享，还存在另一种基于 PoM(Proof-of-Misbehavior)的方案，总体过程：Alice 和 Bob 首先达成线下的承诺，约定验证数据 x 有效性的函数为 $\varphi(x)$，如果 $\varphi(x)=1$ 则数据有效，否则数据无效。为了防止 Bob 拿到数据后不给报酬，Alice 首先给 Bob 的是用对称加密方式加密过的数据，这样需要在 Bob 拿到解密密钥后才能解密。为了交付解密密钥，需要 Bob 在交易中锁定一定金额的钱作为押金，Alice 在锁定期内将密钥公布在区块链中，因为只有 Bob 有对应的密文数据，因此即使其他人拿到密钥也无法解密。如果 Bob 在拿到密钥对数据进行解密后发现，x 与之前承诺的数据不一致，则 Bob 只需要上传不一致的数据作为证明，区块链上的节点对其进行验证，如果发现 Bob 上传的证明是有效的，则对 Alice 进行一定的惩罚。PoM 的核心思想是为了检查一份非常大的数据是否有效，只需要检测其中的一个小数据样本是否不符合预期，找出不符合预期的数据样本上传到区块链中，不仅可以减少区块链中存储数据的大小，而且节点的验证过程也会非常有效。为了实现这一目的，需要用到默克尔树、电路(Circuit)知

识。默克尔树在第 3 章中进行过介绍，本章主要介绍电路知识。

电路 $\varnothing$ 指的是一个有向无环图，其初始节点来自集合 X 的值，中间的每个节点代表一个门(Gate)，门在数字电路中实现的是基本逻辑运算(与、或、非)，因此最基本的逻辑门包含与门、或门、非门，假设把门所能进行的操作集合用符号 $\rho=\{\text{AND},\text{NOT},\text{OR}\}$ 表示，$\text{OP}\in\rho$，则 $\text{OP}:X^l\rightarrow X$ 定义：将 X^l 的值作为输入，执行运算指令 OP，得到输出 X 并作为输入结果来进行下一个门的运算。

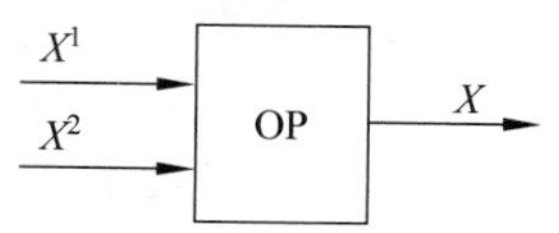

图 11.7　基本门电路运算

如图 11.7 所示，假设 OP 为与门、或门的情况下，其输入与输出的对应关系可以用表 11.1 表示。

表 11.1　与门、或门输入输出关系对应表

I/O	与门				或门			
X^1	0	0	1	1	0	0	1	1
X^2	0	1	0	1	0	1	0	1
X	0	0	0	1	0	1	1	1

在计算机中，任何确定性的程序都可以用布尔电路表示。同样地，数据验证函数 $\varphi(x)$ 也可以被表示为由许多基础门电路组成的运算集合。因此，对数据 x 的有效性验证可以通过对不同门电路单元的验证来进行。

假设把输入数据 x 分成由不同输入片段组成的集合 $x=\{x_1,x_2,\cdots,x_n\}$，此外把组成 $\varphi(x)$ 的每个门电路表示如下：$\varnothing_i=\{i,\text{OP},I_i\}$，$i$ 是该门电路的唯一标识，I_i 是该门电路的输入。值得注意的是，第 j 层门电路的输入是第 $j-1$ 的输出。同样地，$\varphi(x)$ 的运算电路由不同的基础门电路组成：$\varnothing=\{\varnothing_1,\varnothing_2,\cdots,\varnothing_m\}$。基于 PoM 的数据交换流程如图 11.8 所示。

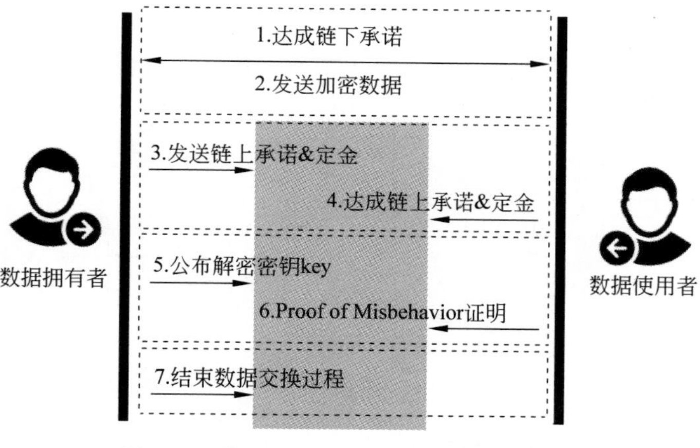

图 11.8　基于 PoM 的数据交换流程示意图

为了减少区块链智能合约中的计算量及数据量，对数据 x 的验证过程，即 $\varphi(x)=1$ 不放在智能合约上进行，而是由 Alice 和 Bob 两人共同完成，智能合约作为仲裁者角色只需

要验证其中的一小部分数据内容是否准确。PoM 中将数据分成小的片段,将片段作为叶节点,组成默克尔树,树的根节点值保存在区块链中,同时,每个子节点的验证函数同样构成树的结构保存在区块链中。为了保证 Bob 在收到数据后,不会故意地声称数据无效,PoM 中会对 Bob 在 PoM 中提供的证据的输入有效性进行验证,这也是通过默克尔树来实现的,主要分为 3 部分:链下承诺达成、链上承诺签订及定金存储、密钥公布及数据验证。

1. 链下承诺达成

数据拥有者、数据使用者为了实现数据 $x=\{x_1,x_2,\cdots,x_n\}$交换,首先在线下达成承诺,约定数据有效性验证函数 $\varphi(x)$及对应的门电路 $\varnothing=\{\varnothing_1,\varnothing_2,\cdots,\varnothing_m\}$,数据的价格 γ,其中 $\varnothing_i=\{i,\mathrm{OP},I_i\}$。Alice 按照默克尔树生成方式,对 x 和 $\varnothing$ 进行计算,分别得到根节点值 root(Mtree(x))和 root(Mtree($\varnothing$))。

Alice 基于对称加密算法对数据 x 进行加密,加密后的密文数据表示为 $x=E(x)$,加密密钥为 key,Alice 将密文数据利用安全通道发送给 Bob。

2. 链上承诺签订及定金存储

Alice 将 root(Mtree(x))、root(Mtree($\varnothing$))以及加密密钥 key 的哈希值(即 SHA256(key))作为承诺 $c=\{$root(Mtree(x)),root(Mtree($\varnothing$)),SHA256(key)$\}$,通过智能合约写入区块链中,承诺 c 中的两个根节点值用来对 Alice 发送数据的有效性进行验证,SHA256(key)则是为了验证 Alice 公布的 key 值是否正确。假设将数据 x 分成 8 段($n=2^l$),则构建的门电路默克尔树结构如图 11.9 所示,$x=\{x_1,x_2,\cdots,x_8\}$,$h=$root(Mtree(x)),第一层的叶节点是 x 片段值,第二层电路以叶节点作为输入并进行哈希运算,以此作为第三层的输入值。Alice 会用加密密钥 key 对每个叶节点数据做加密运算,得到密文值,即 $z_i=E(x_i,\mathrm{key})$。

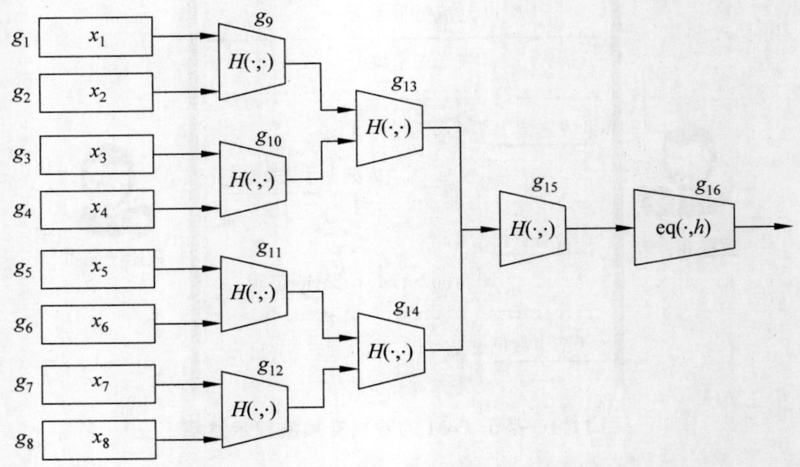

图 11.9　门电路构建示意图

为了保证 Alice 诚实地按照正确的方式完成数据交换过程，Alice 需要在智能合约锁定一笔押金作为存款，该存款在交易完成之前是不能被 Alice 取走的，如果 Bob 提交有效的证据证明 Alice 有恶意的行为，则该存款将被合约发送给 Bob 的地址。同样地，为了保证 Bob 诚实遵守协议，Bob 也被要求存储一定的押金。两方的押金都有一定的存储时间，即在该时间内，即使所有者有对应的私钥也无法将押金取走，区块链中的这种“押金-惩罚”方式可以极大地减少恶意者不遵守约定的行为。

3. 密钥公布及数据验证

Alice 和 Bob 完成上述步骤后，Alice 依据 Bob 存储的交易是否被区块链确认来决定是否公布解密密钥 key 值。在步骤 1 中，key 的哈希值被存储在区块链中，这样 Alice 必须公布正确的 key 值，使得其哈希与承诺的值一致。Bob 在区块链中查看到 Alice 公布的 key 值后，可以用其解密本地的加密数据 $E(x)$。在数据验证过程中，如果 Bob 发现收到的数据不一致，此时 Bob 只需要公布不一致的数据 x_i 以及对应的验证函数 $\emptyset_j$，将其发送给智能合约。合约会首先判断 Bob 提供的输入数据是不是 Alice 当初承诺过的数据，这通过提供默克尔树的路径值以及相应的原始承诺值，合约计算得到的值是否与 root(Mtree(Ø)) 相等得出 Bob 是否提供有效的输入数据。然后，通过合约利用公布的 key 值以及 Bob 提供的输入数据 z_i 来验证 Alice 是否提供了无效数据。

11.3　区块链与物联网

随着智能设备和网络技术的快速发展，物联网(Internet of Things，IoT)作为互联网的核心技术，得到了非常广泛的认可和普及。但是，由于物联网设备自身的属性(例如，长时间暴露在公开场合、设备自身资源限制)，因此容易遭受外来攻击。区块链技术作为分布式的安全账本，基于现代密码学构建了一套安全的数据管理机制，具有去中心化以及不可篡改等强鲁棒性和安全性，因此可以被用作保护物联网系统与设备的基础。本节将重点描述区块链在物联网中的应用。

11.3.1　应用背景

“物联网”一词取源于 Ashton 在 1999 年提出的概念，从广义上讲，物联网是指具有传感器的嵌入式设备通过专用或公用网络互连。连接建立之后，设备之间将通过网络协同工作以及共享信息。这些设备从简单的可穿戴设备到大型工业控制机器，覆盖多项核心产业，包括车联网、智能家居、智慧城市等。这些产业将影响人类生活和社会发展的各方面。作为网络技术和智能控制系统的深度集成应用，物联网技术的成熟度是衡量国家工业和科技实力的重要标志，是未来网络产业、智能控制产业竞争的制高点。据统计，2020 年，全球通过网络相连的物品超过 500 亿个，总投资也突破 2.3 万亿元。我国物联网产业规模达到 2 万亿元，人均持有 4 个以上的物联网设备，仅物联网传感器产业规模就达到 1000 亿元。

国内外对物联网技术的研究和应用极其重视。2009 年，欧盟执行委员会发布了《欧盟物联网行动计划》(*Internet of Things-An Action Plan for Europe*),提出了个人资产和隐私保护等的实际行动内容。2020 年,美国众议院通过了《物联网网络安全改进法案》,该法案明确了使用的物联网设备需要保证的最低安全标准。在国内,自从国家“十二五”规划出台之后,以物联网为代表的战略型新兴产业,成为我国大力扶持和发展的重大战略性行业之一,中华人民共和国国务院以及各部委相继公布了有关推进物联网产业发展的政策。随着“十三五”规划的全面落地,物联网行业发展进一步加速。2017 年,中华人民共和国工业和信息化部发布的《物联网的“十三五”规划》以及《工业和信息化部办公厅关于深入推进移动物联网全面发展的通知》,为物联网技术的快速发展提供了有效支撑。

在现代工业 4.0 发展浪潮的推动下,物联网会对人类的生活方式产生重要影响。然而,在享受物联网技术带来的便利化、智能化的同时,由于物联网中应用的实体通常是具有一定计算和存储资源的设备,设备本身的安全机制由于本身资源的限制无法使用复杂的算法,因此容易遭受传统的和新兴的安全威胁与挑战。此外,当前的物联网架构下,数据的安全和隐私保护都是由可信的中心化服务器来提供保障的,用户需要完全信任这些中心化服务器可以提供安全的服务,然而情况并非如此。近几年,国内外先后出现许多针对物联网的破解与攻击事件,给国家的安全与发展带来了严重的威胁。2016 年 10 月 21 日,一场始于美国东部的大规模互联网瘫痪席卷全美,包括 Twitter、Spotify、Netflix 以及《纽约时报》等在内的主要网站都受到黑客攻击,事件造成的原因就是由于黑客通过控制使用默认用户名和密码的物联网设备来对域名服务器发起 DDoS 攻击,造成域名服务器无法对外提供服务。现有中心化模型下的物联网架构主要存在以下 5 方面问题。

(1) 单点故障问题:单点故障指的是系统中部分服务器一旦失效,会让整个系统无法运行,造成对外服务的停止。如在上述美国的域名服务器瘫痪中,黑客就是利用 DDoS 式拒绝服务攻击,对域名服务器管理机构 Dynamic Network Service 所使用的服务攻击,造成该服务器无法对外提供服务。

(2) 数据使用的非透明性:在传统的物联网数据管理中,用户产生的数据通常由第三方机构进行保管,这些数据被谁使用或者被用在什么场景中,用户都无法得知,即用户对自己数据的使用缺乏有效的管理,一般第三方机构也不会对用户公开数据的用途,因此对数据的管理缺乏一定的透明性。

(3) 数据的安全性威胁:数据在被收集存储在第三方服务器以后,由于外部黑客攻击或者内部人员的监守自盗行为,存在数据被篡改和删除的风险,对数据的安全性造成严重的威胁。

(4) 数据的隐私泄露:物联网应用隐私泄露风险主要来源于云端及终端。一方面,云端服务平台可能遭受外部攻击、内部泄密或云服务用户弱密码认证等原因,均有可能导致用户敏感数据泄露。另一方面,设备与设备之间也存在数据泄露渠道,在同一网段或相邻网段的设备可能查看到其他设备的信息,如屋主名字、精确的地理位置信息,甚至消费者购买的物品等。

(5) 性能瓶颈:随着物联网设备的不断增多,中心化的物联网架构很难满足大规模设备的并发服务请求,在有的物联网应用场景中,如车联网,对实时性要求非常高,如何满足在实时性前提下，解决大规模设备的并发访问是物联网应用中的关键问题。

总体而言，物联网安全问题比传统的网络安全问题更加复杂，影响物联网安全的因素众多，而且内部组网结构复杂、操作系统繁多，其安全威胁的来源可能各式各样，单个设备的不安全就有可能导致整个系统出现安全问题。下面将从基于区块链的分布式物联网框架开始，逐步分析如何利用区块链技术来应对上述问题。

11.3.2　基于区块链的分布式物联网框架

基于区块链技术可以构建去中心化的物联网架构，如图 11.10 所示，各种与物联网相关的设备、网关、通信基站等都可以通过区块链网络有效连接起来。在该架构模式下，物联网设备通过区块链节点（例如边缘计算节点）接入区块链网络，设备与设备之间的通信过程可以通过交易的形式写入区块链中，做到安全的数据审计。同时，通过密码学技术，可以在区块链智能合约中进行安全的身份认证和访问控制。

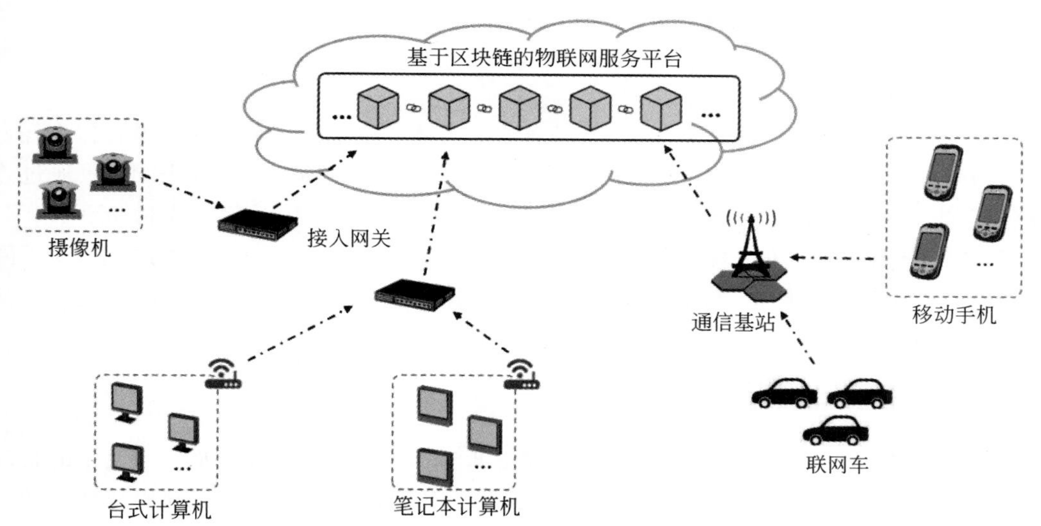

图 11.10　基于区块链的去中心化的物联网架构图

基于区块链的物联网架构主要包括 5 方面：共识机制、区块链节点、智能合约、数据存储以及加密算法。

1. 共识机制

在第 4 章定义中，共识协议是指多个不同节点达成一致意见的过程，由于作为区块链共识节点的物联网设备容易遭受外部攻击，导致故障或者离线状态，因此共识协议需要具备较高的容错能力，共识协议的选择与具体的物联网应用场景相关。在物联网应用场景中，区块链可以被分为公有链和私有链，常用的公有链共识算法主要包括工作量证明（PoW）、权益证明（PoS）、活动证明（PoW 与 PoS 的结合），常用的私有链共识算法主要包括 PBFT、FBFT。在公有链中，共识协议产生的新区块需要在全网进行传播，因此其实际的块产生效率比较低，相比私有链需要耗费更多的时间。私有链虽然在块产生效率上要优于公有链,但是其存在严重的可扩展性问题,这是由于其采用的投票机制会造成较大的网络开销,通常只能扩展到几百个节点的规模。

2. 区块链节点

区块链节点是维护分布式账本的网络节点,角色与比特币中的矿工相似,可以参与到共识协议的区块链交易确认、块确认等事务中。每个区块链节点都配有一个私钥,公钥是公开信息。在私有链中,区块链节点的公钥是经过认证的,即需要有身份认证机构对区块链节点进行有效认证才可以加入区块链网络。作为物联网中的区块链节点,由于底层节点存在大量的并发式数据请求,因此该节点需要有较强的计算资源和通信资源,因此通常选取具有较强物理硬件条件的网络设备作为区块链节点,如上层核心交换(出口)设备。

在基于区块链网络去中心化网络体系架构中,可以实现对物联网节点安全访问,进行分布式安全管理。它通过设计适用于海量异构物联网设备的区块链网络系统框架,将传感器、路由器和边缘计算设备融合成一个物联区块网络。物联网节点之间的通信方式基于安装在对应节点上的区块链客户端(例如,钱包),或者开发相应的应用程序接口,实现点对点的网络通信。

值得注意的是,在区块链网络架构中,具有有限硬件资源的海量物联网设备作为轻量级区块链客户端进行接入,如图 11.10 所示,这些终端设备不存储分布式账本,只通过连接上层的区块链节点来上传交易和下载相关信息,例如比特币中的简化支付验证(SPV)节点,它不存储所有分布式账本的完整副本。另外,对于实时性要求不高的场景,为了降低对网络通信带宽的依赖,与底层物联网设备相连的区块链节点会汇总一段时间内的交易请求,并周期性地发送到区块链网络。

3. 智能合约

基于区块链的智能合约定义了一套事务处理和事务保存机制,以及一个完备的自动状态机,能够为物联网设备的安全访问控制和数据管理提供有效支撑。利用智能合约支持和处理物联网业务的事务执行,将相应的输入信息写入智能合约后,合约中相应的资源被更新,触发状态机运行并对输入的有效性进行判断,如果满足条件,智能合约可以选择相应的合约动作自动执行,完成对应的状态更新。

物联网应用业务承载包括互联网、移动通信网、WLAN 等多种类型的承载网络,物联网设备加入和退出与业务流程相绑定,如何保证节点自身身份正确及节点访问者身份正确可以通过智能合约来完成。此外,为了完成对新加入的物联网设备身份的正确性和真实性的验证,智能合约会依据设备的属性及对应的有效输入来验证新节点身份的有效性。当有半数以上的节点通过审核时,系统自动认可该节点被物联网接受,相应的信息被记入区块链账本,做到安全的系统审计。智能合约由于具有较高的灵活性,不仅可以用来做用户或设备的访问控制,还能够实现设备的安全管理以及交易支付功能。

具体而言,在智能合约中可以设定详细的执行规则、惩罚和触发条件。每个事务必须在执行之前满足协定的条件,并且所有的事务都被写入区块链。智能合约可以强制执行访问限制,如谁(物联网设备)可以进入事务。每个事务都与物联网节点的钱包参数签名,钱包应该存储在硬件安全容器中。在区块链上的事务记录确保了事务的不可抵赖性(例如,当一个服务提供者的物联网设备与一个消费者的物联网设备进行交易时)。

4. 数据存储

在物联网应用中,数据的通信和交互是非常频繁的,除了简单的交易数据外,还会有大量的数据请求,为了既实现数据的完整性验证,又可以降低存储和通信开销,通常情况下,元数据信息(包括哈希值、描述等)保存在链上(On-Chain),完整的数据在链下(Off-Chain)进行存储。链下的存储方式主要有 4 种:本地(Local)存储、云(Cloud)存储、分布式哈希表(Distributed Hash Tables)、星际文件系统(IPFS)。

5. 加密算法

物联网设备由于受到硬件、通信环境等限制,如果在基于区块链的物联网场景下单纯采用非对称加密算法往往不太合适,会使得系统的运行效率受到非常大的影响。这是因为非对称加密算法往往涉及较为复杂的计算,如指数运算、模运算等,尤其如果在智能合约中需要执行数据的加解密运算,全网的区块链节点都需要执行此类的操作,在实时性要求较高的场景下是无法满足条件的。因此,为了保持效率、安全性之间的平衡,通常会采用混合加密的方法。具体来说,原始数据的加密方法采用对称加密方式,然后利用非对称加密方法将对称加密的密钥进行加密。

11.3.3　基于区块链的物联网安全漏洞挖掘

物联网涉及的应用场景非常广泛,本节将以基于区块链的物联网安全漏洞挖掘为例,说明区块链技术如何强化物联网应用中的安全性。在海量的物联网设备中,一个突出的问题就是设备固件中存在安全缺陷(或安全漏洞)和恶意代码,往往对上层业务运行带来严重的危害。另外,物联网软件测试通常依赖于物联网硬件设备,因此,大多数的独立测试人员没有合适的物联网软件测试环境,很难进行物联网软件的安全性测试。因此,如何实现对物联网应用软件的安全审计,就成为有效地检测物联网应用安全问题的关键手段。

由于物联网软件,特别是固件部分,一旦在工作现场出现问题,很难对其进行及时的修复,甚至可能引来灾难性的后果。因此,物联网开发者希望自己新开发的软件可以得到第三方的测试和评估。为了应对物联网应用中的软件漏洞问题,区块链技术可以从两方面对其进行强化:基于众包模式的物联网软件代码联合测试、安全审计。

(1) 利用区块链智能合约,来实现对物联网软件的众包测试,可以使得第三方软件测试者联合起来,在区块链环境下测试物联网软件,并且把结果直接发布到区块链上。根据这些公开可信的测试结果,软件开发者及其开发的软件安全水平就可以得到较为公平准确的评价,从而有利于改进软件,提高物联网软件水平。

(2) 为了实现审计功能,为物联网软件模块设计安全的区块链应用程序接口,当待验证的物联网软件模块以智能合约接口的形式存在区块链上后,第三方验证者可以通过智能合约实现对该接口的调用和测试。测试结果在区块链上进行公开评价,进而发现高效安全的物联网软件。因此,设计统一编程接口和审计机制可以提高物联网软件的安全性。

基于区块链的物联网漏洞检测主要包含以下 4 个参与角色。

(1) 物联网软硬件生产厂商：简称生产者，主要是指物联网设备中运行的软件系统以及上层的业务管理系统的所有者。

(2) 物联网使用者：简称使用者，指从生产者手中购买相应的系统或者设备进行使用的用户。

(3) 众包测试工作者：简称检测者，主要指具备一定软件专业技能的工作者，可以从软件系统和设备中找到恶意漏洞。一旦找到准确的软件漏洞并被合约验证通过，这些检测者可以从区块链中获取到奖励。

(4) 区块链节点：基于物联网节点构建的区块链网络，支持图灵完备的智能合约。

基于区块链的物联网漏洞检测主要利用众包的模式，让具有专业技能的大众来参与到漏洞的检测当中，从物联网系统本身的安全性优化以及检测者可以获得一定的劳动报酬来说，这是一种双赢的模式。同时，检测的漏洞结果通过分布式的区块链节点在智能合约上完成验证，无须物联网软硬件生产厂商介入，同时工作者也能实时地拿到相应的奖励。图 11.11 所示的系统架构是基于区块链的物联网软件代码众包测试系统功能模块，包括三大功能模块：众包任务管理模块、底层区块链模块、物联网接口模块。在基于区块链的众包技术基础之上，引入了子任务执行器，通过规范接口来连接物联网设备接口，借助众包测试工作者的力量来完成对设备的功能性和安全性的测试，同时在智能合约中设计有效的激励机制来保证双方之间的公平性。具体地，物联网漏洞检测过程涉及的智能合约包括用户注册合约(User Register Contract，URC)、用户汇总合约(User Summary Contract，USC)、漏洞检测任务合约(Vulnerability Detection Contract，VDC)。

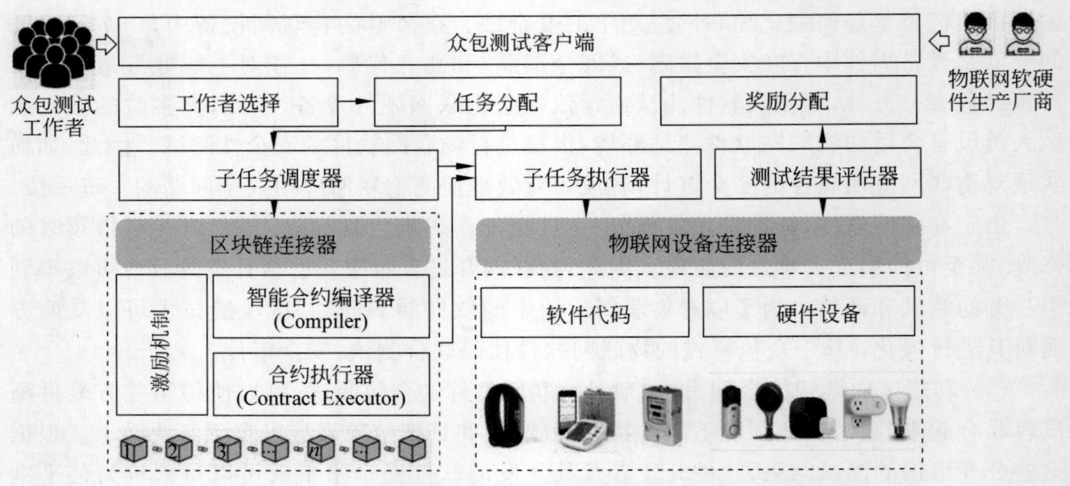

图 11.11 基于区块链的物联网软件代码众包测试系统功能模块

1. 用户注册合约

为了保证物联网设备厂商及漏洞检测者之间的公平性，双方首先需要进行注册，这是在 URC 中实现的。合约注册以后会给每个用户分配一个区块链地址，相应的信息还包括对应用户类型、用户描述信息等。用户类型主要分为两种：任务请求者及漏洞检测者。在区块链交易中，无需用户的真实身份信息。同样地，在该应用场景下，用户注册时可以选择是否公开身份信息。如果为了提高影响力或可信度可选择公开身份信息，即在 URC 中写入经过认证的数字签名信息，匿名注册的用户则提供唯一的标识作为其用户名，URC 会过滤重复注册的用户名。

2. 用户汇总合约

用户汇总合约主要是用来描述每个漏洞检测者的详细信息。在漏洞检测过程中，由于技术能力、水平不一样，合约会从 4 个维度对漏洞检测者进行综合评价，包括简介信息、信誉值、漏洞检测任务完成情况、活跃度。简介信息中描述用户的基本信息，包括从事的领域、所擅长的技能等，该信息在用户注册过程时初始化，如果选择非匿名注册，简介信息中还会包含可认证的签名信息。对于漏洞检测者类型用户来说，信誉值代表漏洞检测者在任务过程中产生的信誉值，用户的信誉值随着交易的发生不断变化，高信誉值反映了用户在漏洞检测任务时表现较好。有些漏洞检测任务需要具备较高的技能，因此发布者会限定所能参与漏洞检测任务的最低信誉值。漏洞检测任务完成情况描述漏洞检测者任务的总体完成情况，包括参与/发布任务数、正确检测任务数等。活跃度描述用户的参与活跃程度，描述漏洞检测者参加任务数、按时提交检测结果数等信息，代表了漏洞检测者努力程度。用户在初始注册时，USC 中的信誉度、参与任务数等初始值为 0，用户需要通过不断地接收任务、发布任务、挖矿等操作来提升自己的额度值。通过建立多维度的漏洞检测者评价体系，减少基于主观判断的选择，即使在有自私、恶意的工作者情况下，也能够保证平台的整体运行良好。

3. 漏洞检测任务合约

任务请求者将漏洞检测任务发布到合约之后，漏洞检测者可以权衡是否参与到该检测任务之中，为了保证检测任务完成的质量，合约会限定漏洞检测者同一时刻最多能接收任务的数量，漏洞检测者如果选择参与，则需要在合约中达成协议（Smart Contract Agreement），约定检测任务完成的条件、时间、奖金以及交易费。在 VDC 中，任务发布者以奖金作为输入，漏洞检测者以一定数字货币作为保证金。区块链智能合约具有防止“双重支付”的能力，保证了任务发布者不能同时将一笔数字货币作为输入同时与多个漏洞检测者签订合约。为了减少在区块链平台存储数据的大小，需要为 VDC 分配了一段链外存储空间，例如 IPFS。通过 VDC 地址可以指向外部数据库的一段数据，用户可以将任务的摘要信息放在区块链平台，详细信息放在链外进行存储。

基于上述 3 种合约，漏洞检测者与系统所有者可以在智能合约中达成共识来实现对漏洞的安全检测。图 11.12 详细描述基于区块链的物联网漏洞检测主要流程，主要包括 4 个过程：物联网漏洞检测任务发布、物联网漏洞检测任务执行、结果评估及奖励分配和自动化漏洞通知及修复。总体来说，首先由物联网设备及系统所有者出于安全考虑的需求，在区块链中发布一个智能合约任务，该任务中定义了需要挖掘的漏洞类型、时间期限及奖励等。漏洞检测者通过对相应的设备及系统进行安全性分析并取得一份检测报告。通过智能合约提交该漏洞检测报告，如果检测结果有效并被记录于区块链中，则可在合约中自动被分配奖励。同时，合约还可以将检测结果返回给对应的用户。

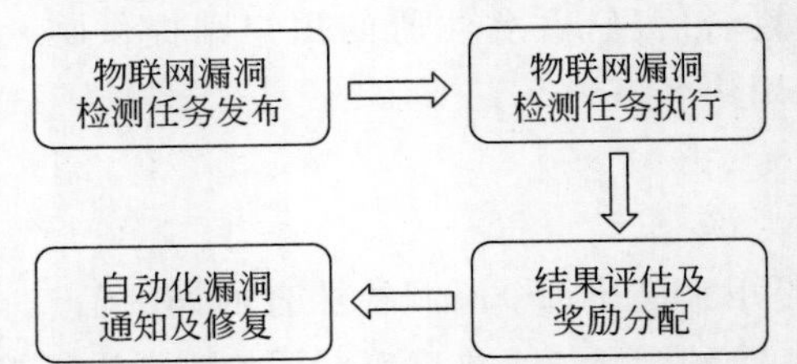

图 11.12　基于区块链的物联网漏洞检测主要流程

1）物联网漏洞检测任务发布

系统所有者通过 VDC 发布漏洞检测任务，在发布的任务Task_i 中，如式(11.4)所示，主要包括几方面内容：所有者Uid_i、数字签名Sign_i、奖励 r_i、检测系统Sys_i 及系统版本Ver_i、任务完成时间 T_i、最低要求信誉值 v_i。所有者信息是在 URC 中经过注册的用户信息，注册的用户会有三部分信息：公钥和私钥对$\{\text{pk}_{\text{Uid}},\text{sk}_{\text{Uid}}\}$以及区块链地址 addr_{Uid}，同时包含所有者有效的签名信息，防止发布恶意的检测任务。

$$\text{Sign}_i=\text{Sign}(H(\text{Uid}_i\|r_i\|\text{Sys}_i\|\text{Ver}_i\|T_i\|v_i))_{\text{sk}_{\text{Uid}_i}} \tag{11.4}$$

式中，任务的奖励 r_i 需要满足两个条件：首先，该奖励在任务完成之前无法被系统所有者取走，即使所有者拥有有效的私钥信息也无法从合约中取走奖励，这可以有效防止恶意的系统所有者在发布任务之后，让检测者接收检测任务后撤回奖励，由于没有第三方机构进行追责处理，会导致检测者利益受损。此外，由于有些任务需要检测者安装相应的软件系统等，会占用检测者的硬件资源，因此奖励的数额需要超过检测者从事该任务的成本，这样才会吸引足够多的检测者参与到任务中。为了获得较好的检测结果，所有者会在合约中设定一些限制条件来选择优质的检测者，包括检测者的信誉值、参与任务数等。最低要求信誉值 v_i 是任务中可选设置项，即在有的检测任务中由于相对更加复杂和困难，会要求检测者具备较高的信誉值，因此要求检测者累积的信誉值满足 $v\geqslant v_i$。

2）物联网漏洞检测任务执行

检测任务发布之后，检测者可选择与自身技能相匹配的检测任务。VDC 首先会确认用户是否满足相应的条件，如果符合则需要检测者Uid_j 将身份信息记录到任务当中，约束了检测者在任务结束之前需要上传检测结果。为了防止检测者随意地上传检测结果，需要检测者在接收任务时存储一定的数字货币在合约中，该数字货币同样地在任务未结束之前无法被取走，只有等到任务评估结束之后，依据评估结果来进行分配。

检测者在完成该任务后需要上传检测结果报告Rep_i，为了防止其他区块链用户抄袭该报告，检测者将报告进行哈希 $h_{\text{Rep}_i}=H(\text{Rep}_i)$，并将 h_{Rep_i} 通过交易记录在区块链中，报告明文可通过对称加密方式，$C_{\text{Rep}_i}=\text{Enc}(\text{Rep}_i)$，保存在链外的存储空间。

3）结果评估及奖励分配

检测者在提交完检测报告后可开始进入任务评估阶段。检测者和使用者都可触发结果的评估，评估过程主要分为奖励发放以及对检测者的信誉评估。如果在约定的时间期限 T_i 内，检测者仍然没有提交检测报告，则使用者将其锁定的奖金在扣除一定的交易费之后返还至原始账户。相反在约定的时间期限内，检测者已提交工作结果，通过生产者对检测结果报告进行分析，确认该检测报告有效，则可在对应的检测报告 h_{Rep_i} 附上签名信息，$\mathrm{Sign}_{\mathrm{Rep}_i}=\mathrm{Sign}(h_{\mathrm{Rep}_i})_{\mathrm{Uid}_c}$，并给该报告进行打分，用来对检测者的信誉值进行更新。

检测者根据有效的检测结果$\mathrm{Sign}_{\mathrm{Rep}_i}$去解锁 VDC 锁定的奖励，奖励在扣除交易费之后会转入检测者所对应的地址账户，同时，也会对检测者产生的交易费进行清算。如果检测者对任务报告结果存在疑问，则可在约定的时间内，发起第三方项目评估请求。第三方评估通过选择生产者和检测者都信任的第三方评估机构进行确认，评估过程需要一定的奖励来激励第三方机构进行有效的评估，作为可信第三方的评估报酬。在交易结算完成之后，检测者依据过程和结果对检测者的工作完成情况进行信誉度评价，以作为检测者竞标下一任务的凭据。

4）自动化漏洞通知及修复

检测报告经过确认之后，可通过智能合约自动地将漏洞信息报告给物联网系统/设备的使用者，该反馈的过程同样会伴随有生产者发布的修改建议及相应的版本更新。通过公开的区块链平台，使用者都可以获取对应系统Sys_i 及版本Ver_i 的漏洞检测情况，生产者可以通过交易发布对应系统或版本的漏洞修复版本链外下载地址。

通过上述 4 个步骤，可以完成基于区块链的物联网漏洞检测过程，在该过程中多个参与方可以借助智能合约来协调完成任务的发布、检测、结果评估及漏洞自动化修复。

11.4　本章小结

本章主要讲解基于区块链技术的安全应用，包括机器学习、数据交换以及物联网应用。在这些安全应用当中，核心思想都是基于区块链的去中心、可追溯等特性，在智能合约中来完成多个角色之间的任务请求。智能合约作为一种图灵完备的计算机语言，可以被用来构建各式各样的去中心化应用，不像传统的中心化系统或平台一样，需要完全可信的角色来保障过程执行的正确性。可以预见，随着区块链平台在性能、效率及安全性等方面的提升，越来越多的应用将会在区块链中被构建起来。

11.5　练习

1. 将区块链应用到机器学习中主要的好处和优势体现在哪几点？

2. 基于区块链的机器学习流程主要包括几个步骤？简述每个步骤的主要过程。

3. 在去中心化的机器学习中，需要进行隐私保护的数据包括哪几个方面？如何在隐私保护情况下完成分布式梯度下降算法的计算？

4. 简述如何利用零知识证明协议来完成区块链上的数据交换。

5. 基于区块链的物联网安全检测中的 PoM 核心思想是什么？简述基于 PoM 的数据交互流程。

6. 传统的物联网架构模型主要存在哪些潜在的问题？

7. 相比传统中心化模型的物联网架构，基于区块链的分布式物联网架构有哪些特点和优势？

8. 基于区块链的物联网检测智能合约设计主要包括哪几种？每种合约主要的用途是什么？

9. 简述基于区块链的物联网安全漏洞检测过程。

参考文献

[1] 袁勇，王飞跃．区块链技术发展现状与展望[J]．自动化学报，2016，42(4)：481-494.

[2] 黄连金，吴思进，曹锋，等．区块链安全技术指南[M]．北京：机械工业出版社，2018.

[3] 房卫东，张武雄，潘涛，等．区块链的网络安全：威胁与对策[J]．信息安全学报，2017，3(2).

[4] 祝烈煌，高峰，沈蒙，等．区块链隐私保护研究综述[J]．计算机研究与发展，2017，54(10)：2170-2186.

[5] 刘敖迪，杜学绘，王娜，等．区块链技术及其在信息安全领域的研究进展[J]．软件学报，2018，29(7).

[6] 任伟．信息安全数学基础：算法、应用与实践[M]．北京：清华大学出版社，2016.

[7] 邹均，张海宁，唐屹，等．区块链技术指南[M]．北京：机械工业出版社，2016.

[8] Stinson D R. 密码学原理与实践[M]．冯登国，译．2 版．北京：电子工业出版社，2003.

[9] 杨波．现代密码学[M]．北京：清华大学出版社，2003.

[10] Sapirshtein A, Sompolinsky Y, Zohar A. Optimal selfish mining strategies in bitcoin [C]. International Conference on Financial Cryptography and Data Security. Springer, Berlin, Heidelberg, 2016: 515-532.

[11] David B, Găzi P, Kiayias A, et al. Ouroboros praos: An adaptively-secure, semi-synchronous proof-of-stake protocol[C]. International Conference on the Theory & Applications of Cryptographic Techniques. Springer, Cham, 2018.

[12] Sasson, Chiesa, Garman, et al. Zerocash: Decentralized anonymous payments from bitcoin[C]. In 2014 IEEE Symposium on Security and Privacy, 2014: 459-474.

[13] Conti, Kumar, Lal, et al. A survey on security and privacy issues of bitcoin [J]. IEEE Communications Surveys & Tutorials, 2018: 3416-3452.

[14] Pilkington. Blockchain technology: principles and applications[J]. Research Handbook on Digital Transformations, 2016.

[15] Crosby, Pattanayak, Verma, et al. Blockchain technology: Beyond bitcoin[J]. Applied Innovation, 2016, 2(6-10).

[16] Croman, Decker, Eyal, et al. On scaling decentralized blockchains[C]. International Conference on Financial Cryptography and Data Security. Springer, Berlin, Heidelberg, 2016: 106-125.

[17] Kosba, Miller, Shi, et al. Hawk: The blockchain model of cryptography and privacy-preserving smart contracts[C]. 2016 IEEE Symposium on Security and Privacy, 2016: 839-858.

[18] Garay, Kiayias, Leonardos. The bitcoin backbone protocol: Analysis and applications[C]. Annual International Conference on the Theory and Applications of Cryptographic Techniques. Springer, Berlin, Heidelberg, 2015: 281-310.

[19] Wood Y G. Ethereum: A secure decentralised generalised transaction ledger[J]. Ethereum Project Yellow Paper, 2014.

图书资源支持

感谢您一直以来对清华版图书的支持和爱护。为了配合本书的使用，本书提供配套的资源，有需求的读者请扫描下方的“书圈”微信公众号二维码，在图书专区下载，也可以拨打电话或发送电子邮件咨询。

如果您在使用本书的过程中遇到了什么问题，或者有相关图书出版计划，也请您发邮件告诉我们，以便我们更好地为您服务。

我们的联系方式：

地　　址：北京市海淀区双清路学研大厦 A 座 714

邮　　编：100084

电　　话：010-83470236　010-83470237

客服邮箱：2301891038@qq.com

QQ：2301891038（请写明您的单位和姓名）

资源下载：关注公众号“书圈”下载配套资源。

资源下载、样书申请

书圈

获取最新书目

观看课程直播